计算机技术与安全防控

吕绍鑫　张　昊　赵智超◎著

中国纺织出版社

图书在版编目（CIP）数据

计算机技术与安全防控 / 吕绍鑫，张昊，赵智超著
.-- 北京 : 中国纺织出版社，2019.4
ISBN 978-7-5180-3965-4

Ⅰ. ①计… Ⅱ. ①吕… ②张… ③赵… Ⅲ. ①计算机技术②计算机网络－网络安全 Ⅳ. ①TP3

中国版本图书馆CIP数据核字(2017)第208155号

责任编辑： 姚　君　　**责任印制：** 储志伟

中国纺织出版社出版发行
地　址： 北京市朝阳区百子湾东里A407号楼　**邮政编码：** 100124
销售电话： 010-67004422　**传真：** 010-87155801
http://www.c-textilep.com
E-mail：faxing@c-textilep.com
中国纺织出版社天猫旗舰店
官方微博http://weibo.com/2119887771
北京虎彩文化传播有限公司印刷　各地新华书店经销
2019年4月第1版第1次印刷
开　本： 710×1000　1/16　**印张：** 26
字　数： 366千字　**定价：** 98.00元

前　言

计算机学科是一个充满挑战和机遇的年轻学科，而“计算机科学技术概论”课程则是这门学科的重要基础。随着计算机在各行各业的普遍应用，很多非计算机专业也把“计算机科学技术概论”课程列为公共基础课之一。

既然是基础课的教材，那么本书所设定的读者可以既不具有计算机应用技术，也不知晓太多的计算机知识。即使是一个对计算机一无所知的人，也能通过学习本书而获取大量的计算机科学的基本知识。如果读者已有一定的计算机应用经验，那就更好，能在本书中发现很多有用的理论知识，可以提高自己的专业水平。

本书注重知识的实用性，将理论与实际相结合，在全面介绍计算机网络安全理论的基础上，充分阐述了网络安全的相关技术，选取典型网络安全问题进行方案设计，使读者在系统把握网络安全技术的基础上正确有效地运用网络安全技术解决实际问题。

计算机网络就像一把双刃剑，它在实现信息交流与共享、极大便利和丰富社会生活的同时，由于网络本身的脆弱性加上人为攻击与破坏也会产生计算机网络安全问题这是各国政府有关部门、各大行业以及每个计算机用户都十分关注的重要问题。在高等院校，对计算机专业以及相关专业学生需要开设计算机网络安全技术课程，普及计算机网络安全知识，提高我国的计算机网络安全技术水平，保护我国信息的安全。

计算机网络学科内容广泛，发展迅速，计算机网络安全相关内容也在不断发展和更新。由于作者水平有限，书中难免存在不足和错误之处，敬请广大读者批评指正。

编　者

2018 年 10 月

目 录

第一章　信息与信息技术

信息犹如空气一样普遍存在于人类社会的时空之中。也许正是因为我们整天都淹没在信息的海洋中，因而对信息并没有给予太多的关注。信息、物质和能量是组成一切事物的三个基本方面，信息作为一种客观存在，从远古直到当今的文明社会，都一直在积极发挥着人类意识到或没意识到的重大作用。所以我们首先需要弄清什么是信息？它的实质是什么？它有什么特征？它怎样度量？对这些问题的透彻理解，是收集、处理和利用信息的前提，让我们就从这里开始探索信息资源的宝库，迈向信息科学的大门。

第一节　探索信息的真谛

一、什么是信息

信息的本质究竟是什么？人类始终在不断地追问自己。今天，人类已经跨入信息时代，对于信息的本质，我们到底应当做出怎样的诠释呢？

信息一词来源于拉丁文“information”，且在英语、法语、德语、西班牙语中是同一个字，与俄语、南斯拉夫语中的发音相同，表明了它在世界范围内使用的广泛性。“信息”一词的使用在我国也有着很悠久的历史，早在两千多年前的西汉时期，就出现了“信”字。唐朝诗人李中在《碧云集·暮春怀故人》一诗中就留下了“梦断美人沉信息，目穿长路倚楼台”的佳句。当时的“信息”指的是音信、消息。

就一般意义而言，信息可以理解成消息、情报、知识、见闻、通知、报告、事实、数据等。但它真正被作为一个科学概念来探讨，则是二十世纪三十年代的事，而作为科学被人们普遍认识和利用则是近几十年的事情。

对于什么叫信息，迄今为止说法不一，“信息”使用的广泛性使得我们难以给它下一个确切的定义。专家、学者从不同的角度为信息下的定义多达十几种。下面所叙述的几种定义是人们从不同角度对信息的理解。

（1）最早对信息进行科学定义的是哈特莱（Ralph V. L. Hartley）。他在1928年发表的《信息传输》一文中，首先提出了“信息”这一概念。他提出消息是代码、符号，而不是信息内容本身，使信息与消息区分开来。他认为发信者所发出的信息，就是他在通信符号表中所选择符号的具体方式，并主张用所选择的自由度来度量信息。哈特莱的思想和研究成果为信息论的创立奠定了基础。

（2）1948年，信息论创始人，美国科学家香农（CE. Shannon）从研究通信理论出发，第一次用数学方法定义“信息就是不确定性的消除量”。认为信息具有使不确定性减少的能力，信息量就是不确定性减少的程度。所谓不确定性，就是对客观事物的不了解、不肯定。因此，信息被看作是用以消除信宿（信息的接收者）对于信源（信息的发出者）所发出消息的不确定性。他还用概率统计的方法，来度量不定性被消除的量的大小。

（3）控制论创始人之一，美国科学家维纳（N. Wiener）在1948年发表的名著《控制论——动物和机器中的通信与控制问题》一书中曾经指出“信息就是信息，不是物质，也不是能量。”维纳在这本书的导言中曾明确地指出：“必须发展一个关于信息量的统计理论，在这个理论中，单位信息就是对两种择一的事物做单一选择时所传递出去的信息”。后来，维纳在《人有人的用处——控制论与社会》一书中写道：“信息是在人们适应外部世界，并且使这种适应反作用于外

部世界的过程中，同外部世界进行互相交换的内容的名称”，“要有效地生活，就必须有足够的信息。”在这里，维纳把人们与外界环境交换信息的过程看成是一种广义的通信过程，试图从信息自身具有的内容属性给信息定义，这两本著作标志着控制论这门新兴学科的兴起。

（4）关于信息的定义，有人提出用变异量来度量，认为“信息就是差异”，持这种观点的典型代表是意大利学者朗格。他提出：“信息是反映事物的形式、关系和差别的东西。信息包含于客体间的差别中，而不是在客体本身中。”按照这种观点，自然界和人类社会普遍存在可传递的差异性。差异越大，信息量就越大，没有差异就没有信息，不可传递的东西也不是信息。所谓信息量就是对事物差异度的量度或测度。

（5）我国信息论学者钟义信教授认为，信息是“事物运动状态和方式，也就是事物内部结构和外部联系的状态和方式”。

（6）我国的权威性工具书《辞源》对信息定义为：“信息就是收信者事先所不知道的报道。”《韦氏字典》（美国）对信息的描述是：“信息是用以通信的事实，是在观察中得到的数据、新闻和知识。”

对于信息的含义，至今仍是众说纷纭。人们出于不同的研究目的，从不同的角度出发，对信息的作用有不同理解和解释而对信息做出了定义。各种信息定义都反映了信息的某些特征，这样，难免就会产生差异性、多样化。

随着时间的推移，时代将赋予信息新的含义。信息是一个动态的概念，现代“信息”的概念已经与半导体技术、微电子技术、计算机技术、通信技术、网络技术、多媒体技术、信息服务业、信息产业、信息经济、信息化社会、信息管理、信息论等含义紧密地联系在一起。但信息的本质是什么，这仍然是需要进一步探讨的问题。

二、从信息论到信息科学

从二十世纪初以来，特别是二十世纪四十年代，通信技术的迅速发展，迫切需要解决一系列信息理论问题，例如，如何从接收的信号中滤除各种噪声，怎样解决火炮自动控制系统跟踪目标问题等。这就促使科学家在各自研究领域中对信息问题进行认真的研究，以便揭示通信过程的规律和重要概念的本质。

信息论作为一门严密的科学，主要应归功于美国应用数学家香农（C.E. Shannon）。1948年，香农在《贝尔系统技术杂志》上发表重要论文《通信的数学理论》，1949年，香农又发表另一重要论文《在噪声中的通信》。在这些论文里，香农提出了通信系统的模型、度量信息的数学公式以及编码定理和其他一些技术性问题的解决方案。香农的研究成果标志着信息论（Information Theory）的诞生。由于香农提出的信息论是关于通信技术的理论，它是以数学方法研究通信技术中关于信息的传输和变换规律的一门科学。所以，人们又将其称为狭义信息论或经典信息论。

信息论发展的第二个阶段是一般信息论。这种信息论虽然主要还是研究通信问题，但是新增加了噪声理论，信号的滤波、检测、信号的编码与译码、信号的调制与解调以及信息的处理等问题。通信的目的是要使接收者获得可靠的信息，以便做出正确的判断与决策。为此，一般信息论特别关心信号被噪声干扰时的处理问题。

信息论发展的第三个阶段是广义信息论。它是随着现代科学技术的纵横交叉的发展而逐渐形成的。一般地说，狭义信息是指在对信息的研究中，仅考虑其形式方面而不考虑其内容和用途。如果考虑了信息的语义和有效性问题，则是广义信息。广义信息论远远超出了通信技术的范围所研究的信息问题，它以各种系统、各门科学中的信息为对象，广泛地研究信息的本质和特点，以及信息的获取、计量、传输、储存、处理、控制和利用的一般规律。广义信息论的研究与很多学科密切相关，例如，数学、物理学、控制论、计算机科学、逻辑学、心理学、语言学、生物学、仿生学、管理科学等。信息论在各个方面得到了广泛的应用，主要研究以计算机处理为中心的信息处理的基本理论，包括语言和文字的处

理、图像的识别、学习理论及其各种其他应用，从而拓宽了信息论的研究方向，使得人类对信息现象的认识与揭示不断丰富和完善。显然，广义信息论包括了狭义信息论和一般信息论的内容，但其研究范围却比通信领域广泛得多，是狭义信息论和一般信息论在各个领域的应用和推广，因此，它的规律也更一般化，适用于各个领域，所以广义信息论又称信息科学。

三、香农对信息的定义

香农在他发表的著名论文《通信的数学理论》中，从研究通信系统传输的实质出发，对信息做了科学的定义，并进行了定性和定量的描述。

香农认为信息是有秩序的量度，是人们对事物了解的不确定性的消除或减少。信息是对组织程度的一种测度，信息能使物质系统的有序性增强，减少破坏、混乱和噪音。

香农提出：信息的传播过程是“信源”（信息的发送者）把要提供的信息经过“信道”传递给“信宿”（信息的接收者）及信宿接收这些经过“译码”（即解释符号）的信息符号的过程，并由此建立了通信系统模型。

什么是信道呢？信道是在物理线路上划分的逻辑通道。由于物理上的限制，信道都只有有限的带宽，而且存在噪声，因此，信道能够传递数据的最大速率是受信道带宽制约的，对于这个问题，奈奎斯特（H. Nyquist）和香农先后展开了研究。由此，香农推出了在受到噪声（所谓噪声是指“外加于信号之上，并非属于信息源本身的信号”）干扰的信道的情况下，传输速率与信噪比（信号功率与噪声功率之比）之间的关系，指出了用降低传输速率来换取高保真通信的可能性。该公式已广泛用于有噪声的情况下，信道的最大传输速率的计算。

在香农确定信息量名称时，将热力学中的“熵”的概念应用到信息领域一个系统的熵就是它的无组织程度的度量，而一个系统中的信息量是它的组织化程度的度量，这说明信息与熵恰好是一个相反的量，信息是负熵，所以在信息熵的公式中有负号，它表示系统获得信息后无序状态的减少或消除，即消除不定性的大小。

由于“熵”表达了事物所含的信息量，我们不可能用少于熵的比特数来确切表达这一事物，所以这一概念已成为所有无损压缩的标准和极限。同时，它也是导出无损压缩算法能达到或接近熵的编码的源泉。

“熵”的概念起源于热力学，是度量分子不规则热运动的单位，即“不确定性”在热力学里用熵来度量。熵表示系统的无组织程度或混乱程度，熵愈大意味着该系统愈混乱无序，熵愈小表明该系统的组织程度愈高。香农的伟大贡献在于，将热力学中的熵的概念应用到信息领域中，并利用概率分布的理论给出信息量——熵的概念，即信息是以它对事物的不确定性的减少或消除来度量的。

四、信息的度量

根据香农有关信息的定义，信息源所发出的消息带有不确定性。定性就是随机性。那么如何测度信息呢？显然，信息量与不确定性消除程度有关。消除多少不确定性，就获得多少信息量。不确定性的大小可以直观地看成是事先猜测某随机事件是否发生的可能程度。

信息熵是从整个信息源的统计特性来考虑的，它从平均的意义上来表示信息源的总体信息测度，它表示信息源义在没有发出消息以前，信宿对信息源义存在着平均不确定性。

以上就是香农关于信息的度量，通常也称为概率信息。它是一个科学的定义，有明确的数学模型和定量计算公式。在公式中，对数的底数从理论上而言可以取任何数。当底数为2时，信息的计量单位为比特（bit），即二进制单位。

香农的信息度量公式排除了对信息主观认识上的含义。根据上述公式，同样一个消息对任何一个收信者来说，所得到的信息量都是一样的。

香农（C.E. Shannon）是现代信息论的著名创始人之一，也是电子计算机理论的重要奠基人之一。现代信息论的出现，对现代通信技术和电子计算机的设计产生了巨大的影响。如果没有信息论，现代的电子计算机是无法研制成功的。香

农在美国密执安大学和麻省理工学院学习时，修过布尔代数课，并在布尔的指导下使用微分分析仪，对继电器电路进行分析。他认为这些电路的设计可以用符号逻辑来实现，并意识到分析继电器的有效数学工具正是布尔代数。1938年，香农发表了著名的论文《继电器和开关电路的符号分析》，首次运用布尔代数进行开关电路分析，并证明布尔代数的逻辑运算可以通过继电器电路来实现，明确地给出了实现加、减、乘、除等运算的电子电路的设计方法。香农在贝尔实验室工作时进一步证明了，可以采用能实现布尔代数运算的继电器或电子元件来制造计算机，香农的理论还为计算机具有逻辑功能奠定了基础，从而使电子计算机既能用于数值计算，又具有各种非数值应用的功能，使得以后的计算机几乎在任何领域中都得到了广泛的应用。

1948年，香农长达数十页的论文*The Mathematical Theory of Communication*，成了信息论正式诞生的里程碑。在他的通信数学模型中，信息度量的问题被清楚地提了出来，得出了著名的计算信息熵的公式。

2011年2月24日，当代最伟大的数学家、贝尔实验室最杰出的科学家之一、84岁的香农博士不幸去世。

第二节 信息科学与信息技术

一、信息科学

目前对信息的研究已经形成一门专门的学科，即信息科学。信息科学的崛起，是信息现象日趋复杂化、信息爆炸性增长、知识重要性增加、信息技术飞速发展等因素相互作用的结果，是信息时代的必然产物。

信息科学是以信息为基本研究对象，以信息的运动规律和应用方法为主要研究内容，这是信息科学有别于一切传统科学最基本的特征。以往传统科学都是以物质和能量为研究对象，而信息科学却有其新颖的、独立的研究对象——信息，它既不同于物质，也不同于能量，但又与物质和能量之间存在着相互联系、相互作用。信息科学之所以能够成为学科之林中一个新兴学科群体，正是因为它有着信息这个独特的研究对象，这是信息科学得以存在的前提。

信息科学是一门正在形成和发展的学科。信息科学是以信息作为主要研究对象，以信息的运动规律和应用方法为主要研究内容，以扩展人类的信息功能（特别是智力功能）为主要研究目标的一门新兴的、边缘的、横断的综合性科学。其研究范围是：

（1）探讨信息的本质。

（2）研究信息的质量。

（3）阐明信息的运动规律。

（4）揭示利用信息进行控制的原理和方法。

（5）寻求利用信息实现最佳组织的原理和方法。

第一项涉及信息是属于物质或精神范畴的问题，是信息学理论研究的世界观和方法论；第二项是研究信息的度量方法的；第三项是研究信息是如何产生、如何提取、如何检测、变换、传递、存储、处理和识别的规律的，以上两项属于信息论的基本领域；第四项是控制论，包括信息仿生学和人工智能；第五项是系统论，包括运筹学、系统工程、耗散结构和协同论等。因此信息科学的基础是哲学、数理化和生物科学，它的主体是信息论、控制论和系统论，主要的工具包括电子科学和计算机科学。

总而言之，信息科学以香农创立的信息论为理论基础，以现代科学方法论作为主要研究方法，以研究信息及其运动规律为主要内容，以扩展人的信息功能作为主要研究目标的一门科学。这既是信息科学的出发点，也是它的最终归宿。

二、信息技术

（一）从远古走来的信息技术

信息作为一种社会资源自古就有，人类自古以来就在利用信息资源，只是利用的能力和水平很低而已。在信息技术发展的历史长河中，指南针、烽火台、风标、号角、语言、文字、纸张、印刷术等作为古代传载信息的手段，曾经发挥过重要的作用。望远镜、放大镜、显微镜、算盘、手摇机械计算机等则是近代信息技术的产物。它们都是现代信息技术的早期形式。

迄今为止，人类社会已经发生过四次信息技术革命。

第一次革命是人类创造了语言和文字，接着现出了文献。语言、文献是当时信息存在的形式，也是信息交流的工具。

第二次革命是造纸和印刷术的出现。这次革命结束了人们单纯依靠手抄、篆刻文献的时代，使得知识可以大量生产、存储和流通，进一步扩大了信息交流的范围。

第三次革命是电报、电话、电视及其他通信技术的发明和应用。这次革命是信息传递手段的历史性变革，它结束了人们单纯依靠烽火和驿站传递信息的历史，大大加快了信息传递速度。

第四次革命是电子计算机和现代通信技术在信息工作中的应用。电子计算机和现代通信技术的有效结合，使信息的处理速度、传递速度得到了惊人的提高，人类处理信息和利用信息的能力达到了空前的水平。

人类在认识环境、适应环境与改造环境的过程中，为了应付日趋复杂的环境变化，需要不断地增强自己的信息获取能力，即扩展信息器官的功能，主要包括感觉器官、神经系统、思维器官和效应器官的功能。由于人类的信息活动愈来愈高级、愈来愈广泛、愈来愈复杂，人类信息器官的天然功能已愈来愈难以适应需要。例如，在复杂的环境或任务中，人的肉眼既看不见微观的粒子，也看不到遥远的天体，人体神经系统传递信息的速度、人脑的运算速度、记忆长度、控制精度以及人体对外界刺激的反应速度等均显得力不从心，不能满足快速多变的环境要求。是信息技术扩展了人类的信息器官。

从某种意义上来说，人类创立和发展起来的信息技术，就是为了不断地扩展人类信息器官功能的一类技术的总称，它们的对应关系如表1-1所示。

表1-1　人类信息器官的功能及其扩展技术

人体的信息器官	人体信息器官的功能	扩展信息器官功能的信息技术
感觉器官	获取信息	传感技术
神经器官	传递信息	通信技术
思维器官	加工/再生产信息	计算机与智能技术
效应器官	使用信息	控制技术

（二）信息技术的定义

由于到目前为止信息还没有一个统一而公认的定义，因此，对信息技术也就不可能有一个统一而公认的定义。人们对信息技术的定义，因其使用的目的、范围、层次不同而有不同的表述。

（1）信息技术是指有关信息的收集、识别、提取、变换、存储、传递、处理、检索、检测、分析和利用等的技术。

（2）现代信息技术是“以计算机技术、微电子技术和通信技术为特征”的技术。

（3）信息技术是指在计算机和通信技术支持下用以获取、加工、存储、变换、显示和传输文字、数值、图像以及声音信息，包括提供设备和提供信息服务两大方面的方法与设备的总称。信息技术是管理、开发和利用信息资源的有关方法、手段与操作程序的总称。

（4）信息技术是指“应用在信息加工和处理中的科学，技术与工程的训练方法和管理技巧；计算机及其与人、机的相互作用，与人相应的社会、经济和文化等诸种事物。”

（5）信息技术包括信息传递过程中的各个方面，即信息的产生、收集、交

换、存储、传输、显示、识别、提取、控制、加工和利用等技术。

综上所述，所谓信息技术就是人类开发和利用信息资源的所有手段的总和。信息技术既包括有关信息的产生、收集、表示、检测、处理和存储等方面的技术，也包括有关信息的传递、变换、显示、识别、提取、控制和利用等方面的技术。

三、信息技术的核心

信息技术主要包括计算机技术、微电子技术、通信技术和传感技术等。形象地说，传感技术是扩展人的感觉器官收集信息的功能，通信技术是扩展人的神经系统传递信息的功能，计算机技术是扩展人的思维器官处理信息和决策的功能，微电子技术的发展使得人们可以低成本、大批量地生产出具有高可靠性和高精度的微电子结构模块，扩展了人对信息的控制和使用能力。

（一）计算机技术

计算机从其诞生起就不停地为人们处理着大量的信息，而且随着计算机技术的不断发展，它处理信息的能力也在不断地加强。现在计算机已经渗入到人们社会生活的每一个方面，个人计算机配上各种软件能够帮助人们工作和生活。现代信息技术一刻也离不开计算机技术。

多媒体技术是20世纪80年代才兴起的一门技术，它把文字、数据、图形、语音等信息通过计算机综合处理，使人们得到更完善、更直观的综合信息。在未来，多媒体技术将扮演非常重要的角色。信息技术处理的很大一部分是图像和文字，因而视频技术也是信息技术的一个研究热点。

芯片技术与计算机技术是密不可分的。先进的微电子技术制造出先进的芯片，而先进的计算机则是由先进的芯片组成的。芯片是微电子技术的结晶，是计算机的核心。计算机技术的发展不仅表现在硬件技术上，还表现在信息的交流上。目前，全球的计算机用户越来越紧密地联系在一起，通过因特网（Internet）进行信息交流。坐在家里或办公室里，足不出户，就可以看到世界主要国家当天的报纸杂志，就可以将千里之外的资料取来，为我所用。信息高速公路将成为人类交流信息的快捷通道，其效率远在无线电话之上。计算机技术的进步，将使大量的体力劳动为观察活动所取代，危险和有害健康的工作被淘汰，进而对就业结构产生了重大影响。在世界各国，网络工程师正在成为新型的热门职业，大量的计算机联网为万维网上的通信建立技术基础。正如著名科学幻想作家伊萨克·阿西莫夫所说："二十一世纪可能是创造的伟大时代，那时，机器将最终取代人去完成所有单调的任务。电子计算机将保障世界的运转，而人类则最终得以自由地做非他莫属的事情——创造。"

当今的计算机信息处理技术在某些方面已经超过了人脑在信息处理方面的能力，如记忆能力、计算能力等；但在许多方面，却仍然逊色于人脑，如文字识别、语音识别、模糊判断、模糊推理等。尤其重要的是人脑可以通过自学、自组织、自适应来不断提高信息处理的能力，而存储程序式计算机的所有能力都是人们通过编制程序赋予它的，与人脑相比是机械的、死板的和无法自我提高能力的。所以计算机的智能化研究将是未来研究的一个主要方向。

（二）微电子技术

信息技术的发展必须具备两个基本的条件，一是快速，即短时间里可收集或传输大量信息；二是体积小，携带起来方便，在任何场合都能使用。而微电子技术满足了这两个要求。

所谓微电子是相对"强电""弱电"等概念而言的，指它处理的电子信号极其微弱。微电子技术是基于半导体材料采用微米级加工工艺制作微小型化电子元器件和微型化电路的技术。它是现代信息技术的基础，我们通常所接触的电子产品，包括通信系统、计算机与网络设备、数字家电等，都是在微电子技术的基础上发展起来的。

微电子技术真正的历史不过四十年左右，可是在这短短的几十年中，微电子技术取得了突飞猛进的发展，它的每一次重大突破都会给电子信息技术带来一

次重大革命。现代微电子技术已经渗透到现代高科技的各个领域。今天一切技术领域的发展都离不开微电子技术，尤其对于电子计算机技术，它更是基础和核心。

微电子已成为支持信息技术的核心技术。随着微电子技术的发展，器件的特征尺寸不断缩小，集成度不断提高，功耗不断降低，器件性能得到了提高。微电子技术在短短半个世纪的时间里已经形成了拥有上千亿美元的IC产业。随着系统向高速度、低功耗、低电压和多媒体、网络化、移动化的方向发展，系统对电路的要求越来越高，传统的集成电路设计技术已无法满足性能日益提高的整机系统的要求。由于IC设计与工艺技术水平的提高，集成电路规模的越来越大、复杂程度越来越高，已经可以将整个系统集成为一个芯片，进入了片上系统（System on Chip， SOC）的阶段。SOC与IC的设计思想是不同的，它是微电子设计领域的一场革命。没有IC和SOC就无法实现信息化，就无法充分利用信息世界中已有的宝贵财富。

微电子技术是微观的技术，追求越微小越好。随着IC技术的发展，器件的尺寸会变得越来越小，以至于达到考虑单个电子的状态。这样再过几年在微电子学的很多领域，非采用量子物理学不可，否则，极其精细的芯片制造技术的发展就会停滞不前。人类的创新精神不断推动着科学技术的发展，许多科学家正致力于将芯片的研制推向量子世界的新阶段——纳米芯片技术。由于器件尺度为纳米级，集成度得到了大幅度的提高，同时还具有器件结构简单、可靠性高、成本低等诸多优点，因此，有理由相信纳米电子学的发展必将在微电子领域中引起一次新的电子技术革命，从而把微电子技术推向一个更高的发展阶段。美国IBM首席科学家已经预言："正如70年代微电子技术引发了信息革命一样，纳米科学技术将成为21世纪信息时代的核心。"

（三）通信技术

通信技术的普及是现代社会的一个显著标志。现代通信技术主要包括数字通信、卫星通信、微波通信、光纤通信等。通信技术的迅速发展大大加快了信息传递的速度，使地球上任何地点之间的信息传递速度大大缩短，通信能力大大加强，各种媒体（数字、声音、图形、图像）可以以综合业务的方式传输，使社会生活发生了极其深刻的变化。

通信技术已深入到我们每个人的生活当中，从传统的电话、电报、收音机、电视到如今的移动式电话、传真、卫星通信等。这些新的、人人可用的现代通信方式使数据和信息的传递效率得到很大的提高。

目前，人类在通信技术方面的发展取得了前所未有的成绩，可以覆盖地球各个角落的通信卫星使万里之遥的人们有了近在咫尺的感觉，航天飞机、宇宙空间站以及不断发往茫茫星际的飞船在人类眼里已经不是神奇的现象，中国载人航天计划已成为现实。可视电话系统将成为21世纪通信技术发展、普及的新领域。通信技术真正使人类成为“千里眼”“顺风耳”“飞毛腿”。

计算机网络与通信技术是密不可分的。今天的网络应用已经发展到高带宽、高性能，并支持综合数字业务，如现场实况转播、网络电话和视频会议、WWW等多种信息服务的方式。网络正被越来越多的人所使用，提供越来越多的信息服务，提供一个可以进行广泛交互的场所。所有这些，都会带给人们更方便、更快捷的获取信息和合作的途径。网络可以在很大程度上消除时间和空间上的限制，可以说，基于网络的工作模式已经成为未来社会所必需的一种工作模式。

（四）传感技术

传感技术是一项当今世界令人瞩目的迅猛发展起来的高新技术之一，也是当代科学技术发展的一个重要标志，它与计算机技术、通信技术、微电子技术一起构成信息产业的核心支柱。如果说计算机是人类大脑的扩展，那么传感器就是人类五官的延伸，当集成电路、计算机技术飞速发展时，人们才逐步认识到信息摄取装置——传感器没有跟上信息技术的发展而惊呼“大脑发达、五官不灵”。

传感技术受到普遍重视是从20世纪80年代开始，并逐步在世界范围内掀起了一股“传感器热”。正是由于世界各国普遍的重视和开发投入，传感技术的发展才十分迅速。

传感器技术是测量技术、半导体技术、计算机技术、信息处理技术、微电子学、光学、声学、精密机械、仿生学、材料科学等众多学科相互交叉的综合性高新技术密集型前沿技术。传感器已广泛应用于航天、航空、国防科研、信息产业、机械、电力、能源、机器人、家电等诸多领域，可以说几乎渗透到每个领域。

传感器技术已经发展到了应用高度敏感元件的时代。除了普通的照相机能够收集可见光波的信息和微音器能够收集声波信息之外，已经有了红外、紫外等光波波段的敏感元件，帮助人们提取那些人眼所见不到重要信息。例如，有超声和次声传感器，帮助人们获得那些人耳听不到的信息。人们还制造了各种嗅敏、味敏、光敏、热敏、磁敏、湿敏以及一些综合敏感元件，通过它们把那些人类感觉器官收集不到的各种有用信息提取出来，从而扩展了人类收集信息的功能。

第三节 信息化与信息社会

一、什么是信息化

信息化（在我国港台地区习称为资讯化）是一个外来的概念，最先是由日本学者在20世纪60年代提出来的。如同工业化一样，它是关于经济发展到某一特定阶段的概念描述，是针对工业化高度发展之后社会生产力出现的新情况而提出的。近年来，全球信息技术加速发展，世界各国信息化形势突飞猛进，信息化已成为近年来世界各国都非常关注的并具有深远影响的战略课题。

由于信息化涉及各个领域，是一个外延很广的概念，因而对什么是信息化这样的问题，人们也产生了不同的理解。一般地，信息化是指信息技术和信息产业在经济与社会发展中的作用日益加强，并发挥着主导作用的过程。信息化有三个相互联系的主要方面，一是信息技术本身的发展及其产业化；二是基于信息技术的信息产业（包括信息设备制造业、信息传输业和信息服务业）的发展；三是信息技术手段在经济和社会领域中的广泛应用。信息化是指加快信息高科技发展及其产业化，提高信息技术在经济和社会各领域的推广应用水平，并推动经济和社会发展的过程。它以信息产业在国民经济中的比重，信息技术在传统产业中的应用程度和国家信息基础设施建设水平为主要标志。

人类正在进入知识经济时代。全社会广泛研究和讨论知识经济，大大丰富和扩展了信息化的内涵，为信息产业和信息化的进一步发展奠定了理论和实践基础。我国正在加快国家信息化的建设步伐，关于国家信息化的定义是，在国家的统一规划和组织下，在农业、工业、科学技术、国防及社会生活各个方面应用现代信息技术，深入开发，广泛利用信息资源，加速实现国家现代化的进程。

二、国家信息化指标

信息化水平是衡量一个国家和地区的国际竞争力、现代化程度、综合国力和经济成长能力的重要标志之一。随着信息技术的进步和广泛应用以及信息产业的快速发展，信息化正在引发一场深刻的全球性产业革命。信息资源已成为重要的生产力要素，它调整了全球范围内的资源配置，促进了经济和社会的发展。

信息化水平的测度研究始于20世纪60年代，它是指从定量角度来考察一个国家和地区的信息环境、信息化现有水平和信息化发展潜力，反映一个国家或地区向信息化社会发展水平的一种度量。

为了科学地评价国家及地区的信息化水平，正确指导各地信息化发展，建立全国统一的信息化指标体系，2001年7月29日，中华人民共和国工业和信息化

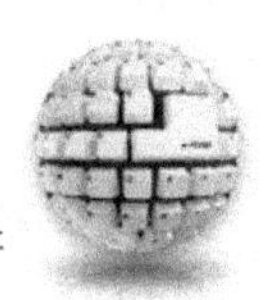

部公布了《国家信息化指标构成方案》。国家信息化指标构成方案由20项指标组成，它们分别为每千人广播电视播出时间、人均带宽拥有量、人均电话通话次数、长途光缆长度、微波占有信道数、卫星站点数、每百人拥有电话主线数、每千人有线电视台数、每百万人互联网用户数、每千人拥有计算机数、每百户拥有电视机数、网络资源数据库总容量、电子商务交易额、企业信息技术类固定投资占同期固定资产投资的比重、信息产业增加值占GDP的比重、信息产业对GDP增长的直接贡献率、信息产业研究与开发经费支出占全国研究与开发经费支出总额的比重、信息产业基础设施建设投资占全部基础设施建设投资比重、每千人中大学毕业生比重、信息指数等。

“国家信息化指标”（NIQ）是全球第一个由国家制定的信息化标准，它涉及国家的生产力水平、科技水平、公众的人文素质与生活质量，体现了一个国家的综合国力，建立了全国统一的信息化指标体系。专家认为，NIQ是继GDP之后，反映信息化时代国家综合实力的重要指标。将全国各地信息化发展水平纳入到国家信息化指标统一框架进行比较。这一指标的提出将促使我国信息产业的发展大大提速，并带动我国从工业文明向信息文明的过渡。

第四节　信息产业与信息人才

人类社会步入二十世纪后半叶以来，一股信息技术革命的浪潮以不可阻挡之势席卷了全球：随即在全世界的范围内诞生了一个新兴产业——信息产业。它的出现深刻地影响着当今世界经济、科技的发展格局，不断改变着人们的生产、工作、思维、生活和娱乐的方式，改变着社会特征、企业的形态。

一、信息产业的概念

伴随着微电子、计算机、通信、网络等技术相互渗透、相互融合，信息技术日益向网络化、数字化、智能化的方向发展，新技术、新业务、新产品层出不穷，潜藏在物质运动中的巨大信息资源不断被发掘出来并获得广泛应用，信息产业已成为全球最具潜力的新的经济增长点。统计资料表明，目前全球信息产业的年增长速度平均在15%～20%，远远超过全球经济的增长速度。新兴工业化国家和地区的信息产业产值已占GNP的25%～40%。这些表明，信息产业在国民经济发展中已逐步占有举足轻重的地位。21世纪的市场竞争，不仅仅是资源、能源、产品和技术的竞争，更是信息的竞争。信息产业的发展水平，已成为衡量一个国家经济发展水平和综合国力的重要标志。

信息产业被称之为当今世界上最具活力的朝阳产业，但究竟什么是信息产业，至今世界上还没有一个统一严格的定义。

美国信息产业协会（AIIA）对信息产业的定义是，依靠新的信息技术和信息处理的创新手段，制造和提供信息产品和信息服务的生产活动的组合。

欧洲信息提供者协会（EURIPA）对信息产业的定义是，信息产业是提供信息产品和信息服务的电子信息工业。

日本对信息产业的定义是，信息产业是一切与各种信息的生产、采集、加工、存储、流通、传播与服务等有关的产业。

中国信息产业部部长吴基传在2010年主编的《信息技术与信息产业》一书中，将信息产业定义为“社会经济活动中从事信息技术、设备、产品的生产以及提供信息服务的产业部门的统称，是一个包括信息采集、生产、检测、转换、存储、传递、处理、分配、应用等门类众多的产业群”。

虽然目前在我国对信息产业还没有统一的命名，但大致存在有狭义和广义的两种不同提法。狭义的提法认为信息产业是指直接或间接地与计算机相关的电子信息产业，包括了计算机产业、集成电路产业、信息处理业、软件业；广义的

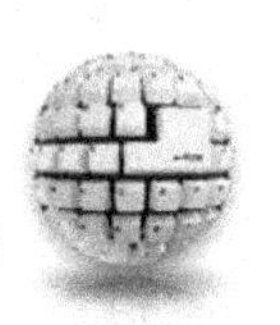

提法认为信息产业是指一切与收集、存储、检索、组织加工、传递信息有关的产业，除包括电子信息产业外，还包括信息传播报道业（如印刷出版、广播电视、咨询服务业等）、信息流通业（如电信、邮政等）、知识生产业（如教育、科研等）、信息存储业（如数据库、图书馆、档案馆）等一大批相关产业。

值得注意的是，由于信息产业是使用现代电子信息技术来研究、开发和使用信息资源，而信息资源和信息技术是随着人类社会经济的发展而不断丰富和深化的，因而信息产业所涵盖的范围也会不断变化和发展。比如，早期人们把计算机产业、微电子产业、信息处理产业等称为信息产业，现在人们又把信息传播报道业、信息流通业、知识生产业等也纳入信息产业的范畴。因此，信息产业是一个随时间不断发展着的动态概念，我们要用动态的观点去界定它。

二、信息产业的特点

（一）信息产业是战略性先导产业

当今世界是信息世界，在信息世界里信息资源被视为人类社会的第一战略资源，信息产业也成为当今和未来社会发展中的最大战略产业。在许多发达国家，信息产业已经逐步取代了钢铁、石油、汽车等作为社会经济发展战略的传统地位，成为当代社会的先导产业、带头产业。许多发展中国家，也都纷纷采取措施，制订并实施本国发展信息产业的计划，并力争尽快赶上发达国家。

（二）科技创新含量高

信息技术的发展，每一步都离不开相关领域的科技创新和技术突破。20世纪以来在信息技术领域的几项重大突破——半导体、卫星通信、计算机、光导纤维、电子信息技术的发展都体现了这种高度创新性。可以说，科技创新是信息产业的灵魂。敢于创新、锐意进取才能使企业在日趋激烈的国际竞争中有所作为，反之，不致力于研发新科技的企业只能步人后尘，无法实现超越，而不掌握新知识、新技术的企业将在激烈的竞争中逐步被淘汰出局。

（三）知识、智力、技术密集

相对于劳动密集型的传统产业而言，信息产业是知识、智力、技术密集型产业，这是它的本质特征，信息产业的其他特征多半是从这个本质特征引申出来的。信息产业的产业活动是对信息的研究、开发、传播和利用，其产品主要是依靠脑力劳动或者以脑力劳动的自动化途径进行生产（例如一种产品的生产线），整个产业活动过程是人类的智能活动过程，要求从业人员具有较高的知识、技术、技能和较高的科学文化水平，同时还要求他们能够很好地联合协作。

（四）高投入、高风险

由于信息产业是知识、智力、技术密集型产业，它所使用的技术都是处于科学技术前沿的高新技术。在研发信息产品中，无论是信息产业中硬件设备的制造，还是软件产品的开发应用，都需要有大量的资金和智能的投入。核心技术开发出来后的大规模生产，所需的资本投入也仍然很大，以计算机的芯片为例，每条生产线的投资大约要10多亿美元。在信息产业的发展中，新兴与衰落并存。企业间的兼并、改组、新兴、消亡并存，并且变化非常快，令人目不暇接。

（五）增长快、变动大

信息产业的发展与信息技术的更新换代是紧密相连的，有关资料表明，信息技术的更新速度是每3年增加1倍，信息技术的专利每年超过30万件，科研资料的有效寿命平均只有5年。电子数字计算机从发明到现在，仅半个多世纪就进行了5次更新换代。与人们生活密切相关的家用电器、通信设备等也是日新月异，发展变化非常快。

（六）渗透性高

在当今的信息世界里，信息无处不在，信息无时不在。由于信息传播的普遍性和信息技术应用的广泛适用性，使得信息产业已广泛融合于社会其他各产业之中（如制造业和服务业等）。一种信息技术的诞生，其影响可能涉及一个部门、一个地区、一个国家、甚至整个世界。一种信息产品的出现（比如计算机软

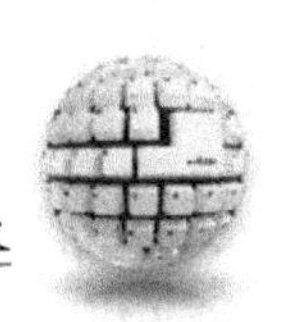

件），也可能为社会中各种应用管理阶层的群体提供决策和帮助。

信息产业的渗透性还表现为伴随着信息产业的发展，还催生了一些新的边缘性的产业，如光学电子产业、医疗电子器械产业、航空电子工业、汽车电子产业等。

（七）高度增值性

信息产业在全世界范围内由先导产业逐步变成主导产业，信息产业由于技术、智力、资金密集，信息产品的价值含量大、附加值高，其产值在国内生产总值（GDP）中的所占比例越来越高。

最近十多年来，我国内地信息产业年产值平均增长率保持在25%左右，以三倍于国内生产总值增长的速度发展。2016年中国内地信息产业增加值占国内生产总值的比重提高到5.7%，电子信息产品制造业实现销售收入1.4万亿元，比2011年增长20%，对全国工业增长的贡献率达到20%。

（八）高度带动性

在以计算机技术为基础的信息技术革命的推动下，许多高新技术产业相继诞生并构成新兴的产业群，信息产业就是这些新兴产业的核心与先导。如果信息产业发展得好，对这些相关产业的发展能产生很强的带动作用。如在信息产业内部，可带动微电子、半导体、激光、卫星通信、超导等产业的发展；在信息产业外部，可带动一批如新材料、新能源、机器制造、仪器仪表、生物工程、海洋开发、核技术、空间技术等产业的发展。同时，利用信息技术对传统产业进行改造，可使这些传统产业脱胎换骨，重现昔日辉煌。而这些产业的高度发展，形成了巨大的市场需求，反过来又会进一步促进信息产业自身的快速发展，使它对经济增长的作用进一步增强。

三、信息产业对人才的需求

信息时代，一切竞争，归根结底是人才的竞争。要想快速发展信息产业，在国际竞争中增强实力，就必须广泛培养和拥有大批优秀的IT人才、软件工人，形成信息人才的资源优势，使信息产业发展有一个坚实的人才基础。IT行业是智力、人才密集型行业，人才一直是IT业竞争的焦点。工业时代的各种产业人士认为，有矿藏、有能源、有交通的地方就是发展该产业的优势区域。而信息时代的IT产业人士普遍认为，有大批高质量的IT人才、软件工人的地方就是IT产业生长发展的优势区域。

随着IT产业的快速发展，IT人才紧缺已成为一个日益严重的全球性问题。据美国商务部统计，目前美国信息技术人才短缺34.6万名（其中电脑软件开发人才的缺口是18.8万名），到2016年，缺口将会达到130万名。

为进一步提高我国软件产业的总体水平和国际竞争力，国家在《振兴软件产业行动纲要》中提出了到2015年的发展目标，即软件市场销售额达到2500亿元；国产软件和服务的国内市场占有率达到60%；软件出口额达到50亿美元；培育一批具有国际竞争力的软件产品，形成若干家销售额超过50亿元的软件骨干企业；软件专业技术人才达到80万人。从2015年的实践和2016年上半年的发展状况来看，这一目标应该能够超额完成。

从我国软件业在全球软件市场所处的位置看，其整体规模还很小。2012年在全球软件业总额中，美国和西欧分别占据40%和31%的份额，而中国软件业在其中只占2%的份额。美国软件的本国提供率高达97%，而我国目前仅1/3左右。2017年，我国软件产业总额已经超过印度的122亿美元，达到133亿美元。但是我国的软件产业与发达国家相比仍相对弱小，中国的软件产业需要集中优势力量，掌握关键技术，提高我们在软件技术中的核心竞争力，形成若干个软件产业带（产业链），实现软件产业的新突破。

四、IT人才的职业划分与人才培养

在Windows 98英文版“午夜狂欢”的主题发布会上，有人提出一个“信息金字塔理论”，即21世纪的就业岗位是金字塔式的，塔尖是“信息生产者”，中间是“信息传播者”和“信息协调与管理人员”，塔基是“信息处理人员”和“信息基础设施建设人员”。

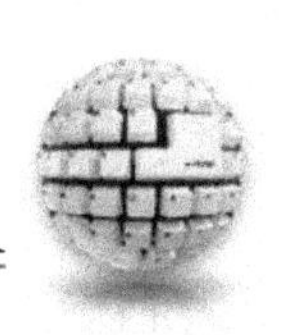

IT业也存在着这样一座“金字塔”，它是由信息人才的职业结构划分而成的。处在顶层的是少数复合型高级管理人才和高级技术人才，他们负责整个项目的策划、运行管理及高精尖技术和复杂问题的解决方案。处在中间层的是系统分析师、系统设计师及中层管理人员，他们负责把一个复杂的大项目按照系统功能划分成若干功能相对独立的子系统，定义系统的架构，对各子系统进行详细的功能设计及这些子系统之间的接口设计，并制定详细的规范和要求。处在金字塔基层支撑整座金字塔的则是大量的软件开发人员（软件蓝领）和应用人员。他们的任务是按照标准和规范具体编写程序代码，调试运行以实现指定功能。

目前国内的IT人才队伍结构不甚合理，呈现出一种“橄榄形”结构。“两头”非常短缺，中间庞大臃肿。上层顶尖级人才，即总策划、总体设计师、市场营销总监、项目经理很少，中间人才却相对过多，他们具有本科学历，学了一些课程，但这些课程已远远落后于该领域当前技术的发展前沿，让他们当程序员、软件工人不能充分发挥其作用，同时也造成人才资源浪费，而让他们当总体设计师、项目经理又不能胜任。最底层的技能型、应用型信息技术人才，即IT蓝领更是缺额严重。据最近的调查表明，在我国IT行业当前最缺乏的其实就是IT蓝领——大量能从事基础性工作的技能型、应用型人才。

以上问题已经引起我国政府有关部门的密切注意，并采取了一系列相应的措施大力培养信息人才，形成多层次的人才培养模式，以满足国内IT产业发展对人才的需要。

就高等教育而言，2016年底，我国普通高等院校共计1396所，其中本科院校629所，专科院校767所。全国共设有计算机科学与技术、计算机软件、软件工程专业的院校有982所，其中本科院校有484所，专科院校有498所。

2016年普通高等院校在校生总数为903.36万人（本科生657.54万人，专科生193.41万人），其中计算机及软件专业在校生71.85万人。此外，与软件相关专业（信息与计算科学、地理信息系统、电子信息科学与技术、电子信息科学与技术类新专业、自动化、电子信息工程、网络工程、信息对抗技术、信息安全等9个专业）的在校生有48.26万人。

在IT人才培养方面，采取的其他措施还有：

（1）设立软件学院，大力培养IT人才。首批35所示范性软件学院2012年已招生2万人左右，以后还会逐年增加。

（2）建立软件工程硕士研究生培养基地，扩大软件工程硕士培养规模。

（3）大力发展软件产业基地和软件园区。2015年以来，信息产业部命名了11个国家级软件产业基地。

（4）与国际著名IT培训公司加强合作，扩大IT职业的培训规模。目前世界著名的多家IT培训公司纷纷在我国多个省市设立了培训中心，并迅速扩大招生规模。

（5）建立软件高等职业学院，培养以应用型为主的“软件蓝领”人才。

人类社会的发展已进入了信息社会，信息技术已成为信息社会的重要的组成部分。信息技术是指有关信息的收集、识别、提取、变换、存储、传递、处理、检索、检测、分析和利用等技术。这些技术的实现涉及微电子技术、传感技术、网络与通信技术、计算机技术等众多技术领域。

传感技术就是获取信息的技术，通信技术就是传递信息的技术，计算机技术就是处理信息的技术，而微电子技术又是以上三种技术的实现基础。从技术层面上看，它们又是相互包含、相互交叉、相互融合的。

本章从信息的定义开始，介绍了香农理论对信息论的贡献，信息与熵的联系，阐述了香农关于信息的计算公式。同时指出香农公式应用的局限性，对狭义信息论和广义信息论做了介绍。另外还介绍了信息的属性与特征，以及信息与数据、消息、信号的联系与区别。

信息产业的发展水平已成为衡量一个国家经济发展水平和综合国力的重要标志。但是对什么是信息产业还没有一个统一的定义。本章介绍了一些国家信息化指标的构成，信息产业及其特点，以及对信息人才的结构需求与培养模式。

第二章　多媒体信息处理技术

多媒体技术是二十世纪八十年代发展起来的一门综合技术，虽然发展历史并不长，但它对人们生产方式、生活方式和交互环境的改变所起的作用是不容忽视的。目前，多媒体技术已成为计算机科学的一个重要研究方向，多媒体的开发与应用使得计算机一改过去那种单一的人机界面，它集声音、文字、图形于一体，使用户置于多种媒体协同工作的环境中，让不同层次的用户感受到了计算机世界的丰富多彩。

在人类的科学技术发展史上，无数事实证明，人们发明了技术，而技术又反过来改变了人类的生活。多媒体技术的出现，将使处在“数字化生存”时代的人们又一次体会到多媒体技术对人类的生活、工作与学习环境所带来的巨大影响。

第一节　多媒体的概念

一、媒体的分类

在现代人类社会中，信息的表现形式是多种多样的，我们把这些表现形式称为媒体。媒体（Media）可理解成承载信息的实际载体（如纸介质、磁盘、光盘、录像带和录音带等）或表述信息的逻辑载体（如文字、图像、语言），例如通常我们称报纸、电视、电影和各种出版物为大众传播媒体。

按国际电信联盟（ITU）下属的国际电报电话咨询委员会（CCITT）的定义，媒体可分为以下五种：

（一）感觉媒体（Perception）

感觉媒体就是指能直接作用于人的感官，使人能直接产生感觉的一类媒体，如声音、图像、文字、气味以及物体的质地、形状、温度等。

（二）表示媒体（Presentation）

它是为了能更有效地加工、处理和传输感觉媒体而人为研究和构造出来的一种媒体，例如语言编码、静态和活动图像编码以及文本编码等都称为表示媒体。

（三）显示媒体（Display）

它是指感觉媒体和用于通信的电信号之间转换用的一类媒体，可分为输入显示媒体（如键盘、摄像机、话筒、扫描仪等）和输出显示媒体（如显示器、发光二极管、打印机等）两种。

（四）存储媒体（Storage）

它是用于存放数字化的表示媒体的存储介质，如磁盘、光盘、半导体存储器等。

（五）传输媒体（Transmission）

它是用来将表示媒体从一处传递到另一处的物理传输介质，如同轴电缆、双绞线、光纤及其他通信信道。

二、多媒体的定义

（一）什么是多媒体

“多媒体”一词译自二十世纪八十年代初产生的英文单词“multimedia”，这是一个复合词，media即为“媒体”之意。关于多媒体的定义或说法多种多样，人们从自己的角度出发对多媒体给出了不同的描述。通常所指的多媒体就是

各种感觉媒体的组合，也就是声音、图像、图形、动画、文字、数据、文件等各种媒体的组合。

从广义上来讲，多媒体一词是指多种信息媒体的表现和传播形式。人们在日常生活中进行交流时，可以通过声音、文字、图形、图像、手势和体态进行信息传递，还可以通过嗅觉、味觉和触觉系统来感受外界信息。因此从某种意义上来讲，人是一个多媒体信息的处理系统。

从狭义的角度来看，多媒体是指人们用计算机及其他设备交互处理多媒体信息的方法和手段，或指在计算机中处理多种媒体的一系列技术。这其中有几层含义：一是指媒体的表示形式，如数字、文字、声音、图像、视频等；二是指处理多种媒体的声卡、视频卡、DSP芯片等硬件设备；三是指用以存储信息的实体，如光盘、磁带、半导体存储器等。

（二）多媒体技术

多媒体技术是一种基于计算机科学的综合技术，它包括数字化信息处理技术、音频和视频技术、计算机软硬件技术、人工智能和模式识别技术、通信和网络技术等。或者说，所谓多媒体技术是以计算机为中心，把语音、图像处理技术和视频技术等集成在一起的技术。具有这种功能的计算机称为多媒体计算机。

三、多媒体计算机系统

计算机系统由硬件系统和软件系统两部分组成。硬件系统通常指机器的物理系统，是看得到、摸得着的物理器件，它包括计算机主机及其外围设备。硬件系统主要由中央处理器、内存储器、输入/输出设备（包括外存储器、多媒体配套设备）等组成。

所谓软件系统则是指管理计算机软件系统和硬件系统资源、控制计算机运行的程序、命令、指令、数据等。广义地说，软件系统还包括电子的和非电子的有关说明资料，如说明书、用户指南、操作手册等文档。

硬件是物质基础，是软件的载体，两者相辅相成，缺一不可。我们平时在谈到“计算机”一词时，都是指含有硬件和软件的计算机系统。

多媒体计算机系统是对基本计算机系统的软硬件功能的扩展，作为一个完整的多媒体计算机系统，它应该包括五个层次的结构。

最底层为多媒体计算机硬件系统，其主要任务是实时地综合处理文、图、声、像信息，实现全动态视像和立体声的处理。另外，还需对多媒体信息进行实时压缩与解压缩。

第二层是多媒体的软件系统。它主要包括多媒体操作系统、多媒体通信软件等。操作系统具有实时任务调度、多媒体数据转换和同步控制、对多媒体设备的驱动和控制以及图形用户界面管理等功能。为支持计算机对文字、音频、视频等多媒体信息的处理，解决多媒体信息的时间同步问题，提供了多任务的计算机环境。目前在微机上，操作系统主要是Windows视窗系统和用于苹果机（Apple）的MACOS。多媒体通信软件主要用于支持网络环境下的多媒体信息的传输、交互与控制。

第三层为多媒体API（应用程序接口）。这一层是为上一层提供软件接口，以便在高层软件调用系统功能，并能在应用程序中控制多媒体硬件设备。为了能够让程序员方便开发多媒体应用系统，Microsoft公司推出了DirectX程序设计界面，提供了让程序员直接使用操作系统的多媒体程序库，使Windows变为一个集声音、视频、图形与游戏于一体的增强平台。

第四层为多媒体创作工具及软件。它是在多媒体操作系统的支持下，利用图形和图像编辑软件、视频处理软件、音频处理软件等，来编辑与制作多媒体节目素材，并在多媒体著作工具软件中集成。多媒体著作工具的设计目标是缩短多媒体应用软件的制作开发周期，降低对制作人员技术方面的要求。

第五层是多媒体应用系统。这一层直接面向用户，是为满足用户的各种需求服务的。应用系统要求有较强的多媒体交互功能和良好的人机界面。

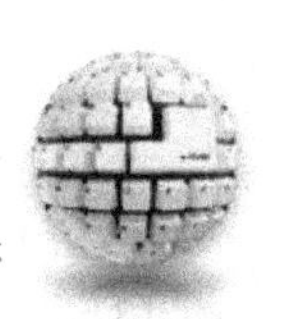

四、多媒体的主要特征

多媒体系统是在计算机的控制下，对多种媒体信息进行处理、编辑、表现、存储、通信或集成的信息系统。多媒体系统的主要特征包括信息媒体的多样化、集成性和交互性三个方面，也是在多媒体研究中必须解决的主要问题。

（一）信息媒体的多样化

人类对于信息的接收和产生主要在五个感觉空间内，即视觉、听觉、触觉、嗅觉和味觉，其中前三者占了95%以上的信息量。多媒体技术目前只提供了多维信息空间下的视频与音频信息的获取和表示的方法，使计算机中信息表达方法不再局限于文字与数字，它广泛地使用了图像、图形、视频、音频等信息形式，使得我们的思维表达有了更充分、更自由的扩展空间。多媒体信息的多样化不仅仅是指输入，而且还指输出，主要包括视觉和听觉两个方面。但输入和输出并不一定都是一样的，如果两者完全一样，这只能称之为记录或重放。对于应用而言，如果我们对输入信息进行变换、组合和加工，亦即我们所说的创作（Authoring），则可以大大丰富信息的表现力并增强其效果。这种形式和方法实际上在电影、电视的制作过程中早已屡见不鲜，今后在多媒体应用中会愈来愈多地使用。

（二）集成性

多媒体技术不仅是多媒体设备的集成，而且也表现为多媒体信息的集成。早期的声音、图像、交互性等各项技术，在计算机上都是单一、零散的应用方式，它们各自的独立发展已不再能满足应用的需求。例如，仅有静态图像而无动态视频，仅有语音而无图像等，都将限制信息的有效利用。同样，信息交互手段的单调性也会制约应用的进一步需求。

多媒体的集成性主要表现在两个方面，即多媒体信息媒体的集成和处理这些媒体的设备的集成。对于前者而言，各种信息媒体应成为一体，而不应分离，这种集成包括信息的多通道统一获取，多媒体信息的统一存储与组织，多媒体信息表现合成等各方面。而不应像早期那样，只能使用单一的形式。另外，多媒体的各种设备应该成为一体。从硬件来说，应具备能够处理多媒体信息的高性能计算机系统以及与之相对应的输入输出能力及外设。从软件来说，应该有集成一体的多媒体操作系统、适合于多媒体信息管理的软件系统、创作工具及各类应用软件等，并且在网络的支持下，集成构造出支持广泛应用的各种信息系统。

（三）交互性

由于多媒体技术在多维化信息空间的交互特性，它向用户提供了更加有效地控制和使用信息的手段。它可以增加对信息的注意和理解，延长信息的保留时间，使我们获取信息和使用信息的方式由被动变为主动。当交互性引入到多媒体技术中后，“活动”（activity）本身作为一种媒体便介入了信息转变为知识的过程。借助于交互性，人们不是被动地接受文字、图形、声音和图像，而是可以主动地进行检索、提问和回答，这种功能是一般的家用电器所不能取代的。例如，CD-ROM可以轻而易举地将几十卷的百科全书存储在一张光盘上，在超文本、超媒体技术的支持下，读者可以随时查询浏览CD-ROM中的信息，并选取感兴趣的内容阅读，这一特点是普通的书籍、录音带、录像带所不及的。它使CD-ROM被广泛地应用到教育领域中去。

第二节　多媒体音频信号处理

声音是多媒体信息的一个重要组成部分，也是表达思想和情感的一种必不可少的媒体。无论其应用目的是什么，声音的合理使用可以使多媒体应用系统变得更加丰富多彩。在多媒体系统中，音频可被用作输入或输出。输入可以是自然

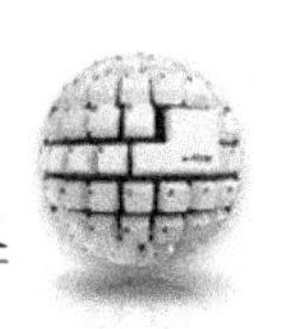

语言或语音命令，输出可以是语音或音乐，这些都会涉及音频处理技术。

一、音频信号的形式

在日常生活中，音频（Audio）信号可分为两类，即语音信号和非语音信号。语音是语言的物质载体，是社会交际工具的符号，它包含了丰富的语言内涵，是人类进行信息交流所特有的形式。非语音信号主要包括音乐和自然界存在的其他声音形式。非语音信号的特点是不具有复杂的语义和语法信息，信息量低、识别简单。

我们之所以能听到日常生活中的各种声音信息，其实就是不同频率的声波通过空气产生震动，刺激人耳的结果。在物理上，声音可用一条连续的曲线来表示。这条连续的曲线无论多复杂，都可分解成一系列正弦波的线性叠加。规则音频是一种连续变化的模拟信号，可用一条连续的曲线来表示，称为声波。用声音录制软件记录的英文单词“Hello”的语音实际波形。因声波是在时间和幅度上都连续变化的量，我们称之为模拟量。

二、模拟音频信号的物理特征

模拟音频信号有两个重要参数，即频率和幅度。声音的频率体现音调的高低，声波幅度的大小体现声音的强弱。

一个声源每秒钟可产生成百上千个波，我们把每秒钟波峰所发生的数目称之为信号的频率，单位用赫兹（Hz）或千赫兹（kHz）表示。例如一个声波信号在一秒钟内有5000个波峰，则可将它的频率表示为5000Hz或5kHz。人们在日常说话时的语音信号频率范围在300Hz~3000Hz之间。频率小于20Hz的信号称为亚音（subsonic）；频率范围为20Hz~20kHz的信号称为音频（Audio），高于20kHz的信号称为超音频（ultrasonic）。

与频率相关的另一个参数是信号的周期。它是指信号在两个峰点或谷底之间的相对时间。周期和频率之间的关系互为倒数。

信号的幅度是从信号的基线到当前波峰的距离。幅度决定了信号音量的强弱程度。幅度越大，声音越强。对音频信号，声音的强度用分贝（dB）表示，分贝的幅度就是音量。

三、音频的数字化过程

如果要用计算机对音频信息进行处理，则首先要将模拟音频信号（如语音、音乐等）转变成数字信号。模拟信号很容易受到电子噪声的干扰，因此随着技术的发展，声音信号就逐渐过渡到了数字存储阶段，A/D转换和D/A转换技术便应运而生。这里，A代表Analog（类比、模拟），D代表Digital（数字、数码），A/D转换就是把模拟信号转换成数字信号的过程，模拟电信号变为了由“0”和“1”组成的bit信号。这样做的好处是显而易见的，声音存储质量得到了加强，数字化的声音信息使计算机能够进行识别、处理和压缩，这也就是为什么如今磁带逐位可编程A/D转换芯片渐被淘汰，CD唱片却趋于流行的原因。

A/D转换的一个关键步骤是声音的采样和量化，得到数字音频信号，它在时间上是不连续的离散信号。采样和量化的过程可由A/D转换器实现。A/D转换器以固定的频率去采样，即每个周期测量和量化信号一次。经采样和量化后的声音信号经编码后就成为数字音频信号，可以将其以文件形式保存在计算机的存储介质中，这样的文件一般称为数字声波文件。

借助于A/D或D/A转换器，模拟信号和数字信号可以互相转换对模拟音频数字化过程涉及音频的采样、量化和编码三个步骤。

第三节　多媒体图形与图像处理

图形与图像是人类视觉所感受到的一种形象化的信息，其最大特点就是直观可见、形象生动。图形与图像处理是一门非常成熟而发展又十分迅速的实用性科学，其应用范围遍及科技、教育、商业和艺术等领域。图像又与视频技术关系密切，实际应用中的许多图像就是来自于视频采集。

一、计算机图形处理的概念

计算机图形处理是使用计算机将对由概念或数学描述所表示的物体进行处理和显示的过程。

图形主要分为两类：一类是用线条信息表示的，由用于刻画形状的点、线、面、体等几何要素组成，如工程图、等高线地图、曲面的线框图等；另一类是反映物体表面属性或材质的灰度颜色等非几何要素，它重点在于根据给定的物体来描述模型、光照及摄像机的几何成像，生成一幅图像的过程。

图形处理技术主要应用领域是计算机辅助设计和制造、计算机教育、计算机艺术、计算机模拟、计算机可视化、计算机动画和虚拟现实。计算机辅助设计（CAD）是图形学的主要应用领域之一，最早仅仅是为了绘图，现在广泛应用于建筑、机械结构和产品设计（结构分析和外形设计）、布局（各种管道，电子线路）等。

图形处理包括的内容有：

（1）几何变换，如平移、旋转、缩放、透视和投影等。

（2）曲线和曲面拟合。

（3）建模或造型。

（4）隐线隐面消除。

（5）阴暗处理。

（6）纹理产生。

（7）配色。

图形学的逆过程是分析和识别输入的图像，并从中提取二维或三维的数据模型（特征），例如手写体识别、机器视觉等。

二、计算机图像处理的概念

计算机图像处理研究的主要内容是如何对一幅连续图像进行取样、量化以产生数字图像，如何对数字图像做各种变换以方便处理，如何滤去图像中的无用噪声，如何压缩图像数据以便于存储和传输，图像边缘提取，特征增强和提取，计算机视觉和模式识别等。

（一）图像的数字化

图像的数字化是指将一幅图像从原来的形式转化为数字的形式，主要研究如何对图像进行采样、量化以及编码等过程。

（二）图像变换

由于图像阵列很大，直接在空间域中进行处理，涉及的计算量很大。因此，往往采用各种图像变换方法，如傅里叶变换、离散余弦变换等间接处理技术，将空间域的处理转换为变换域的处理，不仅可以减少计算量，而且可以获得更有效的处理。

（三）图像编码压缩

图像编码压缩技术可减少用于描述图像的数据量，以便节省图像传输和处理的时间，减少占用的存储空间。

（四）图像增强和重构

图像增强（Image Enhancement）和重构技术的目的是提高图像的质量。图像

增强是为了突出图像中所感兴趣的部分，如强化图像高频分量，可使图像中物体轮廓清晰，细节明显。图像重构（Image Reconstruction）是采用某种滤波方法，如去除噪声、干扰和模糊等，恢复或重建原来的图像。

（五）图像分割

图像分割（Image Segmentation）是将图像中有意义的特征部分提取出来，其有意义的特征包括图像中物体的边缘、区域等，这是进一步进行图像识别、分析和理解的基础。

（六）图像识别

图像识别（Image Recognition）属于模式识别的范畴，其主要内容是图像经过某些预处理（如增强、复原、压缩）后，进行图像分割和特征提取，从而进行判决与识别。近年来，新发展起来的模糊模式识别和人工神经网络模式分类在图像识别中也越来越受到重视。

三、图形与图像的区别与联系

应当指出，从历史上来看图形和图像有很大不同，不能混为一谈。直到目前为止，计算机图形学和数字图像处理还是作为两门课程分别讲授的。

计算机图形学是指用点、线、面、曲面等实体来生成物体的模型，然后模型存放在计算机里，并可修改、合并、改变模型和选择视点来显示模型的一门学科。另一个研究重点是如何将数据和几何模型转变成计算机图像。计算机图形技术主要应用于CAD、物理实体建模、可视化、虚拟现实以及计算机动画、游戏等领域。

图像处理技术是采用计算机外部辅助设备（如扫描仪、视频采集装置等）将输入的图像像素数据进行处理、压缩、传输的一门计算机技术。就存储方式而言，图像指计算机内以位图（Bitmap）形式存在的灰度或彩色信息图形的几何属性，应用面非常广。

在实际应用中，图形图像技术是相互关联的。把图形处理技术和图像处理技术相结合，可以使视觉效果和质量更加完善、更加精美，尤其是利用图形和图像相结合的技术能够进行立体成像。从技术发展的趋势和应用实践的要求来看，图形图像的结合既有必要性，又有可能性。必要性表现在目前多媒体系统和虚拟现实系统中多利用这两种技术进行完美逼真的立体成像。可能性表现在当前图形和图像都是以光栅扫描中的像素为基础，这就便于在同一系统中进行两种处理。目前的图形图像处理技术常常是模拟技术和数字技术相结合，但发展趋势则是完全采用纯数字技术。

随着图形图像技术的发展，两者之间相互交叉、相互渗透，其界限也越来越模糊。

第四节　图像的数字化过程

一、图像数字化概述

现实中的图像是一种模拟信号。图像数字化的目的是把真实的图像转变成计算机能够接受、显示和存储的格式，更有利于计算机进行分析处理。

图像的数字化过程分为采样、量化与编码三个步骤。采样的实质就是要用多少点来描述一张图像，采样的结果就是通常所说的图像分辨率，比如，一幅640×480的图像，就表示这幅图像是由307201个像素点所组成。采样频率是指一秒钟内采样的次数，它反映了采样点之间的间隔大小。采样频率越高，得到的图像样本就越细腻逼真，图像的质量也就越高，但要求的存储量相应地要大。

量化是指要使用多大范围的数值，来表示图像采样之后的每一个点。量化的结果是图像能够容纳的颜色总数，它反映了采样的质量。例如，如果以4bit存

储一个点，就表示图像只能有16种颜色。若采用16bit存储一个点，则有65536种颜色。所以，量化位数越大，表示图像可以拥有更多的颜色，自然可以产生更为细致的图像效果，但是也会占用更大的存储空间。两者的基本问题都是视觉效果与存储空间的取舍问题。

经过这样采样和量化得到的一幅空间上表现为离散分布的有限个像素，灰度取值上表现为有限个离散的可能值的图像称为数字图像。只要水平与垂直方向采样点数N和M足够多，量化比特数足够大，则数字图像的质量比原始模拟图像也毫不逊色的。

在采样与量化处理后，才能产生一张数字化的图像，再运用计算机图像处理软件的各种技巧，对图像进行处理、修饰或转换，达到所需要的图像效果。

二、图像的采样

计算机要感知图像，就要把图像分割成为离散的小区域，即像素。像素是计算机系统生成和再现图像的基本单位，像素的亮度、色彩等特征是通过特定的数值来表示的。数字化图像的形成是计算机使用相应的软硬件技术把许多像素点的特征数据组织成行列，整齐地排列在一个矩形区域内，形成计算机可以识别的图像。

图像采样就是将二维空间上模拟的连续亮度（即灰度）或色彩信息，转化为一系列有限的离散数值来表示。由于图像是一种二维分布的信息，所以具体的作法就是对图像在水平方向和垂直方向上等间隔地分割成矩形网状结构，所形成的矩形微小区域，称之为像素点。被分割的图像若水平方向有M个间隔，垂直方向上有N个间隔，则一幅图像画面就被表示成M×N个像素构成的离散像素点的集合，M×N表示图像的分辨率。

对于一幅图像，可用（x，y）表示图像中任一像素的二维平面位置，而函数f（x，y）就表示（x，y）位置这一像素的灰度或颜色。这样就可以将连续变化的二维图像用f（x，y）函数以离散值的形式表示出来。

在进行采样时，采样点的间隔的选取是一个重要的问题。它决定了采样后的图像是否能真实地反映原图像的程度。一般说来，原图像中的画面越复杂，色彩越丰富，则采样间隔应越小。由于二维图像的采样是一维的推广，根据信号的采样定理，要从取样样本中精确地复原图像，我们可得到图像采样的奈奎斯特（Nyquist）定理：图像采样的频率必须大于或等于源图像最高频率分量的两倍。

三、图像的量化

采样后得到的亮度值（或色彩值）在取值空间上仍然是连续值。把采样后所得到的这些连续量表示的像素值离散化为整数值的操作叫量化。图像量化实际就是将图像采样后的样本值的范围分为有限多个段，把落入某段中的所有样本值用同一值表示，是用有限的离散数值量来代替无限的连续模拟量的一种映射操作。

为此，我们把图像的颜色（对于黑白图像为灰度）的取值范围分成K个子区间，在第i个子区间中选取某一个确定的色彩值G_i，落在第i个子区间中的任何色彩值都以G_i代替，这样就有个不同的色彩值，即颜色值的取值空间被离散化为有限个数值。

在量化时所确定的离散取值个数称为量化级数，为表示量化的色彩值（或亮度值）所需的二进制位数称为量化字长。一般可用8位、16位、24位或更高的量化字长来表示图像的颜色。量化字长越大，则越能真实地反映原有图像的颜色，但得到的数字图像的容量也越大。

四、图像的编码与压缩

数字化后得到的图像的数据量十分巨大，必须采用编码技术来压缩信息的比特量。在一定意义上讲，编码压缩技术是实现图像传输与存储的关键。

图像的预测编码是将图像数据的空间变化规律和序列变化规律用一个预测公式表示，知道了某一像素的前面各相邻像素值之后，可以用公式预测该像素值。采用预测编码，一般只需传输图像数据的起始值和预测误差。

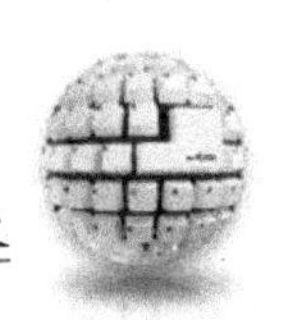

变换编码方法是将整幅图像分成一个个小的数据块，再将这些数据块进行变换、量化和编码，图像显示时再经过逆变换即可重构原来图像。

除了常见的压缩编码外，目前又出现了新的编码方法，如分形编码、小波变换图像压缩编码等，使图像的压缩率进一步提高。

五、矢量图与位图

客观世界中，静态图像可分为两类。一类是可见的图像，例如照片、图纸和人们创作的各种美术作品等，对于这一类图像，只能靠使用扫描仪、数字照相机或摄像机进行数字化输入后，才能由计算机进行间接处理。另一类是可用数学公式或模型描述的图形对象，这一类图像可由计算机直接进行创作与处理。由此图像文件有两种，一种是矢量图文件，另一种是位图文件。

（一）矢量图

矢量图（Vector Graphics）主要是把图案当作矢量来处理。矢量图中的图形元素称为对象，每个对象都是一个自成一体的实体。它具有如颜色、形状、轮廓、大小和屏幕位置等属性，整个作品基本由各种直线、曲线、面以及填充在这些线、面之间的丰富的色彩构成。既然每个对象都是一个自成一体的实体，就可以在维持它原有清晰度和弯曲度的同时，多次移动和改变它的属性，而不会影响图形中的其他对象。这些特征使基于矢量的程序特别适用于图例和三维建模，因为它们通常要求能创建和操作单个对象。

矢量图形的特点是精度高、灵活性大，并且用它们设计出来的作品可以任意放大、缩小而不会产生变形失真。它不会像一些位图处理软件那样，在进行高倍放大后图像会不可避免地方块化。用矢量图制作的作品可以在任意输出设备上输出，而不用考虑其分辨率。矢量图在计算机中的存储格式大都不固定，要视各个软件的特点由开发者自定。相对于位图来讲，矢量图占用的存储空间较小，但在屏幕每次显示时，它都需要经过重新计算，故显示速度没有图像快。

矢量图通常是采用特别的绘图软件生成，如Auto CAD、Free Hand、Corl

Draw以及三维造型软件3D Studio等。在形成矢量图时，涉及的主要内容有几何造型（如二、三维几何模型的构造、曲线和曲面的表示和处理）；图形的生成技术（如线段、圆弧等的生成算法、线与面的消隐、光照模型、浓淡处理、纹理、阴影、灰度和色彩等真实感图形的表示）；图形的操作与处理（如二、三维几何变换、开窗、裁剪、图形信息的存储、检索与变换）；人机交互与多用户接口等。

（二）位图

位图（Bitmapped Graphics）亦称为点阵图像，是由无数个像素点组成的。位图图像的信息实际上是由一个数字矩阵组成，阵列中的各项数字用来描述构成图像的各个像素点的强度与颜色等信息。位图图像适合表现细致、层次和色彩丰富、包含大量细节的图像。

当放大位图时，由于构成图像的像素个数并没有增加，只能是像素本身进行放大，所以可以看见构成整个图像的无数个方块，从而使线条和形状显得参差不齐。

在位图处理方式下，影响作品质量的关键因素是颜色的数目和图像的分辨率。例如颜色深度为24位的真彩色图像，在一幅图中可以同时拥有16万种颜色，这么多的颜色数可以较完美地表现出自然界中的实景。一般来说，在计算机上显示位图文件要比显示矢量图文件快，因为前者在显示时无须进行复杂的运算过程。但位图文件所需要的存储空间却比矢量文件大得多。图像分辨率越高，颜色深度越大，位图文件就越大。

位图文件可以利用软件提供的各种工具进行创作或处理，但如果要绘制复杂的图像（如人物、风景），不仅难度太大且精度也不高。这时可以将一些现成的素材（如照片、图片）直接进行扫描，或者用视频采集设备截取摄像机、录像机、电视以及VCD中的画面，然后输入到计算机中，用图像处理软件进行处理。

六、图像文件格式

图像在存储媒体（如磁盘、光盘）中存储的格式，称为文件格式。图像文件的存储格式有多种，如BMP、PCX、TIF、GIF、JPEG等。

（一）BMP

BMP（Bitmap）文件是一种与设备无关的图像文件，它是Windows软件推荐使用的一种格式，例如BMP文件用于作为Windows系统的图标和背景。BMP是一种典型的位映射存储形式，可达24位全彩色模式。为了处理方便，BMP文件都不压缩。

（二）PCX

PCX是为Zsoft公司研制开发的图像处理软件PC Paintbrush设计的文件格式，PCX图像文件格式与特定图形显示硬件有关。PCX文件在存储时都要经过RLE压缩，读写PCX时需要一段RLE编码和解码程序。

（三）TIFF

TIFF（Tag Image File Format）称为标记图像文件格式，它是Alaus和Microsoft公司为扫描仪和桌面出版系统研制开发的较为通用的图像文件格式。TIFF的存储格式可以压缩也可不压缩，压缩的方法也不止一种。TIFF不依赖于操作环境，具有可移植性。它不仅作为图像信息交换的有效媒介，还可作为图像编辑程序的基本内部数据格式，具有多用性。由于PC机和苹果MAC机同时支持TIFF格式，所以如果制作的图像同时要在PC机及苹果MAC机系统上应用的话，TIFF格式是个很好的选择。

（四）GIF

GIF（Graphics Interchange Format）是由CompuServe公司为了制定彩色图像传输协议而开发的图像格式文件。它具有支持64000像素的图像，256到16M颜色的调色板，单个文件的多重图像，按行扫描迅速解码，有效地压缩以及与硬件无关等特性。

GIF文件在存储时都经LZW压缩，可以将文件的大小压缩至一半。GIF可用于压缩复杂并极富变化的图像，因此适合于需要高效率的图像处理。目前，在因特网上，GIF格式已成为主页图片的标准格式。

（五）JPEG

JPEG是按图像专家联合组（Joint Photographic Experts Group）制定的压缩标准DCT来压缩储存的图像文件格式，JPEG使用一种有损压缩算法。无损压缩算法能在解压后准确再现压缩前的图像，而有损压缩则牺牲了一部分的图像数据来达到较高的压缩率，但是这种损失很小以至于人们很难察觉。

（六）MAC PAINT（文件扩展名为MPT、MAC）

它是苹果MAC机所使用的图像模式，在PC机上制作图像时可以利用这种格式与苹果MAC机沟通。

（七）Photoshop（文件扩展名为PSD）

这是Adobe公司开发的图像处理软件Photoshop中自建的标准文件格式，在该软件所支持的各种格式中，其存取速度比其他格式快很多。由于Photoshop软件越来越广泛地应用，所以这个格式也逐步流行起来。

第五节　多媒体图像压缩与编码技术

多媒体计算机要处理的信息主要有文字、声音、图形（矢量图、动画）、图像（位图形式的静态图像、动态图像，包括视频）等，需要处理的图形与图像信息约占总信息量的85%。所以，对多媒体信息进行压缩的目的是减小存储容量和降低数据传输率，使得现有的PC机的指标与性能方面能够满足处理声音与图像信息的要求，这是多媒体计算机硬件支撑平台所必须具备的功能。在这个过程中，声音与图像的信息都需要进行压缩处理。但其中矛盾最为突出和困难最大的

是图像信息压缩，这是因为数字化后的图像信息的数据量是非常之大，使得存储与处理都十分困难。数据压缩技术的重要作用在图像信息的压缩方面表现得尤为明显。

多年来人们一直致力于图像压缩技术的研究，并产生了很多有用的算法和技术。为了方便这些技术的使用，目前也制定出了一些用于各种应用的图像压缩的国际标准。本节主要介绍图像与视频数据的常用压缩算法及标准。

一、信息压缩

压缩编码的理论基础是信息论。香农曾在他的论文中给出了信息度量的公式，他把信息定义为熵的减少。换句话说，信息可定义为“用来消除不确定性的东西”。从信息论的角度来看，压缩就是去掉信息中的冗余，即保留不确定的信息，去除确定的信息（包括可推知的），也就是用一种更接近信息本质的描述来代替原有冗余的描述。所以，将香农的信息论观点运用到图像信息的压缩，所要解决的问题就是如何将图像信息压缩到最小，但仍具有足够信息以保证能复制出与原图近似的图像。

图像信息之所以能进行压缩，是因为信息本身通常存在很大的冗余量。以视频连续画面为例，它的每一帧画面是由若干个像素组成的，因为动态图像通常反映的是一个连续的过程，它的相邻的帧之间存在着很大的相关性，从一幅画面到下一幅画面，背景与前景就可以没有太多的变化。也就是说，连续多帧画面在很大程度上是相似的，而这些相似的信息（或称作冗余信息）为数据的压缩提供了基础。另一原因是人的视觉和听觉对某些信号（如颜色、声音）不那么敏感的生理特性，致使信息被压缩之后还不知不觉，也不至对压缩后的信息产生误解。正因为如此，可以在允许保真度的条件下压缩待存储的图像数据，以大大节省存储空间，在图像传输时也大大减少信道的容量。光盘技术和数据压缩技术的发展为各种形式数据的存储和传输提供了技术保证。CPU性能不断提高，也为数据压缩提供了有利条件。

多媒体数据压缩可分为有损压缩和无损压缩两类。

无损压缩算法是为保留原始多媒体对象（包括图像、语音和视频）而设计的。在无损压缩中，数据在压缩或解压缩过程中不会改变或损失，解压缩产生的数据是对原始对象的完整复制。

当图像的冗余度很少（即同类像素重复性很小）时，用无损压缩技术不能得到可接受的压缩比，这时就要采用有损压缩。有损压缩会造成一些信息的损失，关键问题是看这种损失对图像质量带来的影响。只要这种损失被限制在允许的范围内，有损压缩就是可接受的。

有损压缩技术主要应用于影像节目、可视电话会议和多媒体网络这样的由音频、彩色图像和视频组成的多媒体应用中。

二、预测编码

预测编码是数据压缩理论的一个重要分支，它是根据离散信号之间存在着一定的相关性，利用前面的一个或多个信号对下一信号进行预测，然后对实际值和预测值的差进行编码。就图像压缩而言，预测编码可分为帧内预测和帧间预测两种类型。

帧内预测编码反映了同一帧图像内相邻像素点之间的空间相关性较强，因而任何一个像素点的亮度值均可由它相邻的已被编码的像素点的编码值来进行预测。如果能够准确地预测作为时间函数的数据源的下一个输出，或者数据源可以准确地被一个数据模型表示，则可以准确地预测数据，然而，实际信号源是不可能满足这两个条件的，因此，只能用一个预测器，预测下一个样值，允许它有些误差。

如果预测是根据某一预测模型进行的，且模型表达的足够好，则只需存储或传输某些起始像素点和模型参数就可以代表整个一幅图像了。这时只要编码很少的数据量，这当然是一种极端理想的情况。但实际上预测不会百分之百准确，此时可将预测的误差值（实际值与预测值之差值）存储或传输，一般来讲，实际

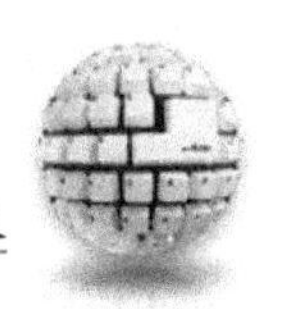

值误差值要比实际值小得多，这样在同等条件下，就可以减少数据编码的比特数，从而也减少了存储和传输的数据量，实现了数据的压缩处理。

帧内预测编码典型的压缩方法有DPCM（差分脉冲编码调制）和ADPCM（自适应差分脉冲编码调制）等，它们比较适合图像与声音数据的压缩。因为这些媒体的数据均由采样得到，相邻采样值之间的差值都不太大，可用较少的比特数表示差值。预测器是DPCM的核心，预测器越好，能使差值越小，数据就压缩得越多，预测器可采用线性预测或非线性预测，但通常采用线性预测作为预测器的设计。

在MPEG压缩标准中还采用了帧间预测编码。这是由于运动图像各帧之间有很强的时间相关性。例如，在电视图像传送中，相邻帧的时间间隔只有1/30s，大多数像素的亮度信号在帧间的变化是不大的，利用帧间预测编码技术就可减少帧序列内图像信号的冗余度。此外，电视图像的相邻帧间的内容在一般情况下（除在场景切换时）实际上没有太大的变化，所以相邻帧间有较大的相关性，这种相关性称为时域相关性。运动补偿的目的就是要将这种时域相关性尽可能地去除。

三、变换编码

变换编码是先对信号进行某种函数变换，从信号的一种表示空间变换到信号的另一种表示空间，然后在变换后的域上，对变换后的信号进行编码。

变换编码的基本方法是将数字图像分成一定大小的子图像块，用某种正交变换对子图像块进行变换，得到变换域中的系数矩阵，然后选用其中的主要系数进行量化编码。由于在变换域中信号的能量比较集中，例如图像信号的能量主要集中在低频部分，若只对主要的低频分量进行编码并作合理的比特分配，则可大大压缩数据量。

变换编码不是直接对原图像信号压缩编码，而是首先将图像信号进行某种函数变换，从一种信号（空间）映射到（变换到）另一个域中，产生一组变换系数，然后对这些系数量化、编码、传输。在空间上具有强相关性的信号和反映在频域上的某些特定的区域内能量常常被集中在一起，或是变换系数矩阵的分布具有规律性。我们可利用这些规律，在不同的频域上分配不同的量化比特数，从而达到压缩数据的目的。

我们知道，模拟图像经采样后，成为离散化的亮度值。假如把整幅图像一次进行变换，则运算比较复杂，所需时间较长。通常把图像在水平方向和垂直方向上分为若干子区，以子区为单位进行变换。每个子区通常有8×8个像素点，每个子区的全部像素值构成一个空间域矩阵。

变换编码是一种有损编码方法，采用不同的变换方式，压缩的数据量和压缩速度都不一样。典型的变换编码有离散余弦变换（DCT）、KL变换以及近来流行的小波变换等。实践证明，无论对单色图像、彩色图像、静态图像还是运动图像，变换编码都是非常有效的方法，变换编码抗干扰性较好，有比预测编码更高的压缩比，其缺点是易于产生方块效应。

DCT变换的过程相当复杂，对其原理的理解很大程度上取决于对数学理论（如微积分、傅里叶变换）知识的了解。这里我们不打算讨论深奥的数学概念，只想通过举例来深入浅出地说明这个问题。

源图像在进行DCT变换之前，首先把源图像划分为若干个8×8像素的子块，然后对8×8像素块逐一进行DCT变换。例如，如果源图像为640×480的分辨率（即由640×480像素组成），则划分后的图像将包含80×60这样多的子块。

现在我们来理解在DCT处理前后数据发生了哪些变化。图像一般可以用灰度（或彩色）来表示，为讨论问题方便，我们取图像中一个被放大了的8×8个像素的子块作为示例。假设每个像素的灰度值（或颜色值）用8比特来表示，那么共有256个灰度等级（或256种颜色）。这样，我们可以定义一个8行×8列的二维数组来表示图像子块中各像素的灰度值和颜色值，于是我们就得到了二维数组矩阵。

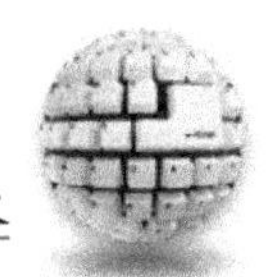

如果图像是真彩色图像，即每个像素的颜色值需用24位表示，需要用3个8行×8列的数组来表示这个子块，每一个数组表示其中一个8位组合的像素值，离散余弦变换作用于每一个数组。

如果离散余弦变换是不可逆运算（即从DCT系数中恢复原始像素信息），那么这种变换是毫无意义的。事实上，有一个逆离散余弦变换（IDCT）公式能够将频率域的数据重新转换为像素值。

DCT（IDCT）算法的计算量比较大（从程序中可以看出，是一个循环的嵌套结构）。如对一幅较高精度的真彩色图像使用JPEG压缩时，大约要进行上亿次运算操作，这对实现JPEG压缩、编码的软件，对硬件设备产品提出了较高的要求。早期的JPEG压缩多数做成专用的压缩卡，以专用的高速CPU芯片实现压缩处理，现在在通用的计算机的CPU速度不断提高的情况下，JPEG压缩也可以用软件来实现。

四、统计编码

统计编码主要针对无记忆信源（是指信源在不同时刻发出的符号之间是无依赖的，彼此统计独立的），根据信息码字出现概率的分布特征而进行压缩编码，寻找概率与码字长度间的最优匹配。统计编码又可分为定长码和变长码。给单个符号或者定长符号组的相同长度的码字，这就是所谓的定长编码。如果根据符号出现概率的不同赋予长短不一的码字，这是变长编码（VLC）方案。常用的统计编码有Huffinan编码、算术编码和行程编码三种。

五、静态图像压缩标准JPEG

JPEG（Joint Photographera Experts Group）是一个通用的静态图像压缩标准。该标准制订了有损压缩和无损压缩的编码方案。这个标准适用范围很广，既可用于灰度图像又可用于彩色图像，如多媒体CD-ROM、彩色图像传真、图文档案管理等。

JPEG算法的基础是离散余弦变换（DCT）和哈夫曼（Huffinan）变换，它是一种有损压缩。试验表明，经压缩25倍还原后的彩色图像与原图相比，对非行家来说很难加以区别。在损失某些图像信息的情况下，JPEG可以把图像压缩比提得更高。例如当把30：1的压缩比用于一个全彩色的图像帧时，要求的图像存储空间就从1000KB降至33KB，而数据传输率则降至每秒1MB，这就降到了目前大多数存储设备可以处理的范围内了。

JPEG压缩分以下三个步骤实现：

（一）DCT变换

离散余弦变换DCT（Discrete Cosine Transformation）具有算法快速且易于实现等优点，它的快速算法已可由专用芯片来实现，因而被广泛采用。目前国际上已经制定了基于离散余弦变换的静止图像压缩标准JPEG和运动图像压缩标准MPEG。

DCT压缩过程中最关键的步骤是一个称为DCT的数学变换。DCT和著名的快速傅里叶变换（FFT）属于同一类数学运算，这类变换的基本运算是将信号从一种表达形式变成另一种表达形式，并且这种变换过程是可逆的，即在两个变换过程中抛开舍入误差和截断误差，本质是无损失的。

DCT（IDCT）算法的计算量比较大（从程序中可以看出，是一个循环的嵌套结构）。如对一幅较高精度的真彩色图像使用JPEG压缩时，大约要进行上亿次运算操作，这对实现JPEG压缩、编码的软件、硬件设备产品提出了较高的要求。早期的JPEG压缩多数做成专用的压缩卡，以专用的高速CPU芯片实现压缩处理，现在通用的计算机CPU速度不断提高的情况下，JPEG压缩也可以用软件来实现。

（二）量化

DCT变换的作用是使空间域的能量重新分布，降低图像的相关性。DCT变换本身并不能达到数据压缩的作用，而要实现图像压缩，就要选择适当的比特分配方案和量化方法。量化的作用是在保证主观图像质量的前提下，丢掉那些对视觉效果影响不大的信息。量化是一种降低精度的过程，所以是有损的。

不难看出，当使用大的量化值时，在逆量化过程中所用的DCT输出会有大的误差，幸运的是逆量化过程中高频分量的误差不会对图像的质量有严重影响。显然有许多方案可用来选择量化矩阵中的元素值。

（三）编码

JPEG压缩算法的最后部分是对量化后的图像进行编码，这一部分由以下三步组成：

1.直流系数（DC）编码

因为图像中相邻块之间有很强的相关性，JPEG标准对DC系数采用DPCM编码（差分编码）方法，即对相邻的8×8像素块之间的DC系数的差值进行编码。

2.交流系数（AC）编码

与Z形扫描了矩阵中有63个元素是交流（AC）系数，可采用行程编码进行压缩。需要考虑的问题是这63个系数应该按照怎么样的顺序排列。为了保证低频分量先出现，高频分量后出现，这63个元素采用了“之”字形（Zig-Zag）的排列方法，称之为Z形扫描。

大量的DCT矩阵元素被截成0，而且零值通常是从左上角开始沿对角线方向分布的。由于这么多0值，对0的处理与对其他数的处理不大相同，采用行程编码算法（RLE）沿Z型路径可有效地累积图像中0的个数，所以这种编码的压缩效率非常高。

3.熵编码

为了进一步达到压缩数据的目的，需要对DC码和AC行程编码的码字再做基于统计特性的熵编码（entropy coding）。JPEG建议使用两种熵编码方法，即哈夫曼编码和自适应二进制算术编码。熵编码可分成两步进行，首先把DC码行程码字转换成中间符号序列，然后给这些符号赋以变长码字。这个过程比较烦琐，具体实现细节可阅读参考资料。

六、运动图像压缩标准MPEG

MPEG（Motion Picture Experts Group）是运动图像专家小组的英文缩写。这是一个为视频压缩开发制造与平台独立标准的全球性组织。MPEG的活动始于1998年，其目标是建立一个标准的草案。JPEG和MPEG都是在ISO领导下的专家小组，其成员也有很大的交叠。JPEG的目标集中于静止图像压缩，而MPEG的目标是针对活动图像的数据压缩，但静止图像与活动图像有密切的关系。

MPEG标准主要有MPEG-1、MPEG-2、MPEG-4和正在制定的MPEG-7等。MPEG的第一个成果MPEG-1于2002年推出。这成了欧洲VCD的基础。由于有限的352×288像素分辨率，MPEG-1只适用于家庭环境，而且从现在的眼光来看，其获得的视频质量及数据率相当低。MPEG-2于2005年推出，而且主要基于MPEG-1。最大为720×576的像素以及更高的分辨率，大大提高了视频质量。最新的格式称为MPEG-4，这是由MPEG小组在2009年12月发布的。MPEG-7为多媒体内容描述了接口标准，其标准正在形成中。

从MPEG组织成立至今，其任务和方向都发生了很多变化。MPEG-1和MPEG-2已经是成熟的编码标准，现在的热点主要集中在MPEG-4和MPEG-7上。

（一）MPEG-1

MPEG-1的标准号为ISO/IEC11172，标准名称为“信息技术——用于数据速率高达大约1.5Mbps的数字存储媒体的电视图像和伴音编码”。MPEG-1标准在2002年公布，用于传输1.5Mbps数据传输率的数字存储媒体运动图像及其伴音的编码。其任务是在一种可接受的质量下，把视频和伴音信号压缩到速率大约为1.5Mbps或更高的、单一的MPEG数据流。MPEG-1标准是一个通用标准，既考虑了应用要求，又独立于应用之上。该标准包括MPEG视频、MPEG音频和MPEG系统三部分。

MPEG-1视频压缩算法必须有与存储相适应的性质，既能够随机访问、快进/快退、检索、倒放，同时需要音像同步，一定的容错能力、延时控制、可编辑

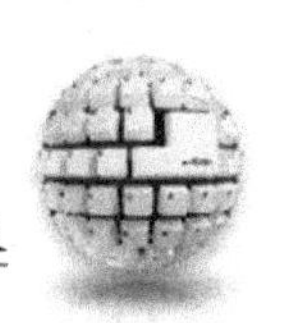

性及灵活的视频窗口格式，这与多媒体技术所要求的交互性相适应，也构成了MPEG-1视频压缩算法的特点。

在通信网络方面，MPEG-1标准可适应多种网络，如ISDN、LAN等通信网络，广泛应用于网络上的图像传输。在媒体存储方面，采用MPEG-1标准编码的数据可存储在光盘、数字录音带、硬盘、可写磁光盘等媒体中。其中应用最广泛的应属VCD光盘。VCD采用MPEG-1压缩标准，将图像压缩25～201倍，声音压缩65倍，并以数字方式加以记录，可播放长达74min。

VCD具有288线的垂直解像率，图像质量略优于VHS录像带，且依据MPEG编码方式。VCD能按节目索引、时间等进行检索，可立即找到用户想要的节目段落的起点。

（二）MPEG-2

MPEG-2的标准号为ISO/IEC13818，标准名称为“信息技术——电视图像和伴音信息的通用编码”。MPEG-2标准从2000年开始研究，2005年正式成为标准。它是一个直接与数字电视广播有关的高质量图像和声音编码标准。MPEG-2可以说是MPEG-1的扩充，因为它们的基本编码算法都相同。但MPEG-2增加了许多MPEG-1所没有的功能，例如增加了隔行扫描电视的编码，提供了位速率的可变性能（scalability）功能。

MPEG-2主要针对高清晰度电视（HDTV）所需要的视频及伴音信号，与MPEG-1兼容。MPEG-2标准包括对高品质广播视频的相应定义，面向高频带宽度的广播应用。

MPEG-1和MPEG-2的基本原则是相同的，但实现细节不一样，可以认为MPEG-2附加了一些特征、帧格式和编码选项，是MPEG-1的超集。MPEG-2视频编码的基本技术与MPEG-1不同之处主要在于MPEG-2采用了场处理方式，而MPEG-1只采用了帧处理方式。MPEG-2有帧图和场图两种图，预测也分为帧预测和场预测，因此MPEG-2可以对隔行视频源数据进行直接编码，而MPEG-1则不行。

MPEG-2标准将图像分为5个配置（Profiles）和4个等级（levels），由配置和等级组成的组合共有20种。其中11种组合已达成共识，形成技术规范，用于从低端的电视会议/可视电话到高端的高清晰度电视等不同的场合。目前，DVD采用了用于数字视盘和数字电视卫星直播的技术规范，以每秒1～10Mb可变速率进行图像和声音的传输处理，速率大小依据图像复杂程度与声音数据的多少而改变，平均速度为4.69Mbps。DVD采用MPEG-2标准，这也为以后与高清晰度电视HDTV接轨打下了基础。

（三）MPEG-4

继成功定义MPEG-1和MPEG-2之后，MPEG的专家们于2009年又推出新的ISO/IEC标准MPEG4。MPEG-4是目前视频压缩技术的最新发展水平。实际上，数字化电视、交互式图形应用（如PC游戏、虚拟环境）及WWW（万维网）这三个领域的成功促进了MPEG-4的诞生。MPEG-4旨在为视音频数据的通信、存取与管理提供一个灵活的框架与一套开放的编码工具。这些工具将支持大量的应用功能（新的和传统的）。尤为引人注目的是，MPEG-4提供的多种视音频（自然的与合成的）的编码模式使图像或视音频中对象的存取大为便利。这种视频、音频对象的存取，常被称作基于内容的存取。基于内容的检索是它的一种特殊形式。

MPEG-4标准支持基于内容的交互功能，以音视频对象AVO（Audiovisual Object）的形式对AV场景进行描述，这些AVO在空间及时间上有一定的关联，分析后，可对AV场景进行分层描述。因此，MPEG-4提供了一种崭新的交互方式——基于内容的交互（Content-based Interactivity）。

MPEG-4支持的应用包括因特网多媒体应用、交互式视频游戏、实时可视通信，例如可视电话、会议电视等，交互式存储媒体应用，例如光盘、DVD、广播电视、演播室技术及电视后期制作、多媒体邮件、移动通信条件下的多媒体应用、远程视频监控等。

用于最新视频格式MPEG-4的应用情况举不胜举，例如，现在可以在家用PC上将DVD转换为MPEG-4格式，然后就可以在笔记本电脑上播放了（无须DVD-ROM驱动器）。声频信号能够以MPEG-4压缩后通过Internet实现“声频点播”。这些服务能够以不同的数据率通过Internet同时进行传送。最新的移动无线标准UMTS也基于MPEG-4的压缩技术。

在较低的数据率及相当高的视频质量下，MPEG-4使得数码视频市场发生了变革。MPEG-4提供了比MPEG-1与MPEG-2更好的压缩运算规则。但是，MPEG-4序列的编码需要更强的计算能力。

（四）MPEG-7

今天我们接触到的视听多媒体信息越来越多，而我们要使用这些信息首先就要定位这些信息。可是，要在日益增长的大量潜在的有用信息中进行这种定位变得越来越困难，这一挑战使人们急需寻找一种能在各种多媒体信息中快速定位有用信息的方法，MPEG-7则针对这一需求，提供了相应的解决办法。

MPEG-7作为MPEG家庭中的一个新成员，正式名称叫作“多媒体内容描述接口”，它将为各种类型的多媒体信息规定一种标准化的描述，这种描述与多媒体信息的内容本身一起支持用户对其感兴趣的各种“资料”进行快速、有效的检索。MPEG-7并不针对某种特殊的应用，相反它的标准化的要素将支持尽可能广泛的应用。MPEG-7的功能与其他MPEG标准互为补充。MPEG-1、MPEG-2和MPEG-4是内容本身的表示，而MPEG-7是有关内容的信息。

MPEG-7的目标是根据信息的抽象层次，提供一种描述多媒体材料的方法以便表示不同层次上的用户对信息的需求。以视觉内容为例，较低抽象层将包括形状、尺寸、纹理、颜色、运动（轨道）和位置的描述。对于音频的较低抽象层包括音调、调式、音速、音速变化、音响空间位置。最高层将给出语义信息，如“这是一个场景：一只鸭子正躲藏在树后并有一个汽车正在幕后通过”。MPEG-7还允许依据视觉描述的查询去检索声音数据，反之也一样。

MPEG-7的目标支持多种音频和视觉的描述，包括自由文本、统计信息、客观属性、主观属性、生产属性和组合信息。对于视觉信息，描述将包括颜色、视觉对象、纹理、草图、形状、体积、空间关系、运动及变形等。

原则上，任何类型的AV（音频视频）素材可以通过任何类型的查询材料来检索，例如，AV素材可以通过视频、音乐、语言等来查询，通过搜索引擎来匹配查询数据和MPEG-7的音视频描述。

七、MPEG的编码与实现过程

MPEG的数据分为MPEG视频、MPEG音频和同步信号三个部分，视频流包含画面信息，音频流包含伴音信息，所有播放MPEG图像和伴音数据所需的时钟信息都包含在同步信号流中。就本节内容而言，我们不关心MPEG的各种不同版本，而仅限于MPEG-1的视频编码的介绍。

（一）MPEG编码的基本思想

MPEG数字视频编码技术实质上是一种统计方法。在时间和空间方向上，视频列通常包含统计冗余度。MPEG压缩技术所依赖的基本统计特性为帧内与帧间的相关性，这里包含这样一个设想，即在各连续帧之间存在简单的相关性平移运动。直觉告诉我们，视频序列镜头变化时，各连续帧中画面的差别很小，也就是说连续帧的内容很相似或相同，具有较大的相关性时，就可以采用应用时间预测（帧间的运动补偿预测）的帧间DPCM编码技术。在帧间编码的情况下，原始图像首先与帧存储器中的预测图像进行比较，计算出运动矢量，由此运动矢量和参考帧生成原始图像的预测图像。而后，将原始图像与预测像素差值所生成的差分图像数据进行DCT变换，再经过量化器和比特流编码器生成输出的编码比特流。

与此相反，如果一个视频序列镜头变化时，各连续帧中画面急剧变换，内容差别很大，帧间的相关性就很小，甚至消失，这时，该视频镜头就成为一组无相关性的静止画面的组合。在这种情况下，可采用帧内编码技术来开发空间相关性，从而实现有效的数据压缩。MPEG压缩算法采用离散余弦变换（DCT）编码

技术，以8×8像素的块为单位，有效地开发块之间的空间相关性，这些在DCT变换中介绍。

（二）MPEG的流结构

MPEG为更好地表示编码数据，规定了一个分层的结构，自上到下分别是MPEG流（MPEG stream）、图像组（GOP，Group of Pictures）、图像（Image）、宏块（Macro block）、块（Block）。

MPEG流（MPEG stream）包含音频流和视频流。视频流是由图像组（GOP）构成的图像序列、有表示开始的图像序列头和表示结束的图像终止码。

图像组（GOP）是为方便随机存取而加的，其结构和长度均可变。图像组是随机存取视频的单位。一个GOP由一串IBP帧组成，起始为I帧。GOP的长度是一个I帧到下一个I帧的间隔决定的。

图像（Image）是独立的显示单位，也是基本的编码单位。

宏块（Macro block）是进行运动补偿的基本单位。由一个16×16像素的亮度信息和两个8×8像素的色度信息组成的块称为宏块，一幅静态图像就是由许多这样的宏块组成。

块（block）由8×8像素组成的基本单位，也是进行DCT运算的单位，块可分为亮度块或色度块。

（三）信号采样

在进行视频编码前，R、G、B信号需变换为亮度信号Y和色差信号Cb、Cr的形式。色差定义了颜色的两个方面——色调与饱和度，分别用Cr和Cb来表示。其中，Cr反映了RGB输入信号红色部分与RQB信号亮度值之间的差异，而Cb反映的是RGB输入信号蓝色部分与RGB信号亮度值之间的差异。在4：2：2格式中，亮度信号的采样频率为13.5MHz，两个色差信号的采样频率均为6.75MHz，这样空间的采样结构中亮度信号为每帧720×576样值，Cb、Cr都为360×576样值，即每行中每隔一个像素对色差信号采一次样。

第三章　信息系统概述

在日常生活中，无论是在工作中还是在个人的日常生活中，我们都经常与信息系统打交道。在街上我们使用IC卡电话，在银行我们使用自动柜员机取款，在超市收银员利用条形码和扫描仪检查我们所购买的商品，我们通过触摸屏从显示屏获得相应的信息。

今天，我们生活在信息经济社会。计算机和信息系统在不断地改变着我们的生活。信息本身就具有价值，企业经常交换的不仅仅是有形的商品，通常还有信息。基于计算机的系统越来越多地被用作创造、存储和传递信息的工具。投资者利用信息系统做出投资决策，制造商利用信息系统寻找客户和销售商品，金融机构利用信息系统在全球范围内调拨资金。

信息系统是指基于计算机、通信网络等现代化的工具和手段，服务于管理领域的信息处理系统。它是20世纪中叶信息科学、计算机科学、管理科学、决策科学、系统科学、认知科学、人工智能以及认识论、开发方法等学科相互渗透而发展起来的一门学科。从20世纪60年代中期以来，信息系统科学在不断探索和实践中已初步形成了自己独具特色的理论和技术体系，其应用的触角已深入到社会生活的各个方面。

信息系统的发展迄今为止已有几十年的历史，这几十年来，在反复不断的探索中，信息系统逐步形成了自己的研究方向和发展分支，形成了自身独特的理论、体系和结构框架，发展成现在这样十分热门的学科。信息系统的研究方向概括来说分为三大领域。

一是从处理对象的需求出发来研究信息处理系统的规律，即从信息系统处理的对象和方法来研究信息系统的概念、框架、机理、结构以及具体的方法和技术。

二是从如何建立一个系统的角度来研究信息系统开发的规律，即从信息系统研制和开发的角度来研究人们对于客观事物认识的规律、信息系统开发的规律、系统分析与设计的理论和方法及其开发工具等。

三是从如何管理和评价系统的角度来研究信息系统运行管理和维护、评价中的问题，即从信息系统的评价、管理的角度来研究信息系统评价的指标和方法、信息系统的日常管理和监理审计制度、信息系统的品质评价体系、信息系统经济学以及信息系统在未来组织中的地位、作用和影响等。

本书讨论的重点是前面两个方面的问题，使我们对开发的对象有一个清楚的认识，在此有必要先介绍一下第一个问题，讨论信息系统的定义与结构等问题。

第一节　信息系统的概念

一、输入、处理、输出与反馈

信息系统是一种专门类型的系统，可以用不同的方法对其定义。信息系统是一系列相互关联的可以输入、处理（操作和存储）、输出数据和信息，并提供反馈机制以实现目标的元素或组成部分的集合。

广义上说，任何系统中信息流的总和都可视为信息系统（Information System，IS）。它需要对信息进行采集、传递、加工、存储等处理工作，如图书

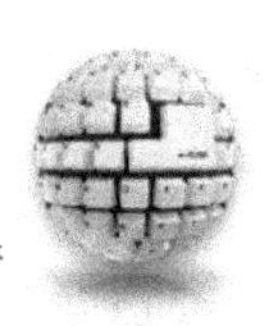

管理信息系统。然而，随着科学技术的进步，信息的处理越来越依赖于通信、计算机等现代化工具和方法，使得以计算机为基础的信息系统得到了迅速发展。

对信息系统概念的研究可以追溯到早期对电子数据处理系统和管理信息系统概念的研究。在1995年，信息系统的创始人、明尼苏达大学卡尔森管理学院的著名教授戴维斯·高登（Gordon B. Davis）给出了信息系统的定义："它是一个利用计算机硬件和软件，利用各类分析、计划、控制和决策的人机系统。"这个定义全面地说明了信息系统的目标是在高层决策、中层管理控制、低层运行三个层次上支持企业或组织的日常管理和决策活动。

简单地说，信息系统就是对信息进行采集、处理、存储、管理、检索和传输，并向有关人员提供有用信息的系统。

从这一定义可知：

（1）信息系统的输入与输出类型明确，即输入的是数据，输出的是信息。

（2）信息系统输出的信息一定是有价值的，即实现信息系统的目标。

（3）信息系统中，处理是最重要的，即对原始数据进行加工处理，如计算、比较、存储等操作。

（4）在信息系统中，反馈用于调整或改变输入和处理操作的输出，对于管理和决策进行有效的控制。

（5）信息系统早在计算机出现之前就已经存在，因此计算机系统并不是信息系统所固有的模式。

信息系统可以由人工或计算机来完成，后者即称为基于计算机的信息系统，也就是我们所要研究的对象。由于所要研究的信息系统是在计算机上实现的，并且其实现过程要用到各种数据学方法，因此信息系统的建设过程又必须运用计算机技术和数学的方法，这就是信息系统的三个组成要素，即系统的观点、数学的方法和计算机技术。

二、信息系统的结构

信息系统的结构是指信息系统内部的各个组成部分所组成的框架结构，从不同的角度可以得出不同的结构模式。

（一）信息系统的概念结构

从概念上看，信息系统由四大部件组成，即信息源、信息处理器、信息用户和信息管理者。其中，信息源是信息的产生地，即在组织内部和外界环境中对信息进行识别和收集；信息处理器负责信息的传输、加工、存储等；信息用户是信息的使用者和受益者，并利用信息进行决策；信息管理者负责信息系统的设计、实现、运行、维护和协调。

（二）信息系统的功能结构

从使用的角度看，信息系统总是具有一个目标和多种功能，各种功能之间又有各种信息联系，构成一个有机结合的整体，形成了一个功能结构。如会计信息系统中的各个具有不同功能的组成部分是一个有机的整体，构成了系统的功能结构。

（三）信息系统的软件结构

基于计算机系统的信息系统是计算机化的信息系统，各类功能是利用大量的系统软件和应用软件来实现的。信息系统的软件结构通常是层次型结构，即树型结构。

（四）信息系统的硬件结构

信息系统的硬件结构说明了硬件的组成及其分布特征和连接方式，以及硬件所能达到的功能。计算机硬件结构是指如何根据现实的管理需求及信息结构来配置硬件设备。计算机硬件的常用结构主要有两种，一是小、中型及终端结构，为了提高系统的可靠性和安全性，主机常常采用双机备份的结构模式。另一种是微机网络结构，即将许多微机通过网络连接起来，网络的连接形式有星型、环型和总线型等，通过网络连接可以形成局域网或广域网。

三、基于计算机的信息系统

基于计算机的信息系统是由硬件、软件、数据库、远程通信、人员和收集、操作、存储并将数据加工为信息的各种过程组成。基于计算机的信息系统又被称为企业的技术基础设施，因为它包括组成信息系统的基础的共享信息系统资源。基于计算机的信息系统一般包括以下六个部分：

（1）硬件：用来执行输入、输出和处理活动的计算机设备。

（2）软件：计算机程序。

（3）数据库：是事实和信息的有组织的集合。

（4）远程通信和网络：远程通信可以将计算机系统连接在一起，形成一个高效的网络系统。通过网络也可以将一个建筑物内、一个国家甚至整个世界范围内的计算机设备都连接在一起。

（5）人员：是绝大多数计算机信息系统中最重要的元素，一般包括信息系统人员和用户。信息系统人员是指所有管理、运行、编程、维护计算机系统的人员。用户是指所有使用计算机并从中获得利益的使用人员。

（6）过程：包括使用计算机信息系统的战略、政策、方法和规则等。例如，有些过程描述每个程序何时运行，而有些过程则规定哪些用户能够访问数据库中的数据，还有一些过程则描述系统发生灾难或故障时，信息系统必须做出怎样的保护措施。

第二节　系统与建模

系统是一系列相互作用并完成某个目标的元素或组成部分的集合，元素本身和它们之间的关系决定了系统是如何工作的。系统有输入、处理、输出和反馈机制。

例如，银行的ATM柜员机系统。显然，这个系统的有形“输入”是各种“卡”和“密码”，时间、精力、技能和知识也是系统需要的输入，需要时间和精力来操作和运行系统，知识被用来确定柜员机操作的各个步骤和各个步骤之间的先后顺序，技能是指成功地操作柜员机键盘指令的能力。

“处理机制”包括客户选择需要的服务选项（指查询余额、更改密码、支取现金和转账等），并将自己的选择“告诉”柜员机。请注意这个系统有一个“反馈机制”（对操作顺序和时间的判断）。

一、系统组成和概念

系统边界定义了系统范围，以便将本系统与其他事物区分开来（即与本系统的环境区分开来）。

（一）系统类型

系统可以根据不同的特点来分类，可以分简单系统和复杂系统、开放系统和封闭系统、静态系统和动态系统、适应系统和非适应系统、永久系统和临时系统等。

（二）根据系统类型为组织分类

以上分类模式适用于大多数情况。例如，负责在下班后打扫办公室的清洁

公司就是一个简单的稳定系统，因为各个公司对其所提供的服务的需求是经常和稳定的，而一个成功的计算机制造厂商则是一个典型的复杂动态系统，因为它在一个动态的、不断变化的环境中经营。如果公司不适应环境，则它就不能长久生存下去。

二、系统性能和标准

可以用各种不同的方法衡量系统的性能，效率是衡量系统的产出除以其消耗的指标，其值为0～100%。例如，空调的效率是其产生的能量（按所做的功来计算）除以其消耗的能量（按所用的电量），一些空调的效率是50%或更低些（如老式的窗式空调），因为有些能量消费在摩擦和生热上。

效率（efficiency）是用来比较系统的一个相对概念，例如电磁炉比电炉有更高的效率，因为用相同的输入能量（电），电磁炉会产生更多的能量，与电炉相比，电磁炉的能量效率比（输入能量除以输出能量）要高很多。

有效性（effectiveness）是衡量系统实现其目标的程度的指标，可以用实际实现的目标值除以总的预定目标来计算。

例如，公司的目标是减少100个废旧零部件，为帮助完成这一目标可能需要安装一套新的控制系统，安装系统后实际减少85个零部件，那么，这个系统的有效性就是85%（85/100×100%=85%），有效性也与效率一样，是进行系统比较的相对概念。

效率和有效性是整个系统的性能目标集，要实现这些目标，不仅仅要考虑目标效率和有效性，还要考虑成本、复杂性和系统的目标控制水平。成本包括系统的前期费用和所有相关的直接费用。复杂性（complexity）是指系统各元素之间关系的复杂程度。控制（control）是指在预先规定的指标（guideline）下，系统运行能力和保证系统在这些条件下运行的管理工作。实现效率和有效性的预定目标需要在成本、控制复杂性之间进行均衡。

评价系统性能还要求使用性能标准。系统性能标准是系统的特定目标。例如，某营销活动的系统性能标准是使每个销售代表每年销售100000美元特定类型的产品；某制造工序的系统性能标准是少于1%的废品率。一旦建立了标准，就要衡量系统的性能并与标准相比较，与标准的差异是系统性能的决定因素。实现系统性能目标，需要在成本、控制和复杂性之间进行均衡。

三、系统变量和参数

系统的有些部分可以直接由管理人员来控制，而另外有些部分是不能由管理人员来控制的。系统变量是指被决策者控制的量或项。公司某产品的价格是系统变量，因为它是可以控制的。系统参数是不能被控制的值或量，如原材料成本等。又比如，要生产某特殊钢，必须添加一定比例的原料（主要是碳），这些原料的量也是不能由管理人员控制的，而是由物理（或化学）定律控制。

四、系统建模的描述工具

现实世界是复杂且动态的，大型的信息系统通常也十分复杂，很难直接对它进行分析设计，因此，当要检测不同的关系及其结果时，人们经常借助模型来分析设计系统。这些模型都是对真实系统的简化。

历史上自从有了记录以来，人们就已经开始使用模型。战争中使用的书面描述、古代建筑使用的物理实物模型、用符号或标识来代表钱币、数字、数字关系等，这些都是使用模型的例子。模型是用来模拟现实的一种抽象或近似表示。抽象的含义是抽取事物的本质特性，忽略事物的其他次要因素。因此，模型既反映事物的原型，又不等于该原型。模型是理解、分析、开发或改造事物原型的一种常用手段。例如，建造一座桥梁前常先做桥梁的模型，以便在桥梁动工之前就能够使人们对未来的桥梁有一个十分清晰的感性认识，显然，桥梁模型还可以用来改进桥梁的设计方案。

在信息系统中，模型是开发过程中的一个不可缺少的工具。信息系统包括数据处理、事务管理和决策支持。实质上，信息系统可以看成是由一系列有序的模型构成的，这些有序模型通常为功能模型、信息模型、数据模型、控制模型和决策模型，所谓有序是指这些模型是分别在系统的不同开发阶段、不同开发层次上建立的。

模型的表示形式可以是数学公式、缩小的物理装置、图表文字说明，也可以是专用的形式化语言。模型建立的思路有两种，即自顶向下、逐步求精和自底向上、综合集成。

模型的目标即模型研究的目的。知识是指现实系统的知识和模型构造知识，数据是指系统的原始信息，这三方面构成了建模过程的输入。模型构造是具体的建模技术的运用过程。可行性分析是指分析所建模型能否满足系统目标。

信息系统模型的表现形式与普通系统模型是有区别的。描述信息系统模型最常见的方法是形式化描述和图示化描述。形式化描述方法非常精确、严谨，易于系统以后的实现，但难以掌握和理解，模型可读性差，往往只有专业人员才会使用，因而难于推广。图示化方法直观、自然，易于描述系统的层次结构、功能组成，且简单易学，通常还有工具软件支持，因而成为信息系统的主要描述工具，但这种方法的精确性和严谨性不够。

（一）逻辑模型分类

逻辑模型分为叙事模型、数学模型、图示模型、物理模型四种。

1.叙事模型

顾名思义，它是以语言为基础的。在我们现实生活和工作中对现实进行语言和文字的描述都可视为叙事模型。在一个组织内部，有关某个系统的报告、文档和会议谈话记录等都是重要的叙事。

2.数学模型

它是现实的数学化反映，即用数学关系来反映现实社会中的关系和状态。每一个从客观世界中抽象出来的数学概念、数学分支都是客观世界中某种具体事物的数学模型。例如，自然数“1”就是具体的一元钱、一个苹果等的数学模型；而直线就是光线、木棍等的数学模型。计算机适用于求解数学模型。数学模型适用于企业的各个领域。

3.图示模型

它是现实的一种图形化反映。图形、图表、数字、图例说明、图片等均是图示模型。图示模型在计算机程序开发和系统开发中应用较多。“程序流程图”表示了计算机程序是如何工作的，“数据流程图”用来反映数据如何在组织内流动。新建筑的蓝图、表示股票涨跌趋势图和预测的图表、工作进度图形等均是企业中常用到的图示模型。同时应用计算机还可以用图形程序开发简单或者复杂的图示模型。

4.物理模型

它是现实的有形反映。许多物理模型都是由计算机设计或制造的。工程师可以创建一个化学反应的物理模型，以获得有关大规模反应堆如何运行的重要信息。建筑师可以建立一个新购物中心的比例模型，以给出有关总体概貌和建筑方法的潜在投资信息。另外，市场调查部门可以建立一个新产品的原型，牙医可以设计一个假牙，所有这些都是提供信息的物理模型。产品设计出来后，计算机系统就能控制生产物理模型的设备，节约成本，缩短开发周期。

（二）逻辑模型的描述工具

1.数据流图

数据流图（Data Flow Diagram， DFD）是结构系统分析的主要工具，它能图形化地显示出系统中数据的使用，表达数据在系统内部的逻辑流向以及系统的逻辑功能和数据的逻辑变换。

首先介绍数据流程图的画法、使用以及如何表示信息和它的迁移过程。

数据流程图有外部项、数据流、处理过程和数据存储四种基本符号，数据流图的表示方法有多种。

下面通过一个实例来描述组织结构图的基本画法。

（1）外部项。外部项（External Entity）是不受系统控制的，对系统以外的人、程序、机构或其他实体、外部项与系统通过数据而交互，表示了该数据的外部来源或去处。例如，学生、职工、财务部门、生产车间等。外部项也可以是一个向本系统提供数据或接收本系统发生的数据的另外一个信息系统，可以用一个正方形来表示，正方形内可以填写该外部项的名称。如果一个外部项在同一张图上出现多次，则可在其右下画上一小斜线，表示重复项。

确定系统的外部项，实际上就是确定系统与外界的分界线。系统与外界的边界必须在详细地分析用户的需要以及系统目标的基础上加以确定。

（2）数据流。数据流（Data How）就是一束按特定的方向从源点流到终点的数据，它指出了数据及其流动方向。一般用一条线段表示数据流，用箭头指示流动方向。数据流可以由某一外部项产生，也可以由处理过程或数据存储产生。对每一条数据流都要给予简单的描述，并标识在数据流箭头的上方，以便使用户和系统设计人员能够理解它的含义。

（3）处理过程。处理过程（Process）是对数据进行变换操作，即把流向它的数据进行一定的变换处理，产生出新的数据。通常用圆圈表示一个处理过程。处理过程的名字可填写在圆圈内，并应适当反映该处理的含义，使之容易理解。每个处理过程还有一个编号，编号说明该处理过程在层次分解中的位置。

处理过程对数据的操作主要有两类：

①变换数据的结构，如将数据的格式重新排列。

②在原有数据内容基础上产生新的数据内容，如对数据进行累计或计算方差等。

（4）数据存储。数据流仅表达数据的流动方向，数据的保存则由数据存储来表达。数据存储（Data Store）指出了数据保存的地方，这里所说的地方并不指保存数据的物理地点或物理介质，而是数据的逻辑描述。数据存储可用右边开口的长方形来表示，长方形内部可填写该数据存储的名称。

2.组织结构图

组织结构图是一种强有力的图形表达工具，它可用于表达系统内部各部分的结构和相互关系，是进行系统结构设计的最常用的方法。

3.数据字典

数据流图是结构化系统分析中不可缺少的有力工具，它描述了系统的分解，即系统由哪些部分组成，各部分之间有什么联系等。但是，它还不能完整地表达一个系统的全部逻辑特征，特别是有关数据的详细内容。因此，仅仅一套数据流图并不能构成系统说明书，只有当图中出现的每一个成分都给出详细定义之后，才能比较全面地描述一个系统。

数据流图中所有名字的定义及描述就构成了一本字典，它包括数据流、数据存储、外部项和处理过程的详细条目。数据流、数据存储等数据型条目构成数据字典（Data Dictionary），而逻辑分析的有关工具用于处理条目。

数据字典把数据流图上所有数据都加以定义，并按特定格式予以记录，以备随时查询和修改。因此，数据字典是数据流图的辅助资料，对数据流图起注解作用。

数据字典中把数据的最小组成单位定义为数据项，而若干个数据项可以组成一个数据结构。数据字典是通过数据项和数据结构的定义来描述数据流、数据存储的逻辑内容。

4.决策树与决策表

（1）决策树（Decision Tree）是一种图形，能按顺序表示出条件和行动，因而能表示出首先考虑哪些条件，其次考虑哪些条件等。它也表示出各条件和所允许的行动的关系。由于它的图形很像树枝，因此称之为决策树。

在决策树图形的左边是树根，它是决策序列的起点。紧跟着的是各个分支，它们都依赖于存在的条件和所做的决策。树中非叶结点代表条件，它指出必须在能够选择下一条路线之前做出的决定，查看条件是否满足，并依据条件做出决策。树的叶结点表明要采取的行动，这种行动是依赖于它左边的条件序列。树根开始，自左至右地沿着某一个分支，能够做出一系列的决策。

以某保险公司业务员业务量为例，当公司确定奖励时，还要规定业务员所完成的业务必须以在年度内收到对方保费，即客户未付款的不列入奖励范围。

（2）决策表（Decision Table）是显示条件和行动的一个行列矩阵。决策表中还包括决策规则，它说明当某些条件成立时应采取的行动。

决策表由四部分组成，即条件语句、条件项、行动语句和行动项。条件语句部分用于识别有关的条件。条件项指出的是结果需要满足什么样的约束条件。行动语句列出了某些条件出现时应采取的所有步骤。行动项表示，当选择的条件或条件的组合成立时，应采用哪些具体行动。

决策规则说明了对所采取的特定行动必须满足的条件。决策规则体现所有必须成立的条件，而不是每次只体现一个条件。

每个决策表构成以后，系统分析人员要检验它的正确性和完整性，以保证决策表能包括所有条件以及决策规则。另外，分析人员还应消除表中可能有的冗余项和互相矛盾的决策规则。除此以外，系统分析人员还应检查表中有无矛盾的地方。当两个或两个以上的规则有相同的一组条件，但采取的行动不一样时，决策规则相互间就产生了矛盾，应该设法将这种矛盾从决策表中予以消除，当然，如采取的行动也是一样的，就不是矛盾而是冗余。

第三节 信息系统分类

一、事务处理系统

事务是指基本业务活动，如对订单、收据、工资支票等的处理。事务处理系统（Transaction Processing System， TPS）指的是在事务发生过程中帮助人们对数据进行记录和处理的信息系统，是处理有关组织基本业务记录更新所需的详细数据。比如，航空公司机票订票系统、铁路公路轮船联机订票系统、银行自动取款系统和存款转账系统、商店宾馆酒楼联机预订系统、图书资料借还管理系统、医学床位与挂号预约管理系统等。它适合于面向顾客的、从事较大规模服务的行业，应用面相当广泛，主要目标是提高工作效率和改进服务质量。

事务处理系统有以下特征：

（1）能够有效处理大量的输入输出。

（2）能通过严格的数据逻辑保证记录的准确性。

（3）可以通过审计保证输入、处理、程序和输出的完整性、准确性和有效性。

（4）支持多人或多用户的并行处理。

二、管理信息系统

管理信息系统（Management Information System， MIS）是一个由人、计算机等组成的能进行信息的收集、传送、储存、维护和使用的系统，能够实测企业的各种运行情况，并利用过去的历史数据预测未来，从企业全局的角度出发辅助企业进行决策，利用信息控制企业的行为，帮助企业实现其规划目标。这里给出的

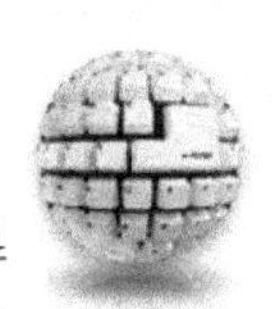

定义强调了管理信息系统的功能和性质，也强调了管理信息系统中的计算机对企业管理而言只是一种工具。管理信息系统是为企业管理者和决策者提供信息支持以完成企业预定目标的系统。MIS广泛应用于企业或事业单位的人、财、物等的科学管理，比如通常一个企业的MIS系统又可以细分为市场经营管理、生产制造管理、物资与仓库管理、财务与审计管理和人事与档案管理等子系统。MIS可用来提高管理水平，改进生产与工作效率，并为决策规划提供依据。MIS是信息系统的重要分支之一，经过30多年的发展，已经成为一个具有自身概念、理论、结构、体系和开发方法的覆盖多学科的新学科。

（一）MIS的主要任务

MIS辅助完成企业日常结构化的信息处理任务，一般认为MIS的主要任务有如下几方面：

（1）对基础数据进行严格的管理，要求计量工具标准化、程序和方法的正确使用，使信息流通渠道顺畅。有一点要明确，避免“进去的是垃圾，出来的也是垃圾”，必须保证信息的准确性、一致性。

（2）确定信息处理过程的标准化，统一数据和报表的标准格式，以便建立一个集中统一的数据库。

（3）高效低能地完成日常事务处理业务，优化分配各种资源，包括人力、物力、财力等。

（4）充分利用已有的资源，包括现在和历史的数据信息等，运用各种管理模型，对数据进行加工处理，支持管理和决策工作，以便实现组织目标。

（二）MIS的特点

MIS的特点可以概括为以下七个方面：

（1）MIS是一个人机结合的辅助管理系统，管理和决策的主体是人，计算机系统只是工具和辅助设备。

（2）主要应用于结构化问题的解决。

（3）主要考虑完成例行的信息处理业务，包括数据输入、存储、加工、输出，生产计划，生产和销售的统计等。

（4）以高速度低成本的方法完成数据的处理业务，追求系统处理问题的效率。

（5）目标是要实现一个相对稳定的、协调的工作环境，因为系统的工作方法、管理模式和处理过程是确定的，所以系统能够稳定协调地工作。

（6）数据信息成为系统运作的驱动力，因为信息处理模型和处理过程的直接对象是数据信息，只有保证完整的数据资料的采集，系统才有运作的前提。

（7）设计系统时，强调科学的、客观的处理方法的应用，并且系统设计要符合实际情况。

三、决策支持系统

用来解决企业非结构化和半结构化问题的决策，其重点是决策的准确性。决策支持系统（Decision Support System，DSS）可以帮助企业提高利润，降低成本，提供更好的产品及服务。决策支持系统具有以下特点：

（1）可以有效地处理不同来源的大量数据。

（2）提供可以灵活展示的报告和图表。

（3）提供多种文本和图表模版。

（4）支持企业对数据的深入分析。

（5）先进的软件设计可以帮助企业完成错综复杂的分析和比较，支持企业最优化、满意性和启发式等多种企业决策方法。

（6）可以对企业决策进行模拟。

（7）可以对企业决策进行目标求解分析，即对于一个给定的结果决定出所需决策变量的处理。一个决策支持系统可以帮助管理者制定半结构化的决策，比如预算计划和销售预测，以及一些非结构化的决策，如新产品开发和合同谈判等。

四、人工智能与专家系统

除了事务处理系统、管理信息系统和决策支持系统外，人们还经常使用基于人工智能概念的系统，这种计算机系统表现有人工智能的特点。人工智能包括许多子领域。

（一）人工智能

人工智能（Artificial Intelligence， AI）是用计算机来探索和模拟人类的某些智力活动，使计算机具有听、看、说和思维的能力。人工智能目前最重要的三个应用领域是自然语言理解、专家系统和机器人。此外，它的研究应用领域还有模式识别、物景分析、自动定理证明、自动程序设计、博弈和知识库等。

人工智能的研究由来已久，二十世纪八十年代开始变得空前活跃。人工智能和电子计算机相依相伴，密不可分。人工智能是计算机应用的重要分支，计算机的发展促进了人工智能的研究和发展。反之，人工智能的发展又将会使计算机发生质的飞跃、代的更迭。人们俗称电子计算机为“电脑”，这是对它的赞美。也是对它的希望。随着人工智能研究的深入，电子计算机成为真正“电脑”的时代终将到来。

（二）机器人学

机器人学（Robotics）是人工智能的一个子领域，在这个领域内，由机器来负责完成复杂的、日常的或危险的工作，例如焊接汽车外壳，安装计算机系统和部件等。可视系统可以使机器人和其他设备具有“视觉”，并能存储和处理可视图像。自然语言处理使计算机有能力理解语言并按语言或书面命令来执行相应的动作，这些语言可以是英文、中文或其他自然语言。学习系统使计算机能从过去的错误或经历中学习知识，如玩游戏、做决策等。神经网络是人工智能的另一个分支，可以用计算机来识别和做出不同的模式或趋势。

一些成功的股票、期权、期货交易员利用神经网络来分析趋势，使投资收益性更高。最后，专家系统使用计算机能够像某个领域的专家一样提供建议。

专家系统的特有价值是它们可以让组织获取和利用专家或专门人员的智慧。因此，某人多年的经验和技能不会由于这个人死亡、退休或转向其他工作而丢失。专家系统可以应用于几乎所有的领域或学科。专家系统已经应用于监控复杂的系统（如核反应堆），确定可能的维修问题、设计和配置信息系统组成、为新产品或新投资战略制作营销计划等不同的领域。

20世纪80年代和90年代，人工智能和专家系统已得到充分的应用。越来越多的组织机构开始使用这些系统来解决复杂的问题，并对有困难的决策给予支持。但是，这些系统目前还有许多问题需要解决，未来几年将会继续完善这些系统。

我们很难预测10年、20年内信息系统和技术会发展成什么状态，但现在已经开始发现它们的各种用途。技术改进和技术发展的速度不断加快，估计未来几年会有更大的增长和变化。毫无疑问，有效地利用信息系统，这一观点不论是在现在还是在未来，对管理人员来说都是非常重要的。

五、其他信息系统

除了以上介绍的几种典型信息系统外，信息系统还有客户集成系统、工作组支持系统、总裁信息系统和组织间信息等。

（一）客户集成系统（Customer Integrated Systems， CIS）

它是TPS的延伸，将输入设备直接置于客户手中。例如银行的ATM系统，学校的远程注册系统，制药公司向医院提供的药品采购系统等。

（二）工作组支持系统（Workgroup Support Systems， WSS）

（1）现代企业中越来越经常地出现各种跨部门的工作组，包括临时性的项目组与较永久性的团组及委员会等。

（2）WSS目的在于支持各种工作组的信息共享与信息交流。

（3）支持电子邮件、日程安排、电子会议、电子公告牌、文档数据库等功能。

（三）总裁信息系统（Executive Information Systems）

（1）以最灵活的方式帮助高层人员了解企业面临的问题与机遇以及它们的解决方案。

（2）扩展MIS的功能，从不同角度、不同的详细程度来了解来自企业内部与外部数据库中的数据。

（3）借助于DSS的功能完成各种必要的深入分析，并使得容易进行如果–怎样分析。

（4）高度的交互性与图形的大量使用。

（四）组织间信息系统（Inter-organizational Information Systems， IOS）

（1）为支持电子商务所要求建立的虚拟市场中的各种交易活动所创建的信息交换系统。

（2）IOS通过在企业间的信息交流具体支持本企业对于产品与服务的计划、开发、生产与交付。

（3）CIS是IOS的一种具体形式。

（4）IBM、Apple、Motorola在二十世纪九十年代初使用一个IOS来合作开发了Power PC芯片。

第四节　电子商务与因特网

一、电子数据交换

电子数据交换（Electronic Data Interchange， EDI）的想法是将公司内各组织之间的计算机连接起来。EDI使用网络系统遵循一定的标准，其处理过程是直接对一个系统的输出进行处理，其处理结果作为另一个系统的输入，整个过程无须人工干预。使用EDI，可将客户、制造商和供应商的计算机连接起来。使用该技术后，就不再需要纸质文档资料了，实质上也就减少了错误所造成的巨大代价。客户的订单和查询信息从客户计算机传送至制造商的计算机中，制造商的计算机便能判断出什么时候要提供新的供应，并自动将订单存入所连接的供应商的计算机中。

对某些行业而言，EDI是必不可少的。许多大公司，包括通用汽车公司和道氏化学公司，他们绝大多数计算机的输入数据是来自于其他计算机系统的输出。一些公司只与使用兼容EDI系统的供应商和销售商做生意，不再顾及会涉及的代价和后果。随着越来越多的行业要求，业务能在竞争中处于不败之地，EDI将会给公司的活力带来巨大变化。公司必须改变做账和订货这类简单的处理方法，同时也会出现一些新的企业以帮助建立支持EDI所需的网络。

EDI是以计算机和数据通信网络技术为基础发展起来的电子信息应用技术，是办公自动化的一个典型例子。按照联合国国际标准化组织的定义，EDI是“将商业或行政事务处理按照一个公认标准，形成机构化的处理报文数据的格式，从计算机到计算机的电子传输方式”。EDI在贸易方面的应用已经成为当今风行全球的所谓“无纸贸易”。

（一）EDI的定义

联合国国际贸易法律委员会对EDI的定义是“EDI是利用符合标准的结构化的信息从计算机到计算机之间的电子传送”。

国际标准化组织（ISO）对EDI的定义是“为商业或行政事务处理，按照一个公认的标准，形成结构化的事务处理或消息报文稿式，从计算机到计算机的数据传递方法”。

国际电报电话咨询委员会（CCITT）对EDI指述为“计算机到计算机的结构化的事务数据交换”。

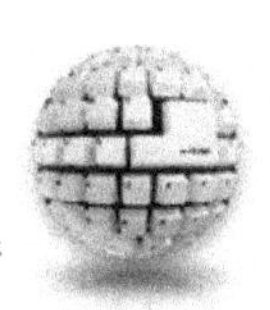

国际标准化组织电工委员会在ISO/IEC14662《信息技术——开放式EDI参考核型》国际标准中对EDI的定义是“电子数据交换：在两个或两个以上的组织的信息系统之间，为实现业务目的而进行的预定义和结构化的数据的自动交换”；对开放式EDI的定义是“为完成明确的共同业务目标而在多个自治组织之间，根据开放式EDI标准进行的电子数据交换”。这也是我国国家标准有关EDI与开放式EDI的标准定义。

在ISO9735《用于行政商业运输业电子数据交换的应用级语法规则》（GB14805）中对EDI的定义为“在计算机之间以商务的标准格式进行的商业或行政业务数据的电子传输”。

电子数据交换方法一般有两种：EDI直接在销售商与客户之间建立连接；连接也可由作为第三方的票据交换所提供，为参与者提供数据转换和其他服务连接。

（二）EDI的含义

EDI是商业贸易伙伴之间，将按标准、协议规范化和格式化的经济信息通过电子数据网络，在单位的计算机系统之间进行自动交换和处理。

EDI是电子商业贸易的一种工具，将商业文件如订单、发票、货运单、报关单和进出口许可证，按统一的标准编制成计算机能识别和处理的数据格式，在计算机之间进行传递。由此可知，EDI具有以下特点：

（1）EDI是企业（制造厂、供应商、运输公司、银行等）单位之间传递商业文件数据。

（2）传输的文件数据是采用共同的标准和具有固定格式。

（3）通过的数据通信网络一般是增值网和专用网来传输。

（4）数据是从计算机到计算机的自动传输不需人工介入操作。

二、电子商务

电子商务（Electronic Commerce，EC），亦称E-Commerce（简称E-Com），

简而言之，即通过电子手段来完成整个商业贸易活动的过程，从最初的电话、电报到电子邮件及20多年前开始电子数据交换（EDI，Electronic Data Interchange），都可以说是电子商务的某种形式。现在，人们已经提出了包括通过计算机网络来实现从原材料的查询、采购、产品的展示、定购到出品、储运以及电子支付等一系列贸易活动在内的完整电子商务的概念，这是一种全新的做生意方式。电子化商业贸易已在全球蓬勃发展起来，通过互联网进行买卖交易将逐渐成为潮流。计算机网络将给商业机构带来无尽的拓展空间，给个人带来无穷的选择机会，而应用电子商务系统，人们可以随时随地进行商务活动。

也有人认为，电子商务不只是E-Commerce，而应该是E-Business，它所强调的是在计算机网络环境下的商业化应用，不仅仅是计算机硬件和软件的结合，也不单纯是商务电子化，而是把买家、卖家、厂商和合作伙伴在因特网（Internet）、企业内部网（Intranet）、企业外部网（Extranet）结合起来的应用。E-Business应用可以概括为“3C”，即内容管理（Content Management）、协同与信息（Collaboration and Messaging）和电子商务（Electronic Commerce）三个层次的应用。内容管理包括三个方面：信息的安全渠道和分布、客户信息服务、安全可靠的高效服务。

协同与信息是指自动处理商业流程，以减少成本和开发周期，它由四个部分组成：函件与信息共享、写作与发行，人事与内部工作管理、流程与销售自动化。

电子商务是第三个层次，即从新的市场和电子化增加收入，电子商务包括四个方面的具体应用：市场与售前服务，主要是通过建立网站和主页等手段树立产品的品牌形象；销售活动，如销售点终端（POS，Point of Sales）机管理、智能目录、安全支付等；客户服务，即完成电子订单及售后服务电子购物和电子交易；金融电子化（包括电子货币、电子银行）是电子商务的重要环节，它可以给商品买卖各方都带来可观的经济效益以及净化、优化货币流通领域。

（一）国内电子商务的发展现状

互联网用户迅速发展。2006年中国互联网用户为10万，2009年互联网用户为400万，增长了40倍，2010年达到1690万，2011年达到2650万，2010年我国上网计算机数为650万台，2011年我国上网计算机数为1002万台。

电子商务网站相继推出。截至2010年，我国电子商务网站数量已达1100余家，其中网上零售商600余家，拍卖类网站100家左右，远程教育网站约180家，远程医疗网站约20家。

电子商务交易额快速增长。2009年，我国电子商务交易额为人民币1.8亿元，其中B2C交易额为1.44亿元，均比2008年增长一倍以上（支付手段主要是在线支付和货到付款）。2010年电子商务交易额达到人民币4亿元，增长态势强劲。

（二）国外电子商务发展的现状

全球互联网用户的快速增长。从2006年不足0.4亿，到2010年6月已经达到2.6亿以上，并且仍在不断增长。

电子商务有着巨大的市场与无限的商业机遇，蕴含着现实的和潜在的丰厚商业利润。2004年全球电子商务销售额为12亿美元，2007年达到26亿美元，增长了一倍多，2008年销售额达500亿美元，比2007年增长十几倍。世界各国，特别是发达国家对电子商务高度的重视并着力的推动，在拥有世界3M以上的互联网资源的美国，电子商务的应用领域与规模远远超过其他国家。美国政府认为，电子商务的发展是未来经济发展的一个重要推动力，甚至可以与两百年前工业革命对经济发展的促进相比。自2009年开始，美国每年2010亿的政府采购计划逐步通过电子商务方式进行。2010年底的假日销售旺季，美国网上零售额达到116亿美元，大大超过2006年的70亿美元，网上销售前景良好。

三、企业资源规划

企业资源规划（Enterprise Resource Planning， ERP）是由美国Gartner Group

（IT研究与咨询顾问公司）于二十世纪九十年代初提出来的概念，它是在MRPII的基础上发展起来，采用了计算机技术的新成就，将供需链管理（SCM）和企业业务流程重组（BPR）放在重要位置的管理理论。ERP所管理的对象包括了企业人、财、物、时间等所有的资源和产、供、销等所有的业务。ERP扩展了企业内部各种管理功能的信息集成，而且超出了企业本身的范围，实现了整个供需链上所有相关业务的信息集成。ERP与MRPII相比有了革命性的发展，并且还会随着技术进步和管理思想的发展不断充实，是一种应用信息技术的管理系统。

ERP的主线是计划（Plan），管理重心是财务，财务成本控制贯彻于企业整个经营运作过程中，涉及企业所有供需过程。

基于计算机的信息系统由系统硬件、软件、数据库、远程通信、人员和收集、操作、存储并将数据加工为信息的各种过程所组成。计算机和信息系统在不断改变着我们的生活。本章力图能够对信息系统的设计、开发与应用等方面做出较全面的阐述。

信息系统是指基于计算机、通信网络等现代化的工具和手段，服务于管理领域的信息处理系统。信息系统的研究方向可以分为三大领域，一是从处理对象的需求出发来研究信息系统开发的规律；二是从如何建立一个系统的角度来研究信息系统开发的规律；三是从如何管理和评价系统的角度来研究信息系统运行管理和维护、评价中的问题。本章主要讨论前面两个方面的问题。

信息系统是对信息进行采集、处理、存储、管理、检索和传输，并向有关人员提供有用信息的系统。信息系统可以由人工或计算机来完成，后者即称为基于计算机的信息系统。信息系统的结构从不同的角度可以分为概念结构、功能结构、软件结构和硬件结构等结构模式。

现实世界是复杂与动态的，因此，当要检测不同的关系及其结果时，要用系统模型对真实系统进行简化。模型是用来模拟现实的一种抽象或近似的表示。逻辑模型包括叙事、数学、图示和物理四种模型。对逻辑模型进行描述的工具包括数据流图、组织结构图、数据字典以及决策树和决策表。

第四章　信息系统开发模型

基于计算机的信息系统的发展过程经历了几十年的时间，在此期间人们从中既获得了较大的社会收益和经济效益，又走过了不少曲折的道路，有过沉痛的失败教训。由此便引发出人们对信息系统建设的深刻反思，提出了为什么会有失败，如何避免失败，采用什么方法、工具、手段来建设系统的一系列问题。下面我们就从信息系统开发的一般过程开始介绍信息系统的开发方法。

第一节　信息系统开发的一般过程

建设一项工程需要科学的方法支持，同样构建信息系统也要采用与其特性相适应的科学方法。目前，普遍认为信息系统的开发可以划分为三个过程：设计过程、开发过程和维护使用过程。按照三个过程的核心内容，又可以分为如下七个步骤：系统规划、系统分析、系统设计、系统实现、系统测试、系统转换、系统维护。

一、系统规划

系统规划的目的就是确定信息系统开发的建设策略、体系框架、系统总目标、分阶段目标和实施计划。

二、系统分析

系统分析是对运营商的软件开发要求进行分析并给出详细、准确定义的过程。

三、系统设计

系统设计是软件开发的技术核心，在这个过程中，要把运营商建设的需求转换成相应的体系结构，确定运营商需求的功能模块要求（概要设计）。并在此基础上，设计完成信息系统的数学模型、功能模型及运营商程序的界面形式和程序处理逻辑（详细设计）。

四、系统实现

系统实现是根据系统详细设计完成的程序编码过程。这个过程需要的人力资源较多，是人们通常所说的软件开发过程。

五、系统测试

系统测试是保证软件产品质量，检验系统运行情况的重要手段。系统测试又可以分为不同阶段的模块测试和模块组装后的系统测试，测试实际上贯穿于系统实现的全过程中。

六、系统转换

系统转换过程一般也叫作系统割接，是应用系统由实验室转移至运营商现场的迁移过程。系统转换过程包括了割接方案制订、系统安装、运营商培训、数据割接、系统试运行、系统开通等过程。这个过程危险程度较高，稍有不慎就会使系统建设前功尽弃。

七、系统维护

系统维护是为了保证系统能够在运营商现场得到充分利用而进行的售后技术支持。没有好的系统维护，系统往往得不到成功的应用。按照对信息系统软件开发的最新定义，信息系统的开发过程就是软件开发商对运营商的服务过程。因此，对信息系统软件来说，重要的不是开发过程本身，而是运营商对信息系统的应用过程。

信息系统的开发有生命周期法、原型法、面向对象法等许多开发方法。这些方法有各自的特点和适用范围。在开发信息系统之初，必须首先确定采用什么样的开发方法来指导信息系统的开发全过程，它对信息系统开发工作有着重要的意义。

第二节 生命周期法

信息系统从提出需求、形成概念开始，经过分析论证、系统开发、使用维护，直到淘汰或被新的信息系统所取代的全过程称为信息系统生命周期（Information System Life Cycle）。它就像任何事物都要经历产生、发展、衰败直到死亡一样，一个信息系统同样要经历这些过程。信息系统生命周期可以按照系统开发活动的需要划分为若干阶段。

目前，各阶段的划分还没有一个统一的标准，但一般认为都包括五个阶段，即规划、分析、设计、实施及维护和评价。

（一）系统规划（System Lay-out）

生命周期法的第一个阶段，根据业务目标考虑和确定潜在的问题及机会。

（二）系统分析（System Analysis）

生命周期法的第二个阶段，主要是对现有系统和工作流程进行研究，确定它的优势、弱势以及改进机会。

（三）系统设计（System Design）

生命周期法的第三个阶段，结果是一项技术设计，它描述怎样实现一个新系统，或者说明怎样修改现有系统。

四、系统实施（System Implementation）

生命周期法的第四个阶段，创建（或获取）各种系统组成部分，进行装配，并投入运行。

五、系统维护和评价（System Maintenance and Review）

生命周期法的最后一个阶段，维护及修改系统，使它可继续满足不断变化的业务需求。

第三节　原型法

一、原型法定义

原型法（Prototyping）在系统开发过程中采用了一种交互式反复的系统开发方法。在每一次反复过程中确定问题的要求，比较不同的解决方法，设计新的解决方案，并实现系统的某一部分。这样就可鼓励用户试用该原型，并提供反馈信息。原型法从创建一个主要子系统的初始模型，即整个系统的一个缩小比例模型开始。例如，把显示报表格式及输入屏幕的格式样本的开发作为一个原型。经开发和改进之后，这些原型报表及输入屏幕就被用作实际系统的模型，该模型可用一种非过程化的最终用户编程语言，如SAS、Focus或Visual Basic实现，这个初始模型经改进成为第二代和第三代模型，一直到整个系统开发完成。

二、原型种类

原型可分为操作性和非操作性两类。操作性原型可如下进行：访问实际的数据文件、编辑输入数据、做必要的计算和比较，并产生实际的输出。开发得非

常完善的财务报表就是这方面的实例。操作性原型也许可以打开实际的文件，但却不可以编辑输入的数据。非操作性原型是一种实体模型或缩小模型。它主要包括输入和输出的说明及格式。输入表明如何获得数据，用户必须输入什么样的命令，系统如何访问其他数据文件。输出包括管理者所需的打印报表和个人电脑或终端上屏幕显示的报表。非操作性原型的主要优点在于它的开发比操作性原型要快得多。最后，非操作性原型可以抛弃不用，而对于原型的学习就可以促成建立一个完善的操作性系统。

第四节　面向对象的开发方法

近年来，面向对象的软件设计技术OOD（Object-Oriented Design）越来越受到人们的重视。有人甚至认为，面向对象的软件开发技术是软件产业的一次革命。随着OO（面向对象）的普及，2004年开始，OOD在应用领域迅速发展。

一、面向对象技术及其基本性质

（一）为什么要使用面向对象技术

1.传统软件开发方法的缺点

（1）可复用性差。传统的软件开发方法是面向数据、过程的开发方法。这种方法把数据和过程作为相互独立的实体。数据代表问题空间中的客体，用来表达实际问题中的信息。过程（程序代码）则用来处理这些数据。软件设计时人们必须时刻考虑要处理的数据格式（结构和类型）。对不同的数据格式，即使要做相同的处理，也必须设计不同的过程。对相同的数据格式做不同的处理，同样要设计不同的过程。所以用传统方法设计出来的程序，可复用的成分很少。

（2）数据与过程的潜在不一致性。当把数据和过程作为分离的实体时，总存在使用错误的数据或调用错误的模块的危险。使数据和过程保持一致是软件设计人员的一个沉重负担。如在开发一个大型软件时，负责设计数据结构的人，中途改变了某个数据结构而又没有及时通知其他开发人员，则会发生许多不该发生的错误。

2.OOD有利于人类的抽象思维

面向对象技术不仅是一种软件设计方法，也是一种抽象思维方式。传统的软件设计把数据与对它们的处理分开，必然使人们在思考问题时还要思考计算机处理的细节。面向对象技术把数据和对它们的处理组合为对象，这样人们在思考问题时就可以脱离处理细节，脱离计算机，成为真正的抽象思维。

3.OOD极大地提高了软件的可维护性

软件的修改转化成子类对父类的继承，这就避免了修改的副作用。

（二）对象的性质

1.标识唯一性

（1）任何事物都有特征。标识唯一性指的是对象可由其内在性质来区分。如两个苹果由于它们的颜色和形状不同，它们就是不同的苹果。

（2）对象是客观世界事物的抽象。对象可以是具体的物品，如自行车、苹果等。对象也可以是概念，如文件系统中的文件等。对象甚至还可以是抽象的算法，如多进程操作系统中的调度策略。任何相对独立的实体和研究目标都可以作为对象。

（3）对象的查找是通过对象的唯一标识进行的。可以用多种方式实现标识，如地址、数组索引或属性值等。查找方式独立于对象的内容。

2.分类性

所有对象都划分为各种对象类。一个对象类是具有相似特性（属性）的一组对象。类是对象类的简称。通过把对象聚集为类，可以使问题抽象化，即只考

虑类中的共性，而忽略了类中不同对象之间的差别。

各类上的操作在类中只标明一次，目的是使一个类中的所有对象都可执行该操作（即代码重用）。如所有椭圆共享一个画图的操作、一个计算面积的函数以及验证与直线相交的程序段。又如多边形这一对象类可以有一离散的程序集，一些特殊图形如梯形、菱形、正方形等也可使用上述公共的程序。但作为子类，对这些特殊图形可设计更有效的程序。

3.多态性

多态性指的是同一操作可以是多个不同类的行为。如“MOVE”可以是用户界面的窗口类的行为，也可以是国际象棋棋子类的行为。

类中操作的具体实现称为方法。操作的多态性指的是在不同类中同一操作的形式不同。如文件类中的print操作对不同的子类在逻辑上执行同一工作，但实现方法却不同。如ASCII码文件的打印，二进制文件的打印，数字图像文件的打印等各由不同的一段代码实现。所以操作是对象行为的抽象。各对象知道如何去执行自身的操作。在面向对象的程序设计语言中，语言自动地选择正确的方法去实现操作。因此不必改变原有代码就可增加新类，只要对各种新类的操作提供方法即可。在OO语言中多态性常用虚方法（虚函数）实现。

4.继承性

类具有层次关系。如昆虫类有若干子类（派生类），如苍蝇类、蚊子类等。昆虫类有翅膀，它的子类苍蝇类和蚊子类等就继承了它们父类（基类）的特征，所以也有翅膀。苍蝇类、蚊子类等还可有它们各自的子类。

继承性是对具有层次关系的类的属性和操作进行共享的方式。可先粗略定义一个类，然后将其细分为多个子类。各子类继承了其父类的所有性质，同时还有自身独有的性质。父类的性质在子类中不必重复定义。所以继承性大大减少了软件设计和编程的重复性，继承性是面向对象技术的主要优点之一。

继承性使用户编程时不必一切从零开始，可以继承父类程序模块的功能。

修改和扩充功能时也不必修改原有的程序代码，只需定义新的子类，同时增加一些新的程序段实现修改和扩充的功能。由于无须知道原有程序模块怎样实现，从而极大地改善了软件的可维护性。

（三）什么是面向对象

1.概念

复杂对象由简单对象组成。整个世界也可从原始对象开始，层层组合，最后形成最复杂的结构，也包括操作（行为）。面向对象的软件开发主要就是建立对象序列的集合。

2.面向对象的开发

面向对象的开发是一种新的思维方式，新的软件开发思想。对象是应用领域的概念，而不是计算机实现中的概念，所以OO开发方法促使软件开发人员按应用领域的观点思考问题，这就从根本上保证了需求分析的彻底性。需求分析不彻底是已开发软件不能使用的主要原因。

二、面向对象的方法学

（一）OO方法学的步骤

面向对象的软件开发方法学也称对象建模技术OMT（Object Modeling Technique），它包括以下步骤：

1.分析

从问题的陈述入手，分析并构造现实模型（即与对象有关的各种模型）。模型必须简洁明确地抽象出目标系统必须做的事情。模型中不应包括任何与计算机实现有关的考虑。这一步与需求分析对应，但需求分析仅导出功能模型，而这里还包括对象模型和动态模型。

2.系统设计

在系统设计中现实模型被细分为各子系统，如生产企业可分为生产系统、销售系统、财务系统、库存管理系统、行政管理系统等。这是设计的第一阶段，

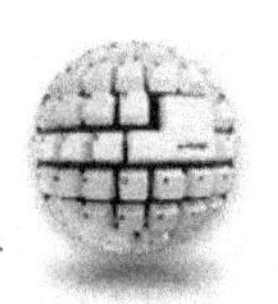

在这个阶段需选择解决问题的基本方法。这一步与总体设计对应，它决定了整个软件的结构和设计风格。

3.对象设计

这一步将实现细节加入到设计模型中。对象设计强调数据结构以及实现类所需的算法。在这个阶段中，来自分析模型中的类仍有意义，但它们都增加了为优化性能而选择的计算机化的数据结构和算法。这一步类似于详细设计。

4.实现

实现即程序设计（编码）。这是开发周期中相对小的阶段。因在设计中已全面考虑了所有难点。

在实现这步后还有测试、维护、扩充等阶段。这里的扩充相当于软件工程中的版本更新和完善性维护。值得注意的是，OO概念贯穿整个开发周期。从分析、设计到实现，不必进行不同阶段的意义转换。同一个类在不同阶段都适用，只是在后续阶段中类的内容为实现细节所完善。

（二）三种模型

OMT使用三种模型描述系统，它们反映系统的不同侧面。OMT的每一步都有这三种模型，只是详细程度不同而已。

1.对象模型

对象模型在分析阶段有点类似于数据库设计中的E-R图，但内容更丰富。对象模型描述系统中对象的静态结构间的关系。分析阶段的对象模型中有对象图，图中结点表示对象类，弧表示类间的关系。

2.动态模型

动态模型描述了不断变化的系统中的各种因素，主要是控制因素。动态模型包含状态图。图中结点表示状态，弧表示由事件触发的状态之间的变迁。这一步有点类似于计算机模拟（Simulation），但模拟更强调动态模型。

3.功能模型

它就是传统软件开发中需求分析阶段建立的模型。功能模型描述了系统中数据的变换过程。功能模型包含数据流图，图中结点表示加工（处理），弧表示数据流向。

在OMT中上述三种模型相辅相成，其中对象模型是基础。

（三）与功能方法学的不同点

OO开发与以前的面向功能的方法学（代表是E.Yourdon方法学，即结构化分析方法学SA）截然不同。在SA中，强调的是区分和分解系统的功能，这种做法虽然是目标系统最直接的实现方式，但生成的软件系统可维护性差，一旦需求变化了，基于功能分解的软件系统就要有很大的变动，甚至重新构造。

OO则采用另一途径，采用更稳定不变的因素——对象类。OO方法学首先强调区分来自应用域的对象，然后进行软件设计。由于OO方法学开发的软件建立在应用领域自身的基础之上，所以能更好地支持需求的变化。即使需求变化了，大多数对象类也很少变化或几乎不变。即使要修改，也可利用子类的继承性方便地实现。

第五节　软件能力成熟度模型

CMM的全称是软件能力成熟模型，是美国卡内基梅隆（Carnegie Mellon）大学的软件工程研究院用来评估一个组织开发软件能力的标准。它是在总结众多企业软件开发的成功经验与失败教训的基础上于1997年提出的，是一种软件生产质量保证的模式。同ISO9000一样，CMM注重通过过程控制提高软件产品质量。

CMM共分五级，在每一级中，定义了达到该级所需具备的关键过程及每个关键过程所需达到的水平，并针对每一关键过程给出了推荐性的具体实施方法。实践证明，CMM能够较为准确地反映软件企业质量管理水平并为企业进一步的改进提供指导。

一般来说，一个高成熟度的公司比一个低成熟度的公司更能按时、按预算并以较少的缺点完成更多的设计工作。

当一个开发小组成立时，小组成员可用这种模型考虑小组所进行的软件开发处于哪一水平的成熟度。如果他们不想遵循已经文档化了的系统开发生命周期，那么设计过程将是无序的甚至是混乱的过程，小组正在进行的是最不成熟的开发，项目失败的风险就相当高。另一方面，如果他们分析之后决定遵循某一种基本SDLC（传统方法、原型法、RAD、最终用户法），然后有计划地实施别人已经成功使用且文档化了的SDLC，那么他们的开发是具高成熟度的，成功的可能性就比较高。

来自权威机构的调查表明，2015年全球软件业创造了1500亿美元的销售额，其中78%是由美国公司完成的，预计未来软件业还将有较大的增长。

随着世界软件市场的高速发展以及软件人才的短缺，西方公司将越来越多的软件开发工作外包给发展中国家。作为发展中国家软件工业的佼佼者，印度目前的年软件出口额达到了40亿美元，到2015年，印度计划实现软件总产值870亿美元，其中500亿美元是出口。

中国与印度有许多相似之处，中国拥有世界上最大的软件市场和丰富的软件人才资源，发展软件产业潜力巨大。但中国软件业进入国际市场还处在刚刚起步阶段，2015年中国的软件出口为1.3亿美元。

许多专家认为，中国软件公司要进入国际市场的第一个必备条件就是质量，而且企业的质量水平必须通过国际独立机构根据世界标准的认证。正如大家都已熟悉的ISO9000系列标准一样，软件企业需要国际市场通行证。因此，引进

CMM等国际公认的软件工程标准是中国软件产业长期健康发展的关键。

据中国软件工业协会统计，目前，97%的中国软件公司员工不超过200人，所采取的软件开发管理模式只适合于小型项目。软件开发还停留在“个人英雄主义”阶段，缺乏软件工程的概念。很多西方公司所需要的大型系统开发工作则需要更加复杂的开发管理过程。

在解决了环境因素造成的问题之后，企业缺乏工程化的软件开发和质量保证手段，必将成为下一步制约中国软件产业发展的瓶颈。

因此，对于中国软件企业，CMM不仅仅是一张国际市场的通行证，它的重要意义还在于，在达到CMM各级标准的过程中，通过软件工程方法的运用达到提高软件质量的目的，进而增强软件企业与软件产品的国际竞争力。

据了解，CMM一级的企业处于软件生产的混乱、无序状态，而CMM五级的企业每1000行程序代码的平均缺陷只有一级的8%，软件开发周期为一级的36%，生产率则是一级的4倍，生产成本是一级的19%。

2005年以前，印度的软件业发展并不特别出色。印度企业对于国际标准越来越重视。软件工程方法的运用和软件质量的控制成为印度软件产业一步步走向世界的成功因素之一。在目前已经注册的38家CMM五级企业中，印度占有22家。近年来，印度软件业以年均45%的发展速度活跃在国际国内市场，如今已成为继美国之后的第二大软件生产与出口国。

CMM认证的推行必须自上而下进行。国务院发布的《鼓励软件产业和集成电路产业发展的若干政策》第十七条已明确提出，鼓励软件出口型企业通过CMM认证，其认证费用通过中央外贸发展基金适当予以支持。

第六节　CASE 方法与工具

一、CASE方法的基本概念

（一）CASE的提出

随着世界对计算机软件需求和软件技术的不断提高，传统的计算机软件的开发方式已经很难满足发展的要求。如何提高软件开发和维护的效率，使软件人员摆脱繁重的手工劳动，是人们多年以来一直寻求解决的重要问题。近年来，人们开始把目光投向了计算机本身，希望能够应用计算机技术来辅助开发人员的工作，以尽可能地实现软件开发的自动化。因此在软件开发工具的基础上发展起来的计算机辅助软件工程（Computer Aided Software Engineering）技术给人们带来了新的希望，它使软件工业向更高水平的自动化方向迈出了关键性的一步。

与过去的软件工具所不同的是：运用CASE技术，软件人员就能够在PC或工作站上，以交互方式实现软件生命周期各个环节的自动化操作，而不仅仅局限于系统分析与系统设计阶段。CASE技术是软件工具和软件方法的结合，它更加强调整个软件开发过程的效率，同时，为软件分析、软件设计以及软件实现和维护提供了一种自动化的工程原理。因此，CASE技术具有以往任何一种独立的软件工具所无法比拟的全新的软件技术。

（二）CASE的组成

CASE系统是一个完整的软件开发环境，它由软件环境和硬件环境两部分组成。

（1）CASE软件环境又称CASE工作台，是一组集成的CASE工具，它们使用一个公共的用户接口，以实现整个软件生命周期的自动化。而这样的一组CASE工具又是在CASE方法的理论基础上建立起来的，它是针对CASE技术提出的一种规范化、自动化的“结构化”方法。

（2）CASE硬件环境包括集中和分布两种体系结构，它是支持CASE工具的硬件平台。

（三）CASE的作用

（1）可以为软件开发人员提供一个透明、实时、独占资源和能初期查错的交互式开发环境。

（2）可以实现软件分析、设计、实现和维护中各个环节的自动化，主要是设计的自动化和程序的自动化。

（3）提供通用的GUI，实现可视化的程序。

（四）CASE的目标

CASE的目标是运用一套集成的软件工具，实现整个软件生存期的自动化。

二、CASE工具分类

根据CASE工具所支持的软件生存周期中的不同阶段，可以把CASE工具划分为三种基本类型，即CASE工具箱、CASE工作台、CASE方法指南。

（1）CASE工具箱是指支持软件生存周期中某一阶段自动化的一组集成化的软件工具。

（2）CASE工作台是指支持整个软件生存期自动化的一组集成化的软件工具。

（3）CASE方法指南是指某系统开发方法（如DeMarco结构化分析法、Jackson结构化设计法）的计算机辅助手段。

三、选择适当的开发方法

一个系统是一项负责的软件工程的实施方法，近20年来，软件工程已经发展成为一门新兴的科学，至今已经成为软件产业的重要支柱，它是一种保证软件

满足用户特定需求和避免设计编码中出错的方法。软件工作者几十年来千方百计从各种不同的角度，用各种不同的方法试图使软件开发工作的水平和效率有大幅度的提高。

信息系统的开发是一个复杂的系统工程，它涉及计算机处理技术、系统理论、组织结构、管理功能、管理知识等各方面的问题，至今没有一种统一完备的开发方法。但是，每一种开发方法都要遵循相应的开发策略。任何一种开发策略都要明确以下问题：

（1）系统要解决哪些问题，如采取何种方式解决组织管理和信息处理方面的问题，对企业提出的新的管理需求该如何满足等。

（2）系统的可行性研究，确定系统所要实现的目标。通过对企业状况的初步调研得出现状分析的结果，然后提出可行性方案并进行论证。系统可行性的研究包括目标和方案的可行性、技术的可行性、经济方面的可行性和社会影响方面的考虑。

（3）系统开发的原则。在系统开发过程中，要遵循领导参与、优化创新、实用高效、处理规范化的原则。

（4）系统开发前的准备工作，做好开发人员的组织准备和企业基础准备工作。

（5）系统开发方法的选择和开发计划的制订。针对已经确定的开发策略选定相应的开发方法，选择的是结构化系统分析和设计方法，还是选择原型法或面向对象的方法。开发计划的制定是要明确系统开发的工作计划、投资计划、工程进度计划和资源利用计划。

总之，对信息系统的开发要根据系统本身的特点来选择恰当的开发方法。将计算机用于管理活动，支持管理控制和决策，获得了较大的社会收益和经济效益，在此期间又走过不少曲折的道路。本章从信息系统开发的一般过程介绍信息系统的开发方法。信息系统的开发过程由系统分析、系统设计、系统实施与维护等步骤组成。本章主要介绍了信息系统开发的一般过程，包括生命周期法、原型法、面向对象开发方法和CASE方法及其工具等。

本章同时强调了开发信息系统必须要有良好的软件设计风格，尤其是软件的可维护性已经成为软件的最基本的和最重要的质量指标。

一个高成熟度的公司比一个低成熟度的公司更能按时、按预算并以较少的缺点完成信息系统软件的设计工作。实践证明CMM能够较为准确地反映软件企业质量管理水平，并为企业进一步的改进提供指导。

本章提出了信息系统的开发是一个复杂的系统工程，它涉及计算机处理技术、系统理论、组织结构、管理办法、管理知识等各方面的问题，因此对信息系统的开发要根据系统本身的特点来选择恰当的开发方法。

第五章　信息系统安全与管理

信息安全在信息社会中将扮演着极为重要的角色，信息安全将直接关系到国家安全、经济发展、社会稳定和人们的日常生活。随着人们信息安全意识的提高，以及受病毒及网络黑客侵袭的影响，信息系统的安全问题越来越受到关注，网络安全问题已发展成一个全球化的问题。随着信息化进程的深入和Internet的迅速发展，上网人数急剧增加，网络被攻击的可能性也在增大。所以，信息安全和管理的课题也是每个将要从事信息技术的大学生的一门必修课。它既要满足各种规模企事业单位的需求，也要给用户提供完整的网络信息安全和管理的解决方案，保护国家、企业和个人的数据免于丢失或遭受病毒、黑客和窃贼的侵扰，以及其他无孔不入的数据安全威胁。以NAI、Symantec、Trend Micro、冠群金辰和瑞星等为代表的众多防病毒软件公司始终站在队伍的前列，不断跟踪病毒发展的最新趋势，更新与完善防杀病毒技术，为防病毒软件的发展进行着不懈的努力。

第一节　信息犯罪及其预防

在开放、互联、互动、互通的网络环境下，各种信息犯罪行为也不断涌现，给国家安全、知识产权以及个人信息权带来了巨大威胁，引起了世界各国的极大忧虑和社会各界的广泛关注，并日益成为困扰人们现实生活的又一新问题。

利用互联网进行犯罪已成为发展最快的犯罪方式之一。

一、信息犯罪的基本类型

网络环境是信息化的直接产物。在网络环境中，信息无所不有，无处不在，尤其是计算机网络技术的更新与发展成了信息流动、交换的根本手段和重要途径。因此，各国对信息犯罪的研究也多集中在计算机犯罪上，反映在信息犯罪的分类上也是如此。我们则依据信息犯罪的实际情况，按照对信息资源的侵犯方式，并考虑安全对策，把信息犯罪划分为以下几种类型：

（一）信息窃取和盗用

信息窃取和盗用是信息犯罪中最常见的类型之一，尤其在经济领域里，信息窃取和盗用十分猖獗。

（二）信息欺诈和勒索

其中较为典型的是通过伪造信用卡、制作假票据、篡改电脑程序等手段来欺骗和诈取财物的犯罪行为。

（三）信息攻击和破坏

信息攻击和破坏是指行为人以非法的方式故意对信息资源实施破坏性攻击的信息犯罪行为。在这类犯罪行为中，绝大多数属于非暴力性手段，即其攻击和破坏的主要对象是计算机程序或数据，例如以电磁铁使磁带或磁带上的数据或程序丢失或更改原有的资料，使系统的操作不能达到设计的目的等。

（四）信息污染和滥用

近几年来，在信息犯罪中，利用信息网络传播有害数据、发布虚假信息、滥发商业广告、随意侮辱诽谤他人、滥用信息技术等方面的犯罪行为越来越突出，已构成一种全球性的威胁。由于信息网络的特点，这些有害数据的传播面宽、速度快、难以控制，并且侦查犯罪嫌疑人，确定其行为责任，搜集证据也较困难。

二、信息犯罪的主要特征

从信息犯罪类型中，我们可以发现信息犯罪是同信息技术的发展和信息网络中的信息交流紧密联系在一起的。在网络环境下，既有亲社会行为，又有反社会行为，甚至犯罪行为的发生，而信息犯罪则是网络时代中一种新型的社会犯罪行为。它一般是指运用信息技术故意实施的严重危害社会并应负刑事责任的行为。尽管目前世界各国对信息犯罪的定义和量刑标准有着不同的看法，但信息犯罪的表现却大致相同，尤其与常规犯罪相比，具有以下显著特征：

（一）犯罪人员的智能性

大多数信息犯罪人员都具有相当高的专业信息技术和熟练的信息操作技能，作案前通常经过周密的预谋和精心的策划，通过互联网络，直接或间接地向计算机输入非法指令来篡改、伪造他人的银行账户、存折和信用卡等，实施贪污、盗窃、诈骗、破坏等行为，甚至还非法侵入国家军政机关或企事业单位的网络系统，窃取政治、经济和军事机密等。

（二）犯罪手法的隐蔽性

信息本身是看不见、摸不着的。大多数信息犯罪是通过对程序和数据等这些无形的操作来实现的，作案的直接对象也通常是无形的电子数据和信息，因此，信息犯罪是一种“无形犯罪”。

正是由于信息犯罪的作案不受时间、地点的限制，犯罪行为实施终了后对机器硬件的信息载体可以不造成任何损坏，甚至不留下任何痕迹，所以犯罪行为不易被发现、识别和侦破，犯罪成功率极高。同时，由于信息犯罪的证据又主要存在于软件中，这也使得犯罪分子很容易转移或毁灭罪证。尤其是利用远程计算机通信网络实施的犯罪，罪犯远在异国他乡，实施犯罪以后往往更难以追寻，即使查出某些蛛丝马迹，犯罪分子也早已逃之夭夭，从而增加了破案难度。

（三）犯罪手段的多样性

随着全球信息网络化的发展，尤其是信息技术的普及与推广，也为各种信息犯罪分子提供了与日俱增的多样化、高技术的作案手段，诸如偷窃机密、调拨资金、金融投机、剽窃软件、偷漏税款、盗码并机、发布虚假信息、私自解密入侵网络资源等信息犯罪活动层出不穷，花样繁多。

（四）犯罪后果的严重性

与传统手段的犯罪相比，信息犯罪所产生的影响和后果要严重得多，尤其在信息技术高度发达的今天，有时犯罪分子只需在键盘上轻轻敲几下，就可以窃取到巨额的款项。

此外，信息犯罪对知识产权、个人隐私和国家安全也带来了巨大的威胁，尤其当涉及国家机密或战略决策的计算机系统遭到侵犯或破坏，就可能给国家主权与安全带来灾难性的后果。

（五）犯罪行为的复杂性

在网络环境下，全球已结成一个庞大的信息网，其使用之多、发展之快、内容之广泛都是空前的，但同时它也存在着许多不足之处，尤其是与传统的法律体系相比，其在定罪和量刑上更为复杂。如由于信息网络在管理上是一个无主人的网，容易存在法律空白，这就为一些人利用信息犯罪提供了可乘之机。

又由于计算机有一个只认口令不认人的致命弱点，只要掌握了口令，谁都能够进入计算机系统实施犯罪行为，而要在法律上确定谁是真正的责任行为人却十分困难，主要是因为行为人往往具有多种身份，可能是网络提供者，也可能是业务提供者或信息提供者，还可能兼而有之，这无疑在很大程度上增大了破案工作的难度。

三、计算机犯罪的手段

（一）制造和传播计算机病毒

计算机病毒（Computer Virus）是隐藏在可执行程序或数据文件中，在计算机内部运行的一种干扰程序。它已经成为计算机犯罪者的一种有效手段，也是对计算机攻击的最常见的方法。它可能会造成大量的资金、人力和计算机资源的丢

失，甚至破坏各种文件及数据，造成机器的瘫痪，带来难以挽回的损失。

（二）数据欺骗

数据欺骗（Data Diddling）是指非法篡改计算机输入、处理和输出过程中的数据或输入假数据，从而实现犯罪目的的手段。这是一种最简单、最普通的犯罪手段。

（三）特洛伊木马术

特洛伊木马术（Trojan Horse）是指公元前1201年古希腊特洛伊战争中，希腊人为了攻陷特洛伊城，把士兵隐藏在木马腹中进入敌方城堡，从而赢得了战争的胜利的战术。这种战术用在计算机犯罪手段上，是一种以软件程序为基础进行欺骗和破坏的方法。它是在一个计算机程序中隐藏作案的计算机指令，使计算机在仍能完成原有任务的前提下，执行非授权的功能。特洛伊木马程序和计算机病毒不同，它不依附于任何载体而独立存在，并且具有传染性。AIDS事件就是一个典型的事例，它又称是艾滋病数据库，当运行它时，却破坏了硬盘数据。

（四）意大利香肠战术

所谓意大利香肠战术（Salami Techniques），是指行为人通过逐渐侵吞少量财产的方式来窃取大量财产的犯罪行为。这种方法就像吃香肠一样，每次偷吃一小片并不引起人们的注意，但日积月累就很可观了。

（五）超级冲杀（Superzapping）

Superzap是由大多数IBM计算机中心使用的公用程序（共享程序）。它是一个仅在特殊情况下（当计算机停机、出现故障或其他需要人工干预时）方可使用的高级计算机系统干预程序。如果被非授权用户使用，就会构成对系统的一种潜在的威胁。

（六）活动天窗

所谓活动天窗（Trapdoors），是指程序设计者为了对软件进行测试或维护故意设置在计算机软件系统中的入口点，通过这些入口可以绕过程序提供的正常安全性检查而进入软件系统。

（七）逻辑炸弹

逻辑炸弹（Logic Bombs）是指在计算机系统中有意设置并插入的某些程序编码，这些编码只有在特定的时间或在特定的条件下才自动激活，从而破坏系统功能或使系统陷入瘫痪状态。逻辑炸弹不是病毒，不具有病毒的自我传播性。

（八）清理垃圾

清理垃圾（Scavenging）是指有目的、有选择地从废弃的资料、磁带、磁盘中搜寻具有潜在价值的数据、信息和密码等，用于实施犯罪行为。

（九）数据泄漏

数据泄漏（Data Leakage）是一种有意转移或窃取数据的手段。如有的罪犯将一些关键数据混杂在一般性的报表之中，然后予以提取。有的间谍在系统的中央处理器上安装微型无线电发射机，将计算机处理的内容传送给几公里以外的接收机。

（十）电子嗅探器

电子嗅探器（Sniffer）是用来截取和收藏在网络上传输的信息的软件或硬件。它不仅可以截取用户的账号和口令，还可以截获敏感的经济数据（如信用卡号）、秘密信息（如电子邮件）和专有信息，并可以攻击相邻的网络。电子嗅探器就像专有的间谍器材一样，个人是不允许买卖、持有和使用的，但公安机关、国家安全机关可以用其来破获案件或获取情报。

（十一）冒名顶替

冒名顶替（Impersonation）是指通过非法手段获取他人口令或许可证明后，冒充合法用户使用计算机系统的行为。因此，用户的口令要注意更新和保密。

（十二）蠕虫

计算机蠕虫（Worm）是一个程序或程序系列。蠕虫程序可以凭自己的力量在网络中移动，它采取截取口令、寻找安全漏洞的方式，直接在系统程序中动作，疯狂攻击网络中的计算机，有时会造成网络的瘫痪。

（十三）核心大战（Core Wars）

双方互相破坏对方的程序，实际运行中可能会造成对系统的破坏。

除了以上几种作案手段外，还有社交方法、电子欺骗技术、浏览、顺手牵羊和对程序、数据集系统设备的物理破坏等犯罪手段。

第二节　计算机病毒

计算机病毒是一种最为奇特的人类智慧的结晶，它像一个幽灵在计算机世界里游荡。病毒制作技术的进步，也促进了反病毒技术的提高，但在实际中反病毒总是落后于新病毒的产生。作为计算机使用者，必须充分认识计算机病毒的危害，考虑计算机病毒可能在计算机系统中造成的破坏，提前预防，或当它们出现时能以最快速度、最彻底地消灭它。

一、计算机病毒的概念与特点

2004年2月28日，我国出台了《中华人民共和国计算机安全保护条例》，其中对病毒的定义如下：计算机病毒是指编制或者在计算机程序中插入的破坏计算机功能或者毁坏数据，影响计算机使用，并能自我复制的一组计算机指令或者程序代码。简单地说，计算机病毒是一种特殊的计算机程序。

计算机病毒程序除具有一般计算机程序所不具有的传染性、潜伏性、隐蔽性、可激活性与破坏性等传统特征之外，在今天这个网络发达的社会里，它还具有新的特点：

（1）由于目前病毒感染的途径较多、来源渠道广，一旦发现病毒往往难以寻根究底，难以找到病毒的真正来源。

（2）由于目前操作系统庞大，在Microsoft Windows环境下，由于运行时要调用很多的文件或动态链接库，这样给病毒取样带来困难。

（3）随着Internet的发展，Windows时代的到来，光盘的大量使用，压缩文件应用越来越广泛。这为病毒的传染提供了一种新的载体。

（4）一旦发生破坏，恢复工作量大，操作系统安装麻烦，即使操作系统重新安装，由于配置文件被病毒破坏，软件仍不能正常运行。

（5）网络已成为病毒传播的主要途径。在网络环境下，病毒传播扩散快，单机防杀病毒产品已经难以彻底清除网络病毒，必须有适用于局域网、广域网的全方位防杀病毒产品。

（6）病毒手段更加“毒辣”，为对抗计算机反病毒技术，一些病毒新技术不断出现。

（7）盲目使用未经严格测试的杀毒产品往往会产生负面效应。一些杀病毒产品由于对病毒分析不透彻，仓促应战反而造成染毒文件被杀坏。

二、计算机病毒的传染方式及症状

（一）计算机病毒的传染方式

（1）直接传染，即一个病毒CV直接传播给P1、P2、P3等多个程序。

（2）间接传染，即病毒CV先传染给程序P1，带病毒的P1再把CV传染给程序P2等。事实上，计算机病毒是以上述两种方式交叉传播的，因此病毒以指数级的速度迅速扩散，造成大规模的危害。

（二）常见的计算机病毒发作症状

（1）电脑动作比平常迟钝。

（2）程序载入时间比平常久，有些病毒能控制程序或系统的启动程序，当系统刚开始启动或一个应用程序被载入时，这些病毒将执行它们的动作，因此会花更多时间来载入程序。

（3）不寻常的错误讯息出现。例如你可能得到以下讯息：

Write Protect Error On Driver A

表示病毒已经试图去存取磁盘并感染之。特别是当这种信息出现频繁时，说明你的系统已经中毒了。

（4）硬盘的指示灯无缘无故地亮了。当你没有存取磁盘，但磁盘机指示灯却亮了，这时电脑已经受到病毒感染了。

（5）系统存储容量忽然大量减少。有些病毒会消耗可观的存储容量，曾经执行过的程序再次执行时，突然告诉你没有足够的空间可以利用，表示病毒已经存在你的电脑中了。

（6）磁盘可利用的空间突然减少。这个信息警告你病毒已经开始复制了。

（7）可执行文档的大小改变了。正常情况下，这些程序应该维持固定的大小，但有些较不聪明的病毒会增加程序的大小。

（8）坏轨增加。有些病毒会将某些磁区标注为坏轨，而将自己隐藏其中，于是往往杀毒软件也无法检查病毒的存在，例如Disk Killer会寻找3或5个连续未用的磁区，并将其标示为坏轨。

（9）打印出现问题。如系统“丢失”了打印机、打印机状态发生变化、无故打不出汉字等。

（10）死机现象增多。

（11）档案奇怪地消失或被加入一些奇怪的资料。

（12）文档名称、扩展名、日期、属性被更改过。

（13）异常要求用户输入口令。

（三）计算机病毒发作的后果

根据病毒的不同类型和病毒编写者的不同意图，计算机病毒发作后会有不同的表现，当然其结果也大不一样。良性病毒发作时一般会暂时影响计算机的正常运行，搞一些恶作剧或开一个玩笑，重新启动后一般即可重新工作。

恶性病毒发作的后果与良性病毒有本质的区别，它会对计算机的软硬件实施破坏，通常破坏前无任何迹象，在瞬间就造成毁灭性的破坏。

病毒对系统的破坏具体方式主要有：

（1）修改可执行文件，导致系统无法正常运行。

（2）破坏硬盘，表现为：写入垃圾码，破坏部分或全部数据；破坏文件分配表，造成文件数据丢失或紊乱；修改硬盘分区表或引导区信息，使系统无法正常从硬盘引导；若以A盘引导，则C盘仍无法找到；修改硬盘数据，致使硬盘数据丢失。

（3）修改CMOS，导致系统无法正常启动。

（4）攻击BIOS，破坏BIOS芯片，导致硬件系统完全瘫痪。

（四）计算机病毒的预防

（1）尽量避免使用他人的软盘启动系统，不使用盗版或来历不明的软件。

（2）经常用杀毒软件对系统和软盘做定期的检测。

（3）杀毒软件定期升级，一般间隔时间最好不超过一个月。

（4）重要的数据进行备份。

（5）做好系统急救盘备用。

（6）不要在计算机上玩游戏。

（7）专机专用。

（五）常见的杀毒软件简介

1.KILL（金辰公司）

KILL是国内历史最悠久、资格最老的杀毒软件，由公安部开发。Kill桌面版可以进行实时自动检测，实时治愈，并在治愈前自动备份染毒文件，以确保系统安全。Kill支持对压缩文档的检测，并且它的宏病毒分析技术也可以快速地发现和清除宏病毒。此外，Kill的智能陷阱检测为用户提供了先进的未知病毒防护手段。软件特点是快速、准确、高效。网址：http：//www.kill.com.cn。

2.KV300（江民公司）

KV300是目前市场份额最大、用户数量最多的杀毒软件。网址：http：//www.jiangmin.com。

3.RAV（瑞星公司）

RAV擅长查杀变形病毒和宏病毒。主要用于对各种恶性病毒如CIH、Melisa、Happy 99及宏病毒等的查找、清除和实时监控，并恢复被病毒感染的文件或系统等，维护计算机与网络信息的安全。网址：http：//www.rising.com.cn。

4.VRV（北信源公司）

VRV有基于多任务操作环境的实时病毒防杀系统。网址：http：//www.vrv.com.cn。

5.MCAFEE（美国NAI公司）

产品占世界市场份额第一，具有实时防毒的特点，以预防为主。Network Associates，Inc.（美国NAI公司）是全球第五大独立软件公司，也是世界第一大网络安全和管理的独立软件公司。NAI公司在病毒防治领域久负盛名，它的McAfee VirusScan拥有众多的用户。Virus Scan是用于桌面反病毒的解决方案，可检测几乎所有已知的病毒，防止许多最新的病毒和恶意ActiveX或Java小程序对数据的破坏，实时监测包括软盘、Internet下载、E-mail、网络、共享文件、CD-ROM和在线服务等在内的各种病毒源，使系统免遭各种病毒的侵害。它还能扫描各种流行的压缩文件，使病毒无处藏身。网址：http：//www.nai.com。

6.NORTON（美国SYMANTEC公司）

具有很强的检测未知病毒的能力。Symantec（赛门铁克）公司是全球消费市场软件产品的领先供应商，同时是企业用户工具软件解决方案的领导供应商。Symantec的Norton Anti Virus 2010中文版是针对个人市场的产品。Norton Anti Virus 2010中文版在用户进行Internet浏览时能提供强大的防护功能，而它的压缩文档支持功能可以侦测并清除经过多级压缩的文件中的病毒。Norton Anti Virus 2010中文版还具有自动防护和修复向导功能。一旦发现病毒，Windows警示框会立即显示，并提供了建议解决方法，用户只需确认，即可修复被感染文件。修复向导还可以协助清除在手动或定时启动扫描时找到的病毒。网址：http：//www.symantec.com。

7.INOCULAN（美国CA公司）

美国仅次于微软的第二大软件公司。网址：http：//www.cai.com.cn。

8.KINGSOFT（金山软件公司）

金山毒霸是由著名的金山软件公司推出的防病毒产品。金山毒霸采用触发式搜索、代码分析、虚拟机查毒等反病毒技术，具有病毒防火墙实时监控、压缩文件查毒等多项先进功能。金山毒霸目前可查杀上百种黑客程序、特洛伊木马和蠕虫病毒及其变种，是目前最有效的国产特洛伊木马、黑客程序清除工具。金山毒霸能有效查杀多种病毒并支持多种查毒方式，包括对压缩和自解压文件格式的支持及E-mail附件病毒的检测。此外，先进的病毒防火墙实时反病毒技术，可以自动查杀来自Internet、E-mail、黑客程序的入侵。

9.Trend Micro（趋势公司）

Trend Micro（趋势）公司的PC-cillin系列防病毒软件是针对单机的产品，它充分利用了Windows与浏览器密切结合的特性，加强对Internet病毒的防疫，并通过先进的推送（Push）技术，提供全自动病毒码更新、程序更新、每日病毒咨询等技术服务。PC-cillin具有宏病毒陷阱（Macro Trap）和智慧型Internet病毒陷阱，可以自动侦测并清除已知和未知的宏病毒以及从Internet进入的病毒。此外，PC-cillin还能直接扫描多种压缩格式，支持的文件格式多达20种。

10.Panda（熊猫公司）

Panda（熊猫）软件公司是在业界享有很高声誉的计算机安全产品公司，同时是欧洲防病毒市场的领导者。熊猫推出的熊猫卫士铂金版6.0防病毒软件为单机版产品，拥有强大的病毒检测能力，并可以扫描压缩文件。熊猫卫士提供两种

类型的实时监控，即哨兵监控和互联网监控。哨兵监控可实时监视当前系统中所有正在运行或打开的文件，互联网监控可实时防范来自互联网的病毒和黑客程序的威胁。此外，熊猫卫士还能监控ActiveX、Java恶意程序对系统进行的攻击。

（六）计算机病毒简史

早在1949年，距离第一部商用计算机的出现还有好几年时，计算机的先驱者冯·诺依曼在他的一篇论文《复杂自动机组织论》中提出了计算机程序能够在内存中自我复制，这已把病毒程序的蓝图勾勒出来，但当时，绝大部分的计算机专家都无法想象这种会自我繁殖的程序的可能性，可是少数几个科学家默默地研究冯·诺依曼所提出的概念，直到十年之后，在美国电话电报公司（AT&T）的贝尔实验室中，三个年轻程序员道格拉斯·麦耀莱、维特·维索斯基和罗伯·莫里斯在工余想出一种电子游戏——“磁芯大战”。

1975年，美国科普作家约翰·布鲁勒尔写了一本名为《震荡波骑士》的书，该书第一次描写了在信息社会中，计算机为正义和邪恶双方斗争的工具的故事，成为当年最佳畅销书之一。

1977年夏天，托马斯·捷·瑞安的科幻小说《p-r的青春》成为美国的畅销书，轰动了科普界。作者幻想了世界上第一个计算机病毒，可以从一台计算机传染到另一台计算机，最终控制了7000台计算机，酿成了一场灾难，这实际上是计算机病毒的思想基础。

1993年11月3日，弗雷德·科恩博士研制出一种在运行过程中可以复制自身的破坏性程序，伦·艾德勒曼将它命名为计算机病毒，并在每周一次的计算机安全讨论会上正式提出，8小时后专家们在VAX11/750计算机系统上运行，第一个病毒实验成功，一周后又获准进行了5个实验的演示，从而在实验上验证了计算机病毒的存在。二十世纪八十年代起，IBM公司的PC系列微机产品性能良好、价格便宜，逐步成为世界微型计算机市场上的主要机型。但是由于IBMPC系列微型计算机自身的弱点，尤其是DOS操作系统的开放性，给计算机病毒的制造者提供了可乘之机。因此，装有DOS操作系统的微型计算机成为病毒攻击的主要对象。

1996年初，在巴基斯坦的拉合尔·巴锡特和阿姆杰德两兄弟经营着一家IBMPC机及其兼容机的小商店。他们编写了Pakistan病毒，即Brain。在一年内流传到了世界各地，使人们认识到计算机病毒对PC机的影响。

1997年10月，在美国，世界上第一例计算机病毒（Brian）发现，这是一种系统引导型病毒。它以强劲的势态蔓延开来，世界各地的计算机用户几乎同时发现了形形色色的计算机病毒，如大麻、IBM圣诞树、黑色星期五等。

1998年3月2日，一种苹果机病毒发作，这天受感染的苹果机停止工作，只显示“向所有苹果计算机的使用者宣布和平的信息”，以庆祝苹果机生日。

1998年11月3日，美国6000台计算机被病毒感染，造成Internet不能正常运行。这是一次非常典型的计算机病毒入侵计算机网络的事件，迫使美国政府立即做出反应，国防部成立了计算机应急行动小组，更引起了世界范围的轰动。此病毒的作者为罗伯特·莫里斯，当年23岁的他在康乃尔大学攻读硕士研究生。

1999年，全世界计算机病毒攻击十分猖獗，我国也未能幸免。其中“米开朗琪罗”病毒给许多计算机用户造成极大损失。

2001年，在“海湾战争”中，美军第一次将计算机病毒用于实战，在空袭巴格达的战斗中，成功地破坏了对方的指挥系统，使之瘫痪，保证了战斗的顺利进行，直至最后胜利。

2002年，出现针对杀毒软件的“幽灵”病毒，如One_Half。还出现了实用机理与以往的文件型病毒有明显区别的DIR2病毒。

2004年5月，南非第一次多种族全民大选的计票工作，因计算机病毒的破坏停止30余小时，被迫推迟公布选举结果。

2006年，出现针对微软公司Office的“宏病毒”。2007年公认为计算机反病毒界的“宏病毒年”。

2008年，首例破坏计算机硬件的CIH病毒出现，引起人们的恐慌。

2009年3月26日，出现一种通过因特网进行传播的美丽杀手病毒。

2009年4月26日，CIH病毒在我国大规模爆发，造成巨大损失。

2010年5月4日，一种叫作“我爱你”（I Love You）的电脑病毒开始在全球迅速传播，短短的一两天内就侵袭了100多万台计算机，造成了上百亿美元的损失。

2011年，“Sircam”“红色代码”“红色代码II”和“Nimda”等多种病毒来势凶猛，病毒所造成的损失也越来越大，2011年前8个月共造成107亿美元的损失，仅红色代码病毒就给全球电脑用户带来了高达26亿美元的巨额损失。病毒联手黑客，在Internet网络上肆虐。网络使病毒的传播方式、速度、破坏力都发生了翻天覆地的变化，根据不完全统计，平均每天有13~50种新病毒出现，超过50%的病毒通过Internet疯狂传播，在网络时代，计算机病毒表现出传播速度快、传播面广、破坏性强的特点。

2012年，病毒排行榜中“求职信”病毒排名第一。据杀毒软件公司Sophos统计，“求职信”病毒是2012年发作最频繁、危害最大的病毒，占用户投诉的24%。

英国防病毒软件公司Sophos公布了2015年排名前十位的病毒，结果当年8月份在互联网上泛滥的Sobig电子邮件病毒排名第一。它和冲击波病毒不一样，Sobig病毒通过电子邮件传播，一旦某台计算机感染了这种病毒，它就会向外部发送大量的带有病毒的垃圾邮件。

三、黑客

在许多人眼里，“黑客”是个神秘而又难以接近的字眼，有些人认为黑客是所谓的“计算机破坏者”“网络犯罪分子”，而另一些人认为，黑客是“网络时代的牛仔”“计算机时代的佐罗”和“反传统的革新斗士”。

“黑客”源于英语单词Hack，意为“（乱）劈、砍”，是英语单词Hacker的直译，其引申含义为“干了一件十分漂亮的工作”。Hacker成为与计算机、网络相关的名词，则起源于二十世纪五十年代。美国麻省理工学院的实验室中，他们精力充沛，热衷于解决难题。那时一群才华横溢的学生组成不同的课题小组，通宵达旦地在实验室中操作机器。他们刻苦、勤奋，甚至有些玩世不恭。其中的一些人研制出最新的电子游戏和玩具机器人，却不愿意为这些小玩意申请专利而浪费时间。正是这些黑客，倡导了一场个人计算机革命，倡导了现行的计算机开放式体系结构，打破了以往计算机技术只掌握在少数人手中的局面，开创了个人计算机的先河，提出了“计算机为人民所用”的观点，他们是电脑发展史上的英雄。现在黑客使用的侵入计算机系统的基本技巧，例如破解口令、开天窗、走后门、安放特洛伊木马等，都是在这一时期发明的。从事黑客活动的经历，成为后来许多计算机业巨子简历上不可或缺的一部分。研究黑客历史的一些著作中列举的微软比尔·盖茨，在车库里创办苹果公司的伍兹和乔布斯等一批对发展信息化做出卓越贡献的人士就是这样的计算机迷。

但是，这个称谓逐渐演变为虽有以上特点，但其行为对电子信息系统的正常秩序构成了威胁和破坏的人群的称谓。他们有不同的动机，有的出于对原来可以免费共享的环境被商业性收费侵占的不满而运用其智慧发泄一番，有的是主流社会的反对者，他们为了获利、为了扬名、为了搞破坏，运用所谓“社会工程”手段，专门去获取通常办法得不到的信息。后一种人常常会成为国际情报战的雇佣军或者社会恐怖分子、贩毒集团的情报战士，为获取私利攻击某些重要电子信息系统，出卖信息来满足名利欲望。

为了区分以上两类人的行为，有人主张将后一种人称为“坏客”（Cracker），Hacker和Cracker之间最主要的不同是，前者创造新东西，后者破坏东西。

“黑客文化”现象是一种需要深入研究分析的文化现象。不加区分不利于制定正确的政策，可能产生打击一大片的负面效应。社会需要正确地引导年轻人的好奇、兴趣和创造行为，但绝不能容忍对社会秩序的破坏。由于“黑客”一词

的高频出现，它现在多指“坏客”，在这里我们也继续沿用。

黑客已经成为一个群体，在因特网上通过雅虎可以查到的黑客网页就达165个之多。美国有著名的美国在线（America on Line，AOL），黑客就办起美国不在线（America off Line，也简称AOL）。知名的2600俱乐部等许多黑客组织有自己的杂志，公开在网上交流，共享强有力的攻击工具。

现在“黑客”一词的普遍含义是指计算机系统的非法入侵者。有的黑客为了证明自己的能力，不断挑战网络的极限；有的以在网上骚扰他人为乐；有的则是一种渴望报复社会的变态心理等。所以，在现在所谓的黑客人群中，既有富有正义感、“武艺高强”的“侠客”，也有专干坏事的“恶客”。

第三节　信息与网络安全体系的构造

信息与网络安全体系是人们希望构建、并用于保障安全的理想追求。但由于包括人在内的信息系统是一个动态、时变、智能化、非线性、复杂的大系统，它涉及因素多，关系复杂，所以虽然人们为此做出了多年的努力，至今为止人们所拥有的解决方案仍然是局部的，有限的。

人们对信息安全的概念经历了一个漫长的认识深化过程。电报、电话的发明，使人类有了远程通信的可能。相当时期内，人们研究的重点是通信双方如何能连得上，通得了。研究工作的精力主要致力于提高编码和对抗信道误码的信息编码（纠错码）以及信道传输特点方面。

由于战争的需要，人们认识到通信行为不仅是收发双方的行为，在信道上，客观上存在一个敌对方。敌对方总是设法窃听收发双方的通信内容，以便获取情报，了解对方的作战意图，决定自己的行动方针，这就提出了通信保密的需要。通信保密一直是信息安全的重点。人们用信息隐藏、信道隐藏和信息加密的办法来对抗敌手，希望敌手找不到交换的信息，找不到交换信息使用的信道，或者截获了通信信号也无从知晓通信的内容。密码技术和电磁泄漏防护技术成为了技术热点。

一、信息安全

20世纪80年代以来，由于数字化技术和计算机网络化应用的发展，计算机离不开通信，通信也离不开计算机。当时人们认识到仅要求信息保密并没有真正涵盖信息安全的众多要求。

到目前为止，人们公认信息安全应该包括如下含义：

（一）信息的可靠性

它是网络信息系统能够在规定条件下和规定的时间内完成规定的功能的特性。可靠性是系统安全的最基本要求之一，是所有网络信息系统的建设和运行的目标。

（二）信息的可用性

它是网络信息可被授权实体访问并按需求使用的特性。即网络信息服务在需要时，允许授权用户或实体使用的特性，或者是网络部分受损或需要降级使用时，仍能为授权用户提供有效服务的特性。可用性是网络信息系统面向用户的安全性能。

（三）信息的保密性

它是网络信息不被泄露给非授权的用户、实体或过程或供其利用的特性，即防止信息泄露给非授权个人或实体，信息只为授权者使用的特性。保密性是在可靠性和可用性基础之上，保障网络信息安全的重要手段。

（四）信息的完整性

它是网络信息未经授权不能进行改变的特性。即网络信息在存储或传输过

程中保持不被偶然或蓄意地删除、修改、伪造、乱序、重放、插入等破坏的特性。完整性是一种面向信息的安全性，它要求保持信息的原样，即信息的正确生成、正确存储和传输。

（五）信息的不可抵赖性

它也称作不可否认性。在网络信息系统的信息交互过程中，确信参与者的真实同一性。即所有参与者都不可能否认或抵赖曾经完成的操作和承诺。利用信息源证据可以防止发信方否认已发送信息，利用递交接收证据可以防止收信方事后否认已经接收的信息。

（六）信息的可控性

它是对网络信息的传播及内容具有控制能力的特性。

概括地说，网络信息安全与保密的核心是通过计算机、网络、密码技术和安全技术，保护在公用网络信息系统中传输、交换和存储的消息的保密性、完整性、真实性、可靠性、可用性和不可抵赖性等。

中国国家信息安全测评认证中心主任吴世忠认为，信息安全至少应包括信息的机密性、完整性、可用性和可控性四个方面。从保护措施的角度来看，应考虑实体安全、运行安全和信息资源安全三个方面。

（1）实体安全是指环境、设备和介质的安全。

（2）运行安全是指应采取风险分析、审计跟踪、备份与恢复、应急等措施。

（3）信息资源安全是指应该采取标识与鉴别、访问控制、审计、完整性、可用性、机密性等技术措施。

从以往发生的一系列著名网站受到拒绝服务攻击的事件来看，主要是其信息的可用性受到破坏，使得它们不能向用户提供正常的服务。另外，由于事后的调查取证非常困难，也表明整个因特网在访问控制、用户鉴别、审计等方面没有良好的技术手段。

中国工程院院士沈昌祥认为，信息安全的概念在20世纪经历了一个漫长的历史阶段，20世纪90年代以来得到了进一步的深化。从信息的保密性（保证信息不泄漏给未经授权的人），拓展到信息的完整性（防止信息被未经授权地篡改，保证真实的信息从真实的信源无失真地到达真实的信宿）、信息的可用性（保证信息及信息系统确实为授权使用者所用，防止由于计算机病毒或其他人为因素造成的系统拒绝服务或为敌手可用）、信息的可控性（对信息及信息系统实施安全监控管理）、信息的不可否认性（保证信息行为人不能否认自己的行为）等。信息安全需要“攻、防、测、控、管、评”等多方面的基础理论和实施技术。

中国工程院的何德全院士认为，应全面掌握信息安全的内涵。①面向信息的安全概念是保密性、完整性和可获性；②面向使用者的安全概念则是鉴别、授权、访问控制、抗否认性和可服务性以及在于内容、个人隐私、知识产权等方面的保护。这两者结合就是信息安全体系结构中的安全服务功能，而这些安全问题又通过密码、数字、签名、身份验证技术、防火墙、安全审计、灾难恢复、防病毒、防黑客入侵等安全机制（措施）加以解决。其中密码技术和管理是信息安全的核心，安全标准和系统评估是信息安全的基础。

总之，从历史的角度和包涵人的网络系统的概念出发，现代的信息安全涉及个人权益、企业生存、金融风险防范、社会稳定和国家的安全。它是物理安全、网络安全、数据安全、信息内容安全、信息基础设施安全与公共、国家信息安全的总和。

信息安全的完整内涵是和信息安全的方法论相匹配的，信息安全应该是一个多维、多因素、多目标的学说。

二、网络信息安全的层次结构

后期的研究工作和应用也在以上含义的信息安全意义下展开。运用的技术手段综合了密码技术（包括加密和签名）、身份识别与认证技术、访问控制技术、可信计算机评估准则等。

20世纪90年代以来，计算机通信网络化的迅猛发展，使用的对象逐步快速地从政府、军队扩展到了社会团体和个人，商业化应用成为增长极快的因素。由于大量出现的黑客事件和信息战的阴影笼罩着信息空间，人们意识到仅仅有保护还不能全面涵盖信息安全的各个方面，因此出现了信息保障的新提法，认为在信息保障的概念中应该包含保护、检测、反应和恢复四个方面内容。

保护信息的保密性、完整性、可用性、可控性和不可否认性是必需的安全需求，但是保护能力能够达到什么水平呢？在后续的实践中，还是不断有遭到黑客入侵的体验。

一种有效的解决方案是，构建一个安全系统，有自己的检测评估，不要被动地等到黑客光顾了再去亡羊补牢。这就需要不断研究、发展检测评估的理论、技术和工具，实施系统的静态分析评价和实时动态的检测报警功能。如果防护能力不足以抵御黑客的入侵，一旦检测系统报警，还需要有及时反应的能力，以便减少损失，发现入侵者的来龙去脉和所利用的系统漏洞，及时补救，为抓获入侵者提供线索。如果已经造成了损失，系统遭到破坏，还必须拥有恢复的手段，使系统在尽可能短的时间内恢复正常。这样一个思路比较好地包容了信息安全的各种需要。

从信息保障的三个相关层面的关系，应该得到这样的认识：

（1）信息安全是现代信息系统发展应用带来的新问题。它的解决方案需要现代高新技术的支撑，传统意义的方法和单纯行政管理是不能解决问题的，所以必须重视信息安全高新技术的研究和应用。

（2）技术服务支持政策。对于不同的机构层次的安全需求，技术服务支持政策要求都有所不同。购置现成的安全技术产品需要按照具体单位的安全策略要求加以设置、生成和应用，换句话说，没有现成的安全技术产品可以包罗万象地代替任何单位安全政策的实施。而且实施的效果如何要经过实践的验证，同时，需要在实践中不断改进、完善和提高。

（3）人的因素第一。如果缺乏安全意识，没有保障安全的必要技能，没有一批经过高水平教育成长的信息安全专家队伍就不能在全社会和单位内形成重视信息安全的氛围，就不能忠实地执行信息安全政策，不能有效地管理和利用信息安全设备，更不能不断发展信息安全保障的新理论、新技术。

三、信息安全的核心技术

显而易见，信息安全在发展中需要一切实时相关的高新科技的最新成果理论和技术的支持。

这些新理论、新技术构成的安全监控模块支撑着网络信息系统的安全应用。在这个结构中，简单地总结出几块核心技术的层面，通过这些技术层面的有利结合，搭构成一个完整的安全体系架构。它们应归纳为：密码是核心，协议是桥梁，体系结构是基础，安全集成芯片是关键，安全监控管理是保障，检测、攻击与评估是考验。

（1）密码技术是信息安全技术中的核心技术，主要是由密码编码和密码分析两部分组成。

1.密码编码的主要任务是研究和编制实施抗破译能力的高效密码算法，以满足对消息进行加密或认证的要求。

2.密码分析的主要任务是研究分析破译密码或认证码的理论和方法，以便对密码算法的抗攻击能力做出结论。

这两个分支的研究和应用，既相互对立，又相互依存，相互促进。

（2）信息的保密性和信息的可认证性是利用密码提供的两类安全需求

保密的目的是防止敌方破译系统中的机密信息。

认证的目的有两个，一是验证信息的发送是真正的，而不是冒充的；二是验证信息的完整性，即验证信息在传送或存储过程中未被篡改、重放或延迟等。

信息的保密性和信息的认证性是信息安全性的两个不同方面，认证不能自动地提供认证功能。用密码技术保护现代信息系统的信息安全，主要取决于对密

钥的保护，而不仅是依赖对算法或硬件本身的保护。

秘密寓于密钥之中是信息安全的要旨。因此，密钥的保护和管理在信息安全中是极为重要的。

（3）加密算法是对明文真实信息的载体进行加密时所采用的一组游戏规则。相反地，所谓解密算法的操作一般都是在一组密钥控制下实现的，通常分别称为加密密钥和解密密钥。根据加密密钥和解密密钥是否相同或本质上等同（即是否可从其中一个容易推出另一个）的思想，经过长期的研究和实践，总结出可将现有的密码体制分为以下两种：

一种是单钥（私钥或对称）密码体制，这种体制的加密密钥和解密密钥或者相同或者本质上等同，其典型代表是美国的数据加密标准（DES）。

DES即数据加密标准（Data Encryption Standard），是美国国家标准局于1977年公布的由IBM公司研制的加密算法，供商业界和非国防性政府部门使用。DES是分组乘积密码的算法，它用56位密钥（密钥总长64位，其中8位是奇偶校验位）将64位的明文转换为64位的密文，是非机要部门使用的数据加密标准。

另一种是双钥（公钥或非对称）密码体制，这种体制的加密密钥和解密密钥不相同，并且从其中一个很难推出另一个，这样加密密钥可以公开，而解密密钥可由用户自己秘密保存，其典型代表是RSA体制。

RSA算法是Rivest、Shamir和Adleman于1977年提出的第一个完善的公钥密码体制，其安全性是基于分解大整数的困难性数学思想，现已被ISO/TC97的数据加密技术分委员会SC20推荐为公开密钥数据加密标准，“私钥算法”和“公钥算法”的区别为：

DES是私钥算法，单纯使用DES是无法实现密钥交换的。这要求采用RSA一类的“公钥算法”。譬如，“传统算法”中只有一个Key，加密、解密均使用相同的Key；“公钥算法”每个用户有两个Key，一个是公开的“公钥”（Public Key），另外一个是保密的“私钥”（Security Key）。使用“公钥算法”发送数据，首先取得对方的Public Key，使用Public Key对明文加密，得到密文。接收方只有使用自己的Security Key，才能还原密文。其他人（包括发送者在内）不知道接收方的Security Key，就无法知道原文是什么。“公钥算法”的加密使用可以保证传送以密文发送，且其他人在没有接收方Security Key的情况下无法解读信息。

在现实中，由于RSA的执行速度非常慢，因此通常要求用在很高的系统中。通常会综合使用3类算法以实现“数据加密传输、不可伪造、不可抵赖”。例如，某大型企业，在北京总部的张总要给在上海分公司的林经理发送企业内部的重要信息，发送方张总和接收方林经理均有不公开的私钥（Security Key），也有公开的公钥（Public Key）。它们之间采用公钥和私钥进行明文加密和解密的过程为：

（1）用HASH算法对明文运算，得到签名K1。

（2）使用RSA签名算法，用张总的私钥（Security Key）对K1进行签名，得到U1。

（3）随机生成足够长的随机数R1，使用公钥（Public Key）对随机数R1进行RSA类“公钥加密”运算，得到SR1。

（4）使用DES等“传统加密算法”，把SR1作为Key对明文进行加密，得到密文C1。最后通过信道通信发送三者，即“签名Ul”“SRr和“密文C1”。

林经理在取得这三者后：

（1）使用自己的私钥（Security Key），对SR1执行RSA解密，还原得到发送方生成的随机数R1。

（2）使用DES解密算法，把R1作为Key，解开“密文C1”，得到明文（至此还不能说明收到的明文是张总的，还是通信中伪造者的）。

（3）用HASH算法对明文运算，得到签名K2。

（4）使用RSA签名算法，使用公钥（Public Key）对K2进行运算，得到结果U2。若U1与U2相同，签名验证通过，证明是张总的信息；否则是窃取者在通信

信道中伪造的信息。

Hash函数也称杂凑函数，可用于信息的完整性检验（生成信息校验码MAC），并有助于改进数字签名的功效。杂凑函数是多对一的函数，各种协议的设计中，就是利用它把任意长的输入串变化成固定长的输入串。因为输入量的微小变化会最终表现在生成的固定长度的输出串中，所以可以起到完整性校验的作用。

目前，著名的电子邮件加密系统PGP的操作流程就与此类似。Internet上电子商务常用的SSL（Security Socket Layer）也综合采用了上述方法。总之，鉴于上述加、解密的思想，在不同需求的实际应用中，综合考虑采用一种或多种加密方法的组合解决实际问题。例如公钥、私钥和数字签名加密思想的组合应用。

如今，大多数电子交易采用两个密钥加密，密文和用来解码的密钥一起发送，而该密钥本身又被加密，还需要另一个密钥来解码。这种组合加密被称为数字签名，它有可能成为未来电子商务中首选的安全技术。

四、信息安全的基础和准则

如何在设计制作信息系统时就具备保护信息安全的体系结构是人们追求的理想状态和目标。长期以来，人们将大量的精力投入到信息系统的互联、互通、互操作上，而往往在安全体系结构上却总是处于落后于实践要求的局面。如何解决这样的问题呢?

例如，美国国防部早在二十世纪八十年代就针对国防部门的计算机安全保密开展了一系列有影响的工作，后来成立了所属的机构——国家计算机安全中心（NCSC）继续进行有关工作。

1993年公布了可信计算机系统评价准则（TCSEC，Trusted Computer System Evaluation Criteria，俗称橘皮书），随后NCSC又出版了一系列有关可信计算机数据库、可信计算机网络等的指南（俗称彩虹系列）。该准则中，详细地从用户登录、授权管理、访问控制、审计跟踪、隐通道分析、可信通道建立、安全检测、生命周期保障、文本写作、用户指南等诸多方面提出了规范性要求。该准则阐述的核心观点，就是任何人都不能简单地说一台计算机是安全的还是不安全的，同时根据所采用的安全策略、系统所具备的安全功能将系统分为四类七个安全级别。这些准则对研究导向、规范生产、指导用户选型、提供检查评价依据，都起了良好的推动的作用。

TCSEC运用的主要安全策略是访问控制机制。就计算机系统而言，D级是不具备最低限度安全的等级；B1和B2是具有中等安全保护能力的等级，与C级相比是高安全等级，对一般的重要应用基本可以满足安全要求；B3和A1属于最高安全等级，当然其成本也增加很多，只有极其重要的应用才需要使用这种安全等级的设备。

我国政府对计算机系统的安全性问题也给予了高度的重视。2004年2月国务院发布了《中华人民共和国计算机系统安全保护条例》，标志着我国计算机信息处理工作对安全性的需求进入了一个新的阶段。近年我国已经根据TDI（美国国家计算机安全中心颁布的《可信计算机系统评估标准在数据库管理系统的解释》）和TCSEC编制了相应的适用于数据库管理系统安全标准的国标。目前国内的系统软件和应用软件的安全性级别基本在C2级，部分在C1级，而B级尚处于开始阶段并正在逐步完善。

可信计算机系统评价准则（TCSEC）如下：

（1）D级，安全保护欠缺级。凡经检测，安全性能达不到C1级的划分为D级。D级并非没有安全保护功能，只是太弱。例如，DOS（Disk Operating System）就是一个具有代表性的D级操作系统，DOS根本没有安全性保证，任何坐在键盘前的人都可以存取系统中的任何文件。DOS无“所有权”和“许可权”的概念，所有的文件都被当前用户所拥有。

（2）C1级，自主安全保护级。其存取控制的基础是以指名道姓的方式提供了各用户与数据的隔离，以符合自主安全要求，它包含了若干可信控制方式，能

在个体基础上实施存取控制，亦即它显现地允许用户保护他自己的项目和隐私信息，防止他的数据被别的用户无意中读到或破坏。在标准UNIX中，只有“登录”、“口令”和“文件所有权”这些概念，它代表了C1级安全。

（3）C2级，受控存取保护级。本级实施比C1级更精细的自主存取控制。通过注册、安全事件审计、资源隔离等方式使用户的行为具有个体可查性。如著名的SCOUNIX就允许这些附加的功能，因此完全被授予C2级。DEC公司的VAX/VMS操作系统也被确认为C2级。

（4）B1级，标记安杂护级。林级开始，不树自主存取控制，还增加了强制存健制，有组织地统一干预每个用户的存取权限。本级具有C2级的全部安全特性，并增加了数据标记，以标记决定已命名主体对该客体的存取控制，本级还规定在测试过程中发现的缺陷应当已经全部排队。

（5）B2级，结构化保护级。从本级开始，按照最小特权原则取消权力无限大的“特权用户”，任何一个人都不能享有操纵和管理计算机的全部权利。本级将系统管理员与系统操作员的职能隔离，系统管理员对系统的配置和可信设施进行强有力的管理，系统操作员操纵计算机正常运行。本级将强制存取控制扩展到计算机的全部主体和全部客体，并且要发现和消除能造成信息泄漏的隐藏存取信道。为此，本级计算机安全级的结构被自行划分为与安全保护有关的关键部分和非关键部分。

（6）B3级，安全域级。本级在计算机安全功能方面已达到了目前能达到的最完备等级。更具最小特权原则，本级增加了安全管理员，将系统管理员、系统操作员和安全管理员的职能隔离，各司其职，将人为因素对计算机安全的威胁减至最小。本级要求计算机安全级的结构中没有为实现安全策略所不必要的代码，它的所有部分都是与保护有关的关键部件，并且它是用系统工程方法实现的，其结构的复杂性最小，易于分析和测试。

本级的审计功能有很大的增加，不但能记录违反安全的事件，并且能发出报警信号。本级还要求具有使系统恢复运行的程序。

（7）A1级，验证设计级。本级的安全功能与B3级基本相同，最明显的不同是本级必须对相同的设计运用数字化证明方法加以验证，以证明安全功能的正确性。本级还规定了将安全计算机系统运送到现场安装所必须遵守的程序。

五、协议在信息安全中的桥梁作用

在浩瀚的Internet信息海洋中，一个密码算法要有效、合理、安全地用于保护信息安全，一个信息系统要满足信息化的应用，一定离不开协议的支持。简单地讲，所谓协议，就是指信息交换、传输、处理、存储、认证、加密等过程的一组约定的规则。由于在当今信息化时代，信息交往和传递等应用，已经逐步从原来小范围的局域网扩大到社会化Internet或Intranet的应用，所以也就是必要求人们把这些约定逐步从个别单位的专用的约定，发展到共享性的规范和标准。

众所周知，TCP/IP协议在Internet或Intranet中，已经成为众多网络通信协议中应用最广泛的协议。这个协议支持的因特网成为今天规模最大的全球网络。没有TCP/IP协议，就没有今天的国际互联网。但是，在相当长的时期内，人们研究实施的协议是为了实现信息系统的互联、互通、互操作，对于信息安全的问题却极少考虑，特别是目前采用的IPv.4的局限性已经限制了国际互联网的发展和安全应用。

安全协议的完备性是人们关心研究的一个问题。因为协议不完备，就会使密码无法发挥既定的作用，甚至可以使攻击者绕过密码直接通过协议的漏洞威胁信息安全。设计一个好的安全协议则是一件复杂的事情。所以提出了IPv.6的发展构架，从而力图解决网络域名不足、多媒体功能的实现及考虑安全不够等缺陷。

六、信息安全的关键

随着人工智能和嵌入式计算机等的发展和应用，信息系统建构在硅片上已逐步形成趋势。超大规模集成技术可以把许多功能容于一个芯片，使设备的体积大大减小，功耗降低显著，效率提高可观，使信息设备越来越适应便携、移动、

高速、多媒体等的应用需要。例如移动PDA的大量应用，安全技术措施已经摆在眼前。显然用软件实现密码技术，没有将系统构建在硅片上还可以带来具有物理保护的好处。所以，信息安全保护已经出现了构建在硅片上的趋势。

目前，一些IT产业的著名公司开始注意了信息安全，要在自己的系统中实施安全功能，它们考虑要把这些信息安全的功能干脆实现在自己设计生产的集成芯片上。

2009年1月，在RSA公司的数据安全年会上，英特尔公司宣布了自己的安全战略。声称要在他们生产的CPU中实现一系列的安全功能。首先，在奔腾III上实现序列号功能，认为这一功能可以提供安全认证。继而，要将密码算法、物理噪声实现在CPU中，并且将证书认证、安全代理服务等都相继实现在CPU芯片上。

英特尔公司的宣布，说明了要实现以上功能对于他们已经没有技术上的困难。但是，在社会上却带来了不同的反响。美国国内的保护隐私团体就此掀起了轩然大波。英特尔公司发言人说："我们这项技术好比是给电脑上了户口。"不久，电脑隐私保护积极分子就宣布，他们决定扩大针对英特尔奔腾III芯片的抵制行动。他们认为"奔腾"处理器不是保护电脑用户的隐私，而是严重侵犯个人隐私权！只要电脑用户一开机一上网，那么安全部门和商家就可以获得电脑用户的信息，这将对个人隐私权造成很大的威胁。据称，其他几家电脑芯片制造商已经表示，它们将不会在自己生产的芯片中采用类似技术。

微软公司于此事发生后不久也向世人宣布，他们将关闭其视窗软件中的ID号，不打自招地使人们知道了原来不只是英特尔CPU芯片有这个功能。

通过实验发现：有一种方法可以任意修改视窗系统的额外密钥。这意味着什么呢？一点也不夸张地说，这意味着电脑用户储存在自己电脑中的敏感信息都可能无密可保，更不用说那些在网上传输的信息了。只要掌握了这种技术，黑客们就有可能写出攻击程序，在我们丝毫不知情的情况下修改我们电脑中的密钥，然后任意窃取我们储存在电脑中的和在网上传输的重要信息。视窗系统给电脑及电脑网络带来的安全隐患，再一次严峻地摆在了我们每一个电脑用户的面前。

这些闹得沸沸扬扬的事情可以给我们一些重要启示，我国的芯片集成技术还远远落后于发达国家，我们信息化建设从基础平台到核心芯片、关键软件内核大多是引进国外的产品，这些产品中不但设计了我们需要的功能，也设计实施了一些为厂商带来利益、或者为一些霸权国家情报部门带来利益的功能，而这些功能可能在我们不知不觉中出卖着我们，控制着我们，到关键时期打击我们。因此，我们必须大力发展我们自己的关键芯片和核心编程技术，力争早日为我国的信息安全提供自主的核心基础产品。同时对引进的国外技术，时刻要保持高度的警惕，要发展检测技术发现可能的隐患，要研究保护技术，以便能够对可能存在隐患的芯片和程序进行有效利用和安全控管。

七、信息安全的保障

在当今信息化浪潮中，要健康地生活在信息化环境中，需要每一个人都具备自身的免疫保护能力。大家都从数字化、网络化的信息空间吸取有益、健康、向上的信息，自觉地拒绝不良信息。大家都在网上去做有益于社会、有益于人类的好事。但是，理想和现实却存在极大的差距。这就需要相应的管理技术，为大家提供必要的监控管理手段。

然而，面对高速、多媒体的海量信息，如何监控信息流，获取和判断信息内容，是一个复杂且难度极高的技术问题。

八、信息安全的最终考验

要想使一个信息安全、有效、完整地送入目的地，具备了一个安全设备、安全软件和构建的安全系统是否就真正具备了需要的安全性，这是不能凭空判断的，进行科学的检测评估是必需的环节。我国已经建立了由国家质量技术监督局认可、公安部批准委托的“计算机信息系统安全产品质量监督检测中心”，根据《中华人民共和国计算机信息系统安全保护条例》和公安部《计算机信息系统安全专用产品检测和销售许可证管理办法》的规定，承担对在中华人民共和国境内

销售的计算机信息系统安全专用产品中的网络安全类、访问控制类和鉴别类产品的检测工作。

此外，还成立了“国家信息安全测评认证中心”开展产品型号认证、产品认证、信息系统安全认证、信息安全服务认证等认证业务。

第四节 防火墙技术

防火墙是保护网络不受侵犯的主要技术之一。当企业内部网络连接到因特网上时，防止非法入侵、确保企业内部网络的安全就是至关重要的事情了。最有效的防范措施之一就是在企业内部网络和外部网络之间设置一个防火墙，实施网络之间的安全访问控制，确保企业内部网络的安全。防火墙是阻止外部网络对内部网络进行访问的设备，此设备通常是软件和硬件的组合体，它通常根据一些规则来挑选想要或不想要的地址。

一、防火墙的基本知识

因特网防火墙是能增强机构内部网络安全性的（一组）系统。因特网防火墙用于加强网络间的访问控制，防止外部用户非法使用内部网的资源，保护内部网络的设备不被破坏，防止内部网络的敏感数据被窃取。防火墙系统决定了哪些内部服务可以被外界访问，外界的哪些人可以访问内部的哪些服务，以及哪些外部服务可以被内部人员访问。要使一个防火墙有效，所有来自和去往因特网的信息都必须经过防火墙，接受防火墙的检查。防火墙必须保证只允许授权的数据通过，并且防火墙本身也必须能够免于渗透。否则，防火墙系统一旦被攻击者突破或迂回，就不能提供任何保护了。

从总体上看，防火墙应具有以下五大基本功能：

（1）过滤进出网络的数据包。

（2）管理进出网络的访问行为。

（3）封堵某些禁止的访问行为。

（4）记录通过防火墙的信息内容和活动。

（5）对网络攻击进行检测和警告。

防火墙是一种综合性的技术，涉及计算机网络技术、密码技术、安全技术、软件技术、安全协议、网络标准化组织（ISO）的安全规范以及安全操作系统等多方面。

在国外，近几年防火墙发展迅速，产品众多，而且更新换代快，并不断有新的信息安全技术和软件技术等被应用在防火墙的开发上。国外技术虽然相对领先（比如包过滤、代理服务器、VPN、状态监测、加密技术、身份认证等），但总的来讲，此方面的技术并不十分成熟完善，标准也不健全，实用效果并不十分理想。从2001年6月ANS公司的第一个防火墙产品ANS Interlock Service上市以来，到目前为止，世界上至少有几十家公司和研究所在从事防火墙技术的研究和开发。几乎所有的网络厂商也都开始了防火墙产品的开发或者OEM别的防火墙厂商的防火墙产品，如SUN Microsystems公司的Sunscreen、Check Point公司的Firewall-1、Milkyway公司的Black Hole等。

国内也已经开始了这方面的研究，北京邮电大学信息安全中心研制成功了国内首套PC机防火墙系统。此外，还有北京天融信公司的网络防火墙系统——Talentit防火墙、深圳桑达公司的具有包过滤防火墙功能的SED-08路由器、北京大学青鸟的内部网保密网关防火墙、电子部30所的SS-R型安全路由器、东北大学软件中心的具有信息过滤功能的NetEye防火墙、信息产业部数据所的SJW04防火墙及Proxy98等也都先后开发成功。

防火墙最基本的构件既不是软件也不是硬件，而是构造防火墙的人的思

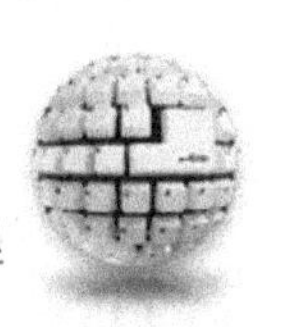

想。最初的防火墙只是一种概念而不是一种产品，是构造者脑海中的一种想法，即谁和什么能被允许访问本网络。“谁”和“什么”极大地影响了如何对网络数据设计路由。从这个意义上讲，构造一个好的防火墙需要直觉、创造和逻辑的共同作用。一个好的防火墙系统应具有以下五方面的特性：

（1）所有在内部网络和外部网络之间传输的数据都必须通过防火墙。

（2）只有被授权的合法数据，即防火墙系统中安全策略允许的数据，可以通过防火墙。

（3）防火墙本身不受各种攻击的影响。

（4）使用目前新的信息安全技术，比如现代密码技术、一次口令系统、智能卡等。

（5）人机界面良好，用户配置使用方便，易管理。系统管理员可以方便地对防火墙进行设置，对Internet的访问者、被访问者、访问协议以及访问方式进行控制。

防火墙作为内部网与外部网之间的一种访问控制设备，常常安装在内部网和外部网的交界点上。因特网防火墙不仅仅是路由器、堡垒主机或任何提供网络安全的设备的组合，它更是安全策略的一部分。安全策略建立了全方位的防御体系来保护机构的信息资源。安全策略应告诉用户应有的责任，公司规定的网络访问、服务访问、本地和远地的用户认证、拨入和拨出、磁盘和数据加密、病毒防护措施以及雇员培训等。所有可能受到网络攻击的地方都必须以同样安全级别加以保护。否则，仅设立防火墙系统，而没有全面的安全策略，那么防火墙就形同虚设。

二、设置防火墙的目的

同其他任何社会因素一样，Internet也受到某些无聊之人的困扰，这些人喜爱在网上做这类的事，像在现实中向其他人的墙上喷染涂鸦、将他人的邮箱推倒或者坐在大街上按汽车喇叭一样。一些人试图通过Internet完成一些真正的工作，而另一些人则拥有敏感或专有数据而需要保护。一般来说，防火墙的目的是将那些无聊之人挡在你的网络之外，同时你仍可以完成工作。

许多传统风格的企业和数据中心都制定了计算安全策略和必须遵守的惯例。在一家公司的安全策略中规定了数据必须被保护的情况下，防火墙更显得十分重要，因为它是这家企业安全策略的具体体现。一家大企业，连接到Internet上的最难做的工作经常不是费用或所需做的工作，而是让决策管理层的人员相信上网是安全的。防火墙不仅提供了真正的安全性，而且还起到了为管理层盖上一条安全毯子的重要作用。

三、防火墙的基本准则

（一）一切未被允许的就是禁止的

基于该准则，防火墙应封锁所有的信息流，然后对希望提供的服务逐项开放。这是一种非常实用的方法，可以造成一种十分安全的环境，因为只有经过仔细挑选的服务才被允许使用。其弊端是，安全性高于用户使用的方便性，用户所能使用的服务范围受到了限制。

（二）一切未被禁止的就是允许的

基于此准则，防火墙应转发所有信息流，然后逐项屏蔽可能有害的服务。这种方法构成了一种更为灵活的应用环境，可为用户提供更多的服务，其弊端是，在日益增多的网络服务面前，网管人员疲于奔命，特别是受保护的网络范围增大时，很难提供可靠的安全保护。

四、设置防火墙的作用

一些防火墙只允许电子邮件通过，因而保护了网络免受除对电子邮件服务攻击之外的任何攻击。另一些防火墙提供不太严格的保护措施，并且拦阻一些众所周知存在问题的服务。

（一）一般来说，防止来自“外部”世界未经授权的交互式登录

这大大有助于防止破坏者登录到网络中的计算机上。一些设计更为精巧的

防火墙可以防止来自外部的传输流进入内部，但又允许内部的用户可以自由地与外部通信。如果切断防火墙的话，它则可以保护计算机免受网络上任何类型的攻击。

（二）可以提供一个单独的“拦阻点”，设置安全和审计检查

与计算机系统正受到某些人利用调制解调器拨入攻击的情况不同，防火墙可以发挥一种有效的“电话监听”和跟踪工具的作用。防火墙提供了一种重要的记录和审计功能，它们经常可以向管理员提供一些情况概要，提供有关通过防火墙的传流输的类型和数量以及有多少次试图闯入防火墙的企图等信息。

五、防火墙的失效之处

（一）防火墙不能防范不经过防火墙的攻击

许多接入Internet的企业对通过接入路线造成公司专用数据泄露非常担心。不幸的是，许多机构的管理层对Internet接入非常恐惧，但却忽视了通往其网络的其他几扇“后门”。要使防火墙发挥作用，防火墙就必须成为整个机构安全架构中不可分割的一部分。防火墙的策略必须现实，它能够反映出整个网络安全的水平。

（二）防火墙不能保护的潜在危险是网络内部的叛变者或白痴

尽管一个工业间谍可以通过防火墙传送信息，但他更有可能利用电话、传真机或软盘来传送信息。移动存取介质远比防火墙更有可能成为泄露企业秘密的媒介。

（三）防火墙的发展

若以产品为对象，防火墙技术的发展可以分为四个阶段。

第一阶段：基于路由器的防火墙

由于多数路由器本身就包含有分组过滤功能，故网络访问控制功能可通过路由控制来实现。它的特点是利用路由器本身的对分组的解析，以访问控制表方式实现对分组的过滤。它的不足之处在于：

（1）路由协议十分灵活，本身具有安全漏洞，外部网络要探询内部网络十分容易。

（2）路由器上的分组过滤规则的设置和配置存在安全隐患。

（3）路由器防火墙的最大隐患是攻击者可以“假冒”地址，由于信息在网络上是以明文传送的，黑客可以在网络上伪造假的路由信息欺骗防火墙。

（4）路由器防火墙的本质性缺陷是，由于路由器的主要功能是为网络访问提供动态的、灵活的路由，而防火墙则要对访问行为实施静态的、固定的控制，这是一对难以调和的矛盾，防火墙的规则设置会大大降低路由器的性能。

可以说，基于路由器的防火墙只是网络安全的一种应急措施，用这种权宜之计去对付黑客的攻击是十分危险的。

第二阶段：用户化的防火墙工具套

它具有以下特征：

（1）将过滤功能从路由器中独立出来，并加上审计和告警功能。

（2）针对用户需求，提供模块化的软件包。

（3）软件可通过网络发送，用户可自己动手构造防火墙。

（4）与第一代防火墙相比，安全性提高了，价格降低了。

第三阶段：建立在通用操作系统上的防火墙

软件的防火墙在销售、使用和维护上的问题迫使防火墙开发商很快推出了建立在通用操作系统上的商用防火墙产品，近年来在市场上广泛使用的就是这一代产品。它具有以下特点：

（1）它是批量上市的防火墙专用产品。

（2）包括分组过滤或者借用路由器的分组过滤功能。

（3）装有专用的代理系统，监控所有协议的数据和指令。

（4）保护用户编程空间和用户可配置内核参数的设置。

（5）安全性和速度大为提高。

第四阶段：具有安全操作系统的防火墙

防火墙技术和产品随着网络攻击和安全防护手段的发展而演进，到2007年初，具有安全操作系统的防火墙产品面市。它本身就是一个操作系统，因而在安全性上较之第三代防火墙质量上有提高。由此建立的防火墙具有以下特点：

（1）防火墙厂商具有操作系统的源代码，并可实现安全内核。

（2）对安全内核实现加固处理，即去掉不必要的系统特性，加上内核特性，强化安全保护。

（3）对每个服务器、子系统都做了安全处理，一旦黑客攻破了一个服务器，它将会被隔离在此服务器内，不会对网络的其他部分构成威胁。

（4）在功能上包括了分组过滤、应用网关、电路级网关，且具有加密与鉴别功能；

（5）透明性好，易于使用。

六、防火墙的基本类型

在概念上，有网络级和应用级两种类型的防火墙。这两种类型的差异并不是很大，随着IT技术的发展已经逐步模糊了两者之间的区别，使得哪个“更好”或“更坏”不再那么明显。尽管如此，从理论上还是应该有所区分和了解。

（一）网络级防火墙

网络级防火墙一般根据源地址、目的地址做出决策，输入单个的IP包。一台简单的路由器是“传统的”网络级防火墙，因为它不能做出复杂的决策，不能判断出一个包的实际含意或包的实际出处。现代网络级防火墙已变得越来越复杂，可以保持流经它的接入状态、一些数据流的内容等有关信息。许多网络级防火墙可以使传输流直接通过，因此要使用这样的防火墙通常需要分配有效的IP地址块。网络级防火墙一般速度都很快，对用户很透明。

（二）应用级防火墙

应用级防火墙一般是运行代理服务器的主机，它不允许传输流在网络之间直接传输，并对通过它的传输流进行记录和审计。由于代理应用程序是运行在防火墙上的软件部件，因此它处于实时记录和访问控制的理想位置。

应用级防火墙可以被用作网络地址翻译器，因为传输流通过有效地屏蔽掉起始接入原址的应用程序后，从一面进来，从另一面出去。在某些情况下，设置了应用级防火墙后，可能会对性能造成影响，会使防火墙不太透明。应用级防火墙一般会提供更详尽的审计报告，比网络级防火墙实施更保守的安全模型。

例如，一种称为“双向本地网关”（Dual Home Gateway）的应用级防火墙。双向本地网关是一种运行代理软件的高度安全主机。它有两个网络接口，每个网络上有一个接口，拦阻通过它的所有传输流。

越来越多的防火墙（网络和应用层）中都包含了加密机制，使它们可以在Internet上保护流经它们之间的传输流。具有端到端加密功能的防火墙可以被使用多点Internet接入的机构或企业所用。

七、防火墙的身份认证

众所周知，防火墙是位于企业网络边界的最常用的网络安全设备，主要用于控制外部网络对内部网络的访问，并决定内部网络可以访问哪些外部网，同时还可以抵御各类拒绝服务攻击和扫描攻击，保护企业局域网和服务器免受外部非授权的访问和攻击。因此，防火墙通常可以通过网络进行策略配置，因此防火墙必须使用安全的身份认证，才能避免非授权用户擅入防火墙系统，修改策略甚至关闭防火墙。

所谓智能卡就是密钥的一种媒体，一般就像信用卡一样，由授权用户所持有，并由该用户赋予它一个口令或密码字。该密码与内部网络服务器上注册的密码一致。当口令与身份特征共同使用时，智能卡的保密性能还是相当有效的。这种技术比较常见，也用得较为广泛，如我们常用的1C卡、银行取款卡、智能门锁卡等。

八、防火墙关键技术

防火墙只是保护网络安全与保密的一种概念，并无严格的定义。防火墙的研究与开发正日新月异，各种新产品、新功能不断涌现。到目前为止，防火墙所涉及的关键技术包括：

（1）包过滤技术。

（2）代理技术。

（3）状态检查技术。

（4）电路级网关技术。

（5）地址翻译技术。

（6）加密技术。

（7）虚拟网技术。

（8）安全审计技术。

（9）安全内核技术。

（10）身份认证技术。

（11）负载平衡技术。

（12）内容安全技术。

下面主要介绍目前比较流行、实用且容易实现的前三种技术。

（一）包过滤（Packet Filtering）技术

它一般作用在网络层（IP层），由路由器审查每个数据包。主要根据防火墙系统所收到的每个数据包的源IP地址、目的IP地址、TCP/UCP源端口号、TCP/UCP目的端口号及数据包头中的各种标志位来进行判定，如果包在进入接口或输出接口与某设置规则匹配，那么该数据包按照路由表中的信息被转发。如果规则拒绝该数据包，那么该数据包即被丢弃。其核心就是安全策略，即过滤算法的设计。

（二）代理（Proxy）服务技术

它作用在应用层，用来提供应用层服务的控制，起到外部网络向内部网络申请服务时中间转接的作用。内部网络只接受代理提出的服务要求，拒绝外部网络其他节点的直接请求。运行代理服务的主机被称为代理服务器。如果规则允许用户访问该站点，并认为信息是安全的，代理服务器会如同客户一样前往那个站点取回所需信息，再转发给客户，反之，拒绝服务。此外，在业务进行时，堡垒主机监控通信全过程，并完成详细的日志（LOG）和审计（AUDIT），使网络管理员方便地监控网络，及时发现问题，极大地提高了网络的安全性。

（三）状态检查（State Inspection）技术

它是一种新的防火墙技术，在网络层完成所有必要的防火墙功能——包过滤和网络服务代理。目前最有效地实现方法一般采用Checkpoint提出的虚拟机方式（Inspect Virtual Machine）。

（四）对上网的个人用户的几点建议：

即使有防火墙、身份认证和加密，人们仍然担心遭到病毒的攻击。这些病毒通过E-mail或用户下载的Java和ActiveX小程序（Applet）进行传播。带病毒的Applet激活后，又可能会自动下载别的Applet，也就是说，以上方式并非万能。因此，除了以上一些安全防范措施之外，我们还需多加注意自己平时的一些操作习惯。

（1）不轻易运行不明真相的程序。

（2）屏蔽小甜饼（Cookie）信息。

（3）不同的地方用不同的口令。

（4）屏蔽ActiveX控件。

（5）定期清除缓存、历史记录以及临时文件夹中的内容。

（6）不随意透露任何个人信息。

（7）突遇莫名其妙的故障时要及时检查系统信息。

（8）对机密信息实施加密保护。

（9）拒绝某些可能有威胁的站点对自己的访问。

（10）加密重要的文件。

（11）在计算机中安装防火墙。

（12）为客户/服务器通信双方提供身份认证，建立安全信道。

（13）尽量少在聊天室里或使用OICQ聊天。

第五节　信息安全管理

随着网络的广泛应用，信息的安全性问题已越来越引起人们的注目。那么，信息安全问题主要是由哪些方面的原因引起呢？

（1）技术因素，网络系统本身存在的安全脆弱性；

（2）管理因素，组织内部没有建立相应的信息安全管理制度。

据有关部门统计，在所有的计算机安全事件中，约有52%是人为因素造成的，25%由火灾、水灾等自然灾害引起，技术错误占10%，组织内部人员作案占10%，仅有3%左右由外部不法人员的攻击造成。简单归类，属于管理方面的原因比重高达70%以上，也就是说，真正的信息安全是需要系统的管理来保证的。

一、信息安全的分层管理

信息安全管理包括预防、检测、抑制与恢复以及安全管理等四个方面的功能。

显然，安全管理功能实现的方式和程度在系统的不同的层次上是有所不同的。因此，将信息安全及其管理按照系统的层次分类有利于对安全的理解和系统安全管理的实现。

（一）设备层的安全管理

设备层的安全管理是信息安全管理的基础，一个设备一般是由硬件系统和软件系统所构成。

1.硬件系统的安全管理

硬件系统本身的安全称为物理安全。由于计算机网络与信息的广泛应用，电子对抗技术不仅应用于军事，而且在公共信息安全方面也有着重要的应用。防电磁辐射、防电磁干扰、固化软件的安全也是硬件系统安全管理的重要方面。

2.软件系统的安全管理

由于应用软件的不可见性、易修改性以及大型软件的复杂性，任何软件系统在其生命周期中都会存在错误或缺陷，因而造成软件系统特别容易受到攻击。显然，软件系统的安全管理是信息安全管理的重点。

（二）网络层的安全管理

网络互连互通（协议、结构）所存在的缺陷或漏洞严重影响着信息系统的安全，因而，网络层的安全管理主要是针对网络协议和结构及其所导致的安全问题所采用的安全措施。

（三）应用层的安全管理（信息安全管理）

1.信息层的安全管理（与网络无关的信息安全管理）

包括防冒充、防泄漏、防抵赖、防篡改等信息安全管理的内容。加密技术是实现与网络无关的信息安全管理的核心。

然而，加密技术也可以应用在设备层和网络层的安全管理中，比如，数字签名技术是防范特洛伊木马攻击的最好办法，可能也是防范无缺陷攻击的有效方法。然而，特洛伊木马和无缺陷攻击是网络安全中最难解决的两个问题，目前，应用关键实时加密技术来实现，而实时实现的最有效的方法就是使用数字签名芯片。

2.社会层的安全管理

社会安全是信息安全的最高层，也是信息安全的目的。社会层的信息安全管理包括对各种社会形态的信息，如文化、政治、金融、商务、国防等的安全管理。社会层的信息安全管理除了技术上的管理外，法律的和行政的管理也是非常重要的方面。

以上对信息安全管理的分层解释是基于所涉及的技术、生产的方式、管理的手段等因素划分的，其中，设备层和网络层的安全管理统称为网络安全管理，应用层的安全管理统称为信息安全管理。

二、信息安全管理标准

全球发达国家近十年来一直致力于信息安全管理体系的研究，尤其近几年来随着网络技术的发展，信息安全问题越来越突出，研究的步伐明显加快。2000年，世界经济合作开发组织（OECD）下属的信息、电脑与通信组织草拟了《信息安全方针》。在这一方针的指导下，2005年英国标准协会率先颁布了指南性标准BS-7799-1：2005《信息安全管理实施细则》，引起了全球的关注。许多国家也参考BS-7799相继推出了本国的信息安全标准。2014年，英国颁布了修订的BS-7799-2信息安全管理体系规范。2016年，国际标准化组织（ISO）也在此基础上制定通过了ISO-17799标准，BS-7799第一部分成为ISO-17799国际标准，该标准被信息界喻为“滴水不漏的信息安全管理标准”。我国已有很多行业参照BS-7799或ISO-17799制定了自己的行业信息安全管理法规。

BS-7799包括以下两个部分：

（1）信息安全管理的操作规则。主要是给负责开发的人员作为参考文档使用，从而在他们的机构内部实施和维护信息安全。

（2）信息安全管理体系规范。详细说明了建立、实施和维护信息安全管理系统的要求，指出实施组织需遵循某一风险评估来鉴定最适宜的控制对象，并对自己的需求采取适当的控制。

三、BS-7799标准

最新版的BS-7799由四个主段落组成，即范围、术语和定义、体系要求及控制细则。其中控制细则部分共由10个独立部分组成，又可细分为36个目标和127项控制，用户可根据自己的实际需要进行选用。BS-7799包括安全内容的所有准则，它的每一节控制细则都覆盖了不同的主题和区域。

（1）安全方针：为信息安全提供管理导向和支持。

（2）组织安全：管理组织内部的信息安全；保持被第三方访问的组织信息的处理设施和信息资产的安全；确保当信息处理委托给另一个组织时的信息安全。

（3）资产分类和控制：对组织资产给予适当的保护；确保信息资产受到适当程度的保护。

（4）人员安全：减少人为错误、偷窃、欺骗和资源误用造成的风险；确保用户了解信息安全的威胁和相关事项，在他们的正常工作中进行相应的培训，以利于信息安全方针的贯彻和实施；从前面的安全事件和故障中汲取教训，最大限度地降低安全的损失。

（5）物理和环境的安全：防止对业务机密和信息进行非法访问、损坏及干扰；防止资产丢失、损坏或泄漏以及商务活动的中断；防止信息和信息处理设备损坏和失窃。

（6）通信和操作管理：确保信息处理设备的正确和操作的安全；降低系统失效风险；保护软件和信息的完整性；保持信息处理和通信的完整性和可用性；确保网络的信息安全措施及其支持受到保护；防止资产和商务活动中断；防止组织间在交换信息时发生丢失、更改和误用现象。

（7）访问控制：控制信息访问；防止非授权用户访问信息系统；确保网络服务受到保护；防止非授权用户访问计算机；防止非授权用户访问信息系统中的信息；检查非授权行为；确保使用计算机和远程网络设备的信息安全。

（8）系统开发与维护：确保安全性已构成信息系统的一部分；防止应用系统用户数据的丢失、修改或误用；保护信息的机密性、真实性和完整性；确保IT项目及其支持活动以安全的方式进行；维护应用系统软件和数据的安全。

（9）商业持续规划：防止商业活动的中断及保护关键商务过程免受重大失误或灾难事故的影响。

（10）符合性：避免违背刑法、民法、有关法令法规或合同约定事宜及其他安全要求的规定；确保组织系统符合安全方针和标准；使效果最大化，并使系统审核过程的影响最小化。

四、构建信息安全管理体系

信息安全管理体系（ISMS）是一个系统化、程序化和文件化的管理体系，属于风险管理的范畴，体系的建立基于系统、全面、科学的安全风险评估，ISMS体现预防控制为主的思想，强调遵守国家有关信息安全的法律法规及其他合同方面的要求，强调全过程和动态控制，本着控制费用与风险平衡的原则合理选择安全控制方式保护组织所拥有的关键信息资产，确保信息的保密性、完整性和可用性，保持组织的竞争优势和商务运作的持续性。

总之，信息安全管理工作的目的就是在法律、法规、政策的支持与指导下，通过采用合适的安全技术与安全管理措施，提供安全需求的保证，BS-7799信息安全认证标准满足了这些要求。

第六节　信息政策与法规

信息犯罪的涌现，使得传统的法律体系已越来越不适应信息技术与信息手段发展的需要，如权力的非完整性和义务的非确定性，使得权利和义务在实现过程中难以均衡。因此，建立全面、有效、结构严谨的新的法律体系来规范信息网络环境显得十分必要，而且这一新的法律体系至少应该具有以下几个特征：

（1）开放性。即应当全面体现和把握信息网络的基本特点及其法律问题，对于目前尚无法确定的问题应尽可能给出概念解释，并在宏观上加以规范。

（2）兼容性。即应当与现行的法律体系保持良好的兼容性，使法律总体系变得更加科学和完整。

（3）可操作性。即应当从维护网络资源及其被合理使用，维护信息正常流通，维护用户正当权益出发，制定出便于当事人的起诉，便于司法机关办案的科学的法律体系。

目前，世界各国有关信息犯罪的法律对策基本上是从两个方面入手。

（1）修改现行法律，如对宪法、刑法、专利法、版权法、反不正当竞争法等法律进行修改和补充，使之适用于惩罚信息犯罪。

（2）制定新的信息犯罪法规，通过单独立法来集中打击信息犯罪活动。

美国信息技术具有国际领先水平，有关信息安全的立法活动也进行得较早。因此，美国作为信息安全方面的法案最多且较为完善的国家，早在1997年就再次修订了计算机犯罪法。该法在20世纪80年代末至90年代初被作为美国各州指定的地方法规的依据。这些地方法规确立了计算机服务盗窃罪、侵犯知识产权

罪、破坏计算机设备或配置罪、计算机欺骗罪、通过欺骗获得电话或电报服务罪、计算机滥用罪、计算机错误访问罪、非授权的计算机使用罪等罪名。美国现已确立的有关信息安全的法律有信息自由法、个人隐私法、反腐败行径法、伪造访问设备和计算机欺骗滥用法、电子通信隐私法、计算机安全法和电讯法等。

在我国，当务之急不仅是要通过信息立法来预防外国的信息侵略和境外电脑“黑客”的入侵，为打击各类信息犯罪活动提供法律依据，而且更要教育在信息网络上工作的中国公民遵纪守法，警戒那些试图进行信息犯罪的不稳定分子，以在信息领域形成一种良好的氛围。

一、信息道德

信息道德是指整个信息活动中调节信息创造者、信息服务者、信息使用者之间相互关系的规范的总和。信息时代的人们应自觉遵循信息伦理和信息道德准则，用以规范自己的信息行为。信息道德主要包括：

（1）信息交流与传递目标、社会整体目标协调一致。

（2）承担相应的责任和义务。

（3）遵循信息法律、法规，抵制违法的信息行为。

（4）尊重他人知识产权。

（5）正确处理信息创造、信息传播、信息使用三者之间的关系，恰当使用并合理发展信息技术等。

在众多规则和协议中，比较著名的是美国计算机伦理协会为计算机伦理学所制定的十条戒律，具体内容是：

（1）不应用计算机去伤害别人。

（2）不应干扰别人的计算机工作。

（3）不应窥探别人的文件。

（4）不应用计算机进行偷窃。

（5）不应用计算机做伪证。

（6）不应使用或拷贝没有付钱的软件。

（7）不应未经许可而使用别人的计算机资源。

（8）不应盗用别人的智力成果。

（9）应该考虑你所编的程序的社会后果。

（10）应该以深思熟虑和慎重的方式来使用计算机。

二、国外的信息政策与法规

（1）美国是一个传统的法治国家，其法律制度很健全。为配合国家信息政策的运行，美国颁布了《信息自由法案》《国家科学技术政策、组织和重点法案》《在阳光下的政府法》《联邦信息中心法》《计算机安全法》等一系列相关的法律、法规，而且它的许多相关政策和规划都是在向总统及国会提供咨询意见以后，最后通过立法机构以法规的形式公之于众的。这样便增强了国家信息政策的权威性，从而为其顺利实施提供了保障。

（2）英国2006年以前，主要依据《黄色出版物法》《青少年保护法》《录像制品法》《禁止滥用电脑法》和《刑事司法与公共秩序修正条例》惩处利用电脑和互联网络进行犯罪的行为。

（3）日本政府从1957年至今，制定和实施了20多个有关促进信息产业振兴的政策、规划和法规。其中主要有《电子工业振兴临时法》《关于科学技术信息交流的基本政策》《关于科学技术信息活动推进的目标和政策》《数据库准备金制度》《支撑21世纪日本未来的技术方面》《对技术立国的建议》。

（4）德国于2006年夏出台了《信息和通信服务规范法》，即多媒体法。

（5）俄罗斯于2005年颁布了《联邦信息、信息化和信息保护法》。

（6）新加坡广播管理局（SBA）2006年7月11日宣布对互联网络实施分类许可证制度。该制度自2006年7月15日起生效。

三、我国的信息政策与法规

（一）刑法中的有关规定

我国新刑法中第285、286、287条有关于计算机犯罪条款的规定。第285条非法侵入国家计算机信息系统罪，第286条破坏计算机信息系统罪，第287条利用计算机犯罪。

（二）其他有关计算机信息网络的政策法规

信息就像其他重要的商务资产一样，也是一种资产，对一个组织而言是具有价值的，因而需要妥善保护。信息安全使信息避免一系列威胁，保障商务的连续性，最大限度地减少商务的损失，最大限度地获取投资和商务的回报。有关计算机信息网络政策法规有：

《中国互联网络信息中心域名注册实施细则》

《中国互联网络信息中心域名争议解决办法》（中文版、英文版）

《中国互联网络信息中心域名争议解决办法程序规则》（中文版、英文版）

《关于过渡期内域名注册管理的通告》

《中国互联网络域名管理办法》（中文版、英文版）

《关于处理恶意占用域名资源行为的批复》

《互联网上网服务营业场所管理办法》

《互联网站从事登载新闻业务管理暂行规定》

《互联网电子公告服务管理规定》

《互联网信息服务管理办法》

《中华人民共和国电信条例》

《计算机信息网络国际联网安全保护管理办法》

《中华人民共和国计算机信息网络国际联网管理暂行规定实施办法》

《中国互联网络域名注册实施细则》

《中国互联网络域名注册暂行管理办法》

《中华人民共和国计算机信息网络国际联网管理暂行规定》

《关于加强计算机信息系统国际联网备案管理的通告》

《中华人民共和国计算机信息系统安全保护条例》

现在，组织及其信息系统和网络正面临着越来越多、来源范围广的安全威胁，包括计算机辅助欺诈、商业间谍、怠工、阴谋破坏行为、火灾和水灾等。由诸如计算机病毒、电脑黑客和服务器入侵等行为而引起的资源破坏已变得越来越普遍、损失越来越大、情形越来越错综复杂。加强信息安全管理已经刻不容缓。

目前，我国的信息安全管理主要依靠传统的管理方式与技术手段来实现，传统的管理模式缺乏现代的系统管理思想，而技术手段又有其局限性。保护信息安全，国际公认的、最有效的方式是采用系统的方法（管理+技术）保护信息安全，即确定信息安全管理方针和范围，在风险分析的基础上选择适宜的控制目标与控制方式并进行控制，制订商务持续性计划，建立并实施信息安全管理体系。

现有的许多信息系统并非在设计时就考虑了安全性，主要依靠技术手段实现安全是有限的，还应当采用相应的管理和程序来支持。确定应采取哪些控制方式则需要周密策划并注意细节。信息安全与管理至少需要组织中所有员工的参与，此外还需要供方、顾客或股东的参与，有时还需要外部专家的建议。信息安全控制如果按要求的规范并在设计阶段就实行，则成本会更低、效率会更高。

本章综述性地介绍了信息安全与管理的架构思想，科普性、较全面系统地描述了信息系统的安全与保密技术。

第六章　网络安全概述

Internet的广泛应用使人们在生产方式、生活方式及思想观念等方面都发生了巨大变化，推动了人类社会的发展和人类文明的进步，把人类带入了崭新的信息化时代。

计算机网络就像一把双刃剑，它在实现信息交流与共享、为人们带来极大便利和丰富社会生活的同时，由于网络本身的脆弱性加上人为攻击与破坏，也对国家安全、社会公共利益以及公民个人合法权益造成了现实危害和潜在威胁。因此，加强对信息网络安全技术和管理的研究，无论是对个人还是组织、机构，甚至国家、政府都有非同寻常的重要意义。

第一节　计算机网络安全的概念

一、计算机网络安全的定义

安全是指不发生意外事故，不出现意外情况。从这个角度来说，计算机网络安全是指为了使计算机网络运行正常，通过采用全方位的管理措施和强有力的技术手段，保证在一个网络环境里，使经过计算机网络的数据具有机密性、完整性和可用性。

国际标准化组织（ISO）将计算机安全定义为：“为数据处理系统建立和采取的技术和管理的安全保护，保护计算机硬件、软件、数据不因偶然的或恶意的原因而遭到破坏、更改、显露。”美国国防部国家计算机安全中心将计算机安全定义为：“一般说来，安全的系统会利用一些专门的安全特性来控制对信息的访问，只有经过适当授权的人，或者以这些人的名义进行的进程可以读、写、创建和删除这些信息。”我国公安部计算机管理监察司将计算机安全定义为：“计算机安全是指计算机资产安全，即计算机信息系统资源和信息资源不受自然和人为有害因素的威胁和危害。”

上面是狭义的计算机网络安全的内容。广义上讲，凡是涉及网络上信息的机密性、完整性、可用性、真实性和可控性的相关技术和理论都是网络信息安全所要研究的领域。广义的计算机网络安全还应该包括网络实体安全，如机房的安全保护、防火措施、防水措施、静电防护、电源系统保护等。

二、计算机网络安全的含义

计算机网络安全是一门综合性学科，涉及计算机科学、网络技术、通信技术、密码与认证技术等多个领域的知识。

（一）网络系统安全

网络系统安全是信息处理和传输系统的安全，包括法律法规的保护，计算机机房环境的保护，计算机结构设计上的安全，硬件系统的可靠、安全运行，操作系统和应用软件的安全，数据库系统的安全等。这方面侧重于保护系统正常的运行，本质是保护系统的合法操作和正常运行。

（二）系统信息安全

系统信息安全包括用户口令鉴别、用户存取权限控制、数据存取权限控制、安全审计、计算机病毒防治、数据加密等。

（三）信息内容安全

信息内容安全包括保护信息的机密性、真实性和完整性。避免攻击者利用系统的安全漏洞进行窃听、假冒、诈骗等行为，保护用户的利益和隐私。

（四）信息传播安全

信息传播防止和控制非法、有害信息传播产生的后果，维护道德、法律和国家的利益，包括不良信息的过滤等。

计算机网络安全的本质含义是计算机网络上的信息安全。但其具体含义随着对象的不同而不断变化，在不同的环境会有不同的解释。如果网络的对象是网络用户，计算机网络安全的含义是保证用户所传输信息的机密性、真实性和完整性；如果网络的对象是网络管理者，计算机网络安全的含义是对接入网络的权限加以控制，并规定每个用户的接入权限；如果网络的对象是安全保密部门，计算机网络安全的含义是保证国防等国家机密信息的机密性，保卫国家安全，维护国家利益；如果网络的对象是社会教育相关部门，计算机网络安全的含义是保证网络上的内容健康，对社会的稳定起到积极作用。

三、计算机网络安全的主要内容

（一）计算机网络安全的内容

计算机网络安全主要包括以下两方面的内容：

1.网络实体的安全性

网络实体的安全性即网络设备及其设备上运行的网络软件的安全性，使网络设备能够正常提供网络服务。

2.网络系统的安全性

网络系统的安全性即网络存储的安全性和网络传输的安全性。存储安全是指信息在网络节点上静态存放状态下的安全性。传输安全是指信息在网络中动态传输过程中的安全性。

（二）计算机网络安全的目标

计算机网络安全的基本目标是保护信息的机密性、完整性、可用性、可控性和不可抵赖性。

1.完整性

完整性是指信息在存储或传输过程中保持不被修改、不被破坏、不被插入、不延迟、不乱序和不丢失的特性。对于军用信息来说，完整性被破坏可能意味着延误战机、自相残杀或闲置战斗力。对信息安全发动攻击主要是为了破坏信息的完整性。商用信息更注重信息的完整性。

2.可用性

可用性是指信息可被合法用户访问并按要求顺序使用的特性，即指当需要时可以使用所需信息。对可用性的攻击就是阻断信息的可用性，例如，破坏网络和有关系统的正常运行就属于对可用性进行攻击。

3.机密性

机密性是指信息不泄露给未经授权的个人和实体，或被未经授权的个人和实体利用的特性。军用信息安全尤为注重信息的机密性。

4.可控性

可控性是指信息在整个生命周期内都可由合法拥有者加以安全的控制。

5.不可抵赖性

不可抵赖性是指用户无法在事后否认曾经对信息进行的生成、签发、接收等行为。

第二节　计算机网络面临的主要威胁

一、网络实体威胁

网络实体包括网络设备及设备上运行的网络软件，网络实体所受到的威胁主要有以下四个方面：

（1）自然因素的威胁。它分为自然灾害（如雷电、地震、水灾、火灾等）、物理损坏（如网络设备损坏、硬盘物理损坏等）和设备故障（如意外断电、电磁干扰等）三个方面。特点是自然因素性、突发性和非针对性。这种威胁破坏信息的完整性和可用性（无损信息的保密性）。对这种威胁的防范一般是实施防护措施，建立数据备份和安全制度。

（2）电磁泄漏（如监听计算机操作过程）产生信息泄漏、受电磁干扰和痕迹泄露等威胁。特点是难以觉察性、人为实施的故意性、信息的无意泄漏性。这种威胁破坏信息的保密性（无损信息的完整性和可用性）。对这种威胁的防范一般是实施辐射防护、加密和隐藏销毁。

（3）操作失误（如删除文件、格式化硬盘等）和意外事故（如系统崩溃等）的威胁。特点是人为实施的无意性和非针对性。这种威胁破坏信息的完整性和可用性（无损信息的保密性）。对这种威胁的防范一般是采用状态检测、报警确认和应急恢复等方法。

（4）计算机网络机房的环境威胁。特点是损失大、可控性强、可管理性强。这种威胁对信息的完整性、可用性和保密性都可能产生影响。这种威胁的解决方法是加强机房管理、运行管理、安全组织和人员管理。

网路实体安全是信息安全的最根本保障，是不可或缺的组成部分。网络系统中的硬件和软件在设计时考虑到所承受的安全威胁，采取相应的措施。同时，通过安全意识的提高、安全制度的完善、安全操作的保证等方式可使操作人员和管理人员在网络实体安全方面达到要求。

二、网络系统威胁

网络系统威胁主要有两个方面：网络存储威胁和网络传输威胁。

网络存储威胁是指信息在网络节点上静态存放状态下受到的威胁，主要是网络内部或外部对信息的非法访问。

网络传输威胁是指信息在动态传输过程中受到的威胁主要有以下几种：

（1）截获（interception）：攻击者从网络上窃听他人的通信内容。

（2）中断（interruption）：攻击者有意中断他人在网络上的通信。

（3）篡改（modification）：攻击者故意篡改网络上传送的报文。

（4）伪造（fabrication）：攻击者伪造信息在网络上传送。

截获信息的攻击称为被动攻击，而中断、篡改和伪造这些更改信息和拒绝用户使用资源的攻击称为主动攻击。

在被动攻击中，攻击者只是观察和分析某一个协议数据单元而不干扰信息流。主动攻击是指攻击者对某个连接中通过的协议数据单元进行各种处理。主动攻击可以进一步划分为三种：拒绝服务、更改报文流和伪造连接初始化。

拒绝服务是指攻击者向因特网上的服务器不停地发送大量分组，使因特网或服务器无法提供正常服务。更改报文流包括对通过连接的协议数据单元的真实性、完整性和有序性的攻击。伪造连接初始化是攻击者重放以前已经被记录的合法连接初始化序列，或者伪造身份而企图建立连接。

对付被动攻击可采用各种数据加密技术，而对付主动攻击，则需要将加密技术与适当的鉴别技术相结合。

三、恶意程序威胁

有一种特殊的主动攻击是恶意程序（rogue program）的攻击。恶意程序对网络安全威胁较大的主要有以下几种：

（1）计算机病毒（computer virus）。病毒是附着于程序或文件中的一段计算机代码，它可以在计算机之间传播，通过修改其他程序来把自身或其变种复制进去。计算机病毒一边传播一边感染计算机，可破坏硬件、软件和文件。例如，从2009年的“梅莉莎”病毒、CIH病毒及2010年的“爱虫”病毒到2011年的“欢乐时光”病毒，计算机病毒纷纷利用计算机网络作为自己繁殖和传播的载体及工具，呈现出愈演愈烈的势头，且造成的危害也越来越大。

（2）计算机蠕虫（computer worm）。通过网络的通信功能将自身从一个节点发送到另一个节点并启动运行的程序。例如，蠕虫可以向电子邮件地址簿中的所有联系人发送自己的副本，那些联系人的计算机也将执行类似的操作，结果使得整个Internet的速度减慢。

（3）特洛伊木马（Trojan horse）。一种程序，它执行的功能超出所声称的功能，该功能被用户在不知情的情况下使用。例如，一个编译程序除了执行编译任务以外，还把用户的源程序偷偷地复制，这种编译程序就是一种特洛伊木马。

（4）逻辑炸弹（logic bomb）。一种当运行环境满足某种特定条件时执行其他特殊功能的程序。例如，一个编译程序平时运行得很好，但当系统时间为13日且为星期五时，它会删除系统中的所有文件，这种程序就是一种逻辑炸弹。

四、网络的其他威胁

网络还面临一些其他的威胁，比如内部破坏、单位内部人员对计算机系统的破坏或泄密，又比如恶意诽谤，不法分子通过网络散布和传播一些对国家、社会、集体和个人有害的信息等。

五、影响网络安全的因素

影响网络安全的因素有很多，总体来说影响网络安全的因素主要有以下三个方面。

（一）自然因素

（1）自然灾害的影响。水灾、火灾、地震、雷电等自然灾害往往给系统造成难以恢复的破坏，有的会损害系统设备，有的则会破坏数据，甚至毁掉整个系统和数据。

（2）环境的影响。计算机设备本身能够产生电磁辐射，也怕外界电磁波的辐射和干扰，自身辐射带有信息，容易被别人接收，造成信息泄漏。此外，静电、灰尘、有害气体等也可能给系统带来破坏。

（3）辅助保障系统的影响。辅助保障系统，如水、电、空调工作中断或工作不正常会影响系统运行。

（二）技术因素

（1）网络硬件存在安全方面的缺陷。例如，计算机的可靠性差，计算机的许多核心技术不过关，其关键的安全性参数是否有误还需经过检验。

（2）网络软件存在的安全漏洞。任何软件系统，包括系统软件和应用软件，都无法避免安全漏洞的存在。目前流行的许多操作系统、浏览器等均存在网络安全漏洞，还有一些常用软件本身的漏洞等。几乎所有的病毒都是借助于系统或软件的漏洞进行攻击和传播的。

（3）系统配置不当造成的其他安全漏洞。如在网络中路由器配置错误、口令文件缺乏安全的保护、命令的不合理使用等，都会带来或多或少的安全漏洞。黑客大多都是利用这些漏洞攻击网络，比如IP地址标识可以被其他用户窥探到，这为假冒身份提供了方便。

（三）人为因素

（1）人为无意失误。软件开发过程中可能留下的缺陷或逻辑错误，这些漏洞和逻辑错误就是黑客攻击网络的首选途径，从而导致网络信息的严重破坏。网络管理者在管理网络的过程中，如果安全配置不正确，则可能造成网络的安全漏洞；如果资源的访问控制设定不合理，则可能导致一些资源被破坏。比如用户安全意识不强、口令选择不慎、用户将自己的账号转借他人等都会对网络安全带来威胁。

（2）人为恶意攻击。人为恶意攻击可对计算机网络造成极大的危害，分为非破坏性攻击和破坏性攻击。非破坏性攻击威胁信息的保密性，在不影响网络正常工作的情况下对重要的机密信息进行截获等。破坏性攻击威胁信息的可用性和完整性，对他人相关信息进行中断和篡改，对有利于自己的信息进行伪造等。

对网络进行恶意攻击的人员包括心存不满的员工、软硬件测试人员、网络技术爱好者、好奇的年轻人、黑客（hacker）、以政治或经济利益为目的的间谍等。来自内部用户的安全威胁远大于外部网用户的安全威胁。

第三节 计算机网络安全的三个层次

计算机网络安全的实质就是安全立法、安全管理和安全技术措施的综合实施，这三个层次分别对安全策略进行限制、监视和保障。

一、安全立法

法律是规范人们一般社会行为的准则。法律从形式上分为宪法、法律、法规、法令、条令、条例和实施办法、实施细则等，从内容上分为社会规范和技术规范。

计算机网络时代向传统法律提出了许多前所未有的挑战，健全的安全法律法规体系是确保信息安全的基础，不论是国外还是国内，以法律的形式规定和规范信息安全工作是有效实施安全措施的有力保证。

（一）安全立法的内容

安全立法包括以下三个方面的内容：

（1）公法。公法的内容应包括对网络进行管理的行政法内容，对网络纠纷进行裁决的诉讼法内容，对网络犯罪行为进行追究的刑法、刑事诉讼法的内容。

（3）私法。私法是从民法的角度，对网络主体及其权利义务、网络行为、网络违法行为的民事责任做出规定。

（3）网络利用的法律问题。这部分内容是针对人们利用网络进行网络以外的活动而做出法律规定。

（二）国外安全立法的现状

发达国家较早开展了相关计算机应用的法律问题，制定了一些相关的法律和法规，用来规范计算机在社会和经济活动中的使用。

1.美国立法现状

美国不仅信息技术具有国际领先水平，而且信息安全法律体系也比较完备。

以信息为主要内容的有《电子信息自由法案》《个人隐私保护法》《公共信息准则》《削减文书法》《消费者与投资者获取信息法》《儿童网络隐私保护法》《电子隐私条例法案》等；以基础设施为主要内容的《2006年电信法》；以计算机安全为主要内容的《计算机保护法》《网上电子安全法案》《反电子盗窃法》《计算机欺诈及滥用法案》《网上禁赌法案》等；以电子商务为主要内容的《统一电子交易法》《国际国内电子签名法》《统一计算机信息交易法》《网上贸易免税协议》等；以知识产权为主要内容的《千禧年数字版权法》《反域名抢注消费者保护法》等。

2.欧盟立法现状

欧盟自成立以来，已制定推出了关于构建新型科技信息社会的一整套政策，如《有关实施对电信管制一揽子计划的第五份报告》《电子通信服务的新框架》《电子欧洲——一个面向全体欧洲人的信息社会》等政策性文件；还有《关于聚焦电信、媒体、信息技术内容及相关规范的绿皮书》《欧洲共同体委员会信息社会的版权和有关权利的绿皮书》等对信息化产生重大影响的规范性文件。此外，欧盟还出台了《促进二十一世纪的信息产业的长期社会发展规划》及相应的行动计划。这些政策性文件涉及因特网、电信、通信和信息服务市场、许可证制度、信息保护、税赋及电子商务等各个方面的内容。

3.俄罗斯立法现状

俄罗斯维护信息安全的政策与措施的基本目标，是为发展以信息为基础的各方面事业创造良好条件，防止外部和内部敌对势力破坏。

2004年俄罗斯通过了信息安全保护法《政府通信和信息联邦机构法》。针对信息、安全保护的法规有：《数字签名法》《信息化和信息保护法》《国家秘密法》《信息保护设备认证法》以及针对加密设备的研制、生产、实现和应用的法规等。统领全局的《国家信息安全构想》于2010年获批，该学说明确了俄罗斯在信息领域的利益，为俄罗斯制定了许多确保国家安全和公民权利的具体措施，是制定和起草其他有关信息安全保障国家政策、法律、提案和专门计划的基础。

4.日本立法现状

日本从国家整体发展战略的高度构建信息安全体系。在出台有关发展战略构想的同时，日本全面重视信息安全立法工作，制定了一系列相关的法律和法规。

2010年出台了《防止非法接入法》，以建立防止和刑事处罚非法接入或属于这种行为的活动规章。同年的《电子签名：鉴别法》对电子签名的有效性作了详细规定，依据国际通用测评认证标准修订的《电子商务网络安全对策指针》则进一步健全了电子商务的安全管理机制。另外针对信息电子证书的需要，还对《商业登记法》做了修订。为避免关键基础设施遭受电脑恐怖活动攻击，日本政府推出了《关于防范关键基础设施电脑恐怖活动的特别行动计划》。《日本信息安全指导方针》为日本电子政府计划做了全面规划，而《确保电子政务实施过程中的信息安全行动方案》则是为了保证电子政务的安全。

国际上其他很多国家也制定了比较成熟的信息安全法律。

（三）我国安全立法现状

在我国，2004年2月18日，国务院颁布了《中华人民共和国计算机信息系统安全保护条例》，这是一个标志性、基础性的法规。到目前为止，我国信息安全的法律体系可分为4个层面。

（1）一般性法律规定。这些法律法规并没有专门对信息安全进行规定，但是这些法律法规所规范和约束的对象包括涉及信息安全的行为，如宪法、国家安全法、国家秘密法、治安管理处罚条例等。

（2）规范和惩罚信息网络犯罪的法律。这类法律包括《中华人民共和国刑法》《全国人大常委会关于维护互联网安全的决定》等。

（3）直接针对信息安全的特别规定。这类法律法规主要有《中华人民共和国计算机信息系统安全保护条例》《中华人民共和国计算机信息网络国际联网管理暂行规定》《计算机信息网络国际联网安全保护管理办法》《中华人民共和国电信条例》等。

（4）具体规范信息安全技术、信息安全管理等方面的规定。这类法律法规主要有《商用密码管理条例》《计算机病毒防治管理办法》《计算机信息系统国际联网保密管理规定》《金融机构计算机信息系统安全保护工作暂行规定》等。

我国虽然制定了信息安全相关的法律法规，但是总体上我国的安全立法还处于起步阶段。目前我国安全立法的主要特点体现在以下几个方面：

（1）信息安全法律法规体系初步形成。

（2）与信息安全相关的司法和行政管理体系迅速完善。

（3）目前法律规定中法律少而规章等偏多，缺乏信息安全的基本法。

（4）相关法律规定篇幅偏小、行为规范较简单。

（5）与信息安全相关的其他法律有待完善。

二、安全管理

解决网络安全问题，应该加强网络安全的管理工作，正是所谓的“三分技术，七分管理”。网络安全管理包括安全规划、风险管理、应急计划、教育培训、系统评估等各个方面的内容。安全管理分为以下三类：

（一）技术安全管理

技术安全管理包括多级安全用户鉴别技术的管理，多级安全加密技术的管理，密钥管理技术的管理等。

（二）行政安全管理

行政安全管理包括组织建设、制度建设和人员意识的管理，即进行有关安全管理机构的建设；组织内部应该建立相应的安全管理规章制度；强化人员的安全意识。

（三）应急安全管理

应急安全管理包括应急的措施阻止，入侵的自卫与反击等。

三、安全技术措施

安全技术措施是计算机网络安全的重要保证，是整个系统安全的物质技术基础。安全技术的实施应贯彻落实在安全系统生命周期的各个阶段，从系统规划、系统分析、系统设计到系统实施和管理维护。

计算机网络安全技术涉及的内容很多，不仅涉及计算机内部和外部、外围设备，通信和网络系统实体，还涉及数据安全、软件安全、网络安全、数据库安全、运行安全、防病毒技术、站点的安全以及系统结构、工艺和保密、压缩技术。

网络安全的技术措施归纳起来有以下四种：

（一）实体安全技术

实体安全的内容包括环境安全、建筑安全、网络与设备安全等方面。它主要涉及计算机机房的温度、湿度和清洁度等要求，计算机设备及场地的防火与防水要求，计算机系统的静电防护要求，计算机的实体访问控制要求，计算机设备及软件、数据的防盗等要求，电磁干扰防护要求等。

（二）软件安全技术

软件安全技术包括软件的安全开发与安装、软件的安全复制与升级、软件加密、软件安全性能测试等几个方面。

（三）数据安全技术

数据安全技术包括数据加密、数据存储安全、数据备份等方面。

（四）运行安全技术

运行安全技术包括访问控制、审计跟踪、入侵检测与系统恢复等方面。

第四节　计算机网络安全的法律和法规

一、国外的相关法律和法规

发达国家正在加强信息安全立法，实现统一和规范管理。美、俄、日等国家仅2010年制定的相关法律和法规主要有：美国的《电子签名法案》正式生效，并通过了《互联网网络完备性及关键设备保护法案》，俄罗斯批准了《国家信息安全构想》，日本公布了《信息网络安全可靠性基准》的补充修改方案。

国外相关法律和法规主要有，美国的《信息自由法》《反腐败行为法》《伪造访问设备和计算机欺骗与滥用法》《计算机安全法》、OMBA-130规章之附录三：《联邦自动化信息系统的安全》、NIST特别报告书800-34：《信息技术系统应急计划指南》《个人隐私法》。

二、我国的相关法律和法规

我国从2004年起制定发布了《中华人民共和国计算机信息系统安全保护条例》等一系列计算机网络安全方面的法规。这些法规主要涉及五方面：计算机网络安全及信息系统安全保护、国际联网管理、商用密码管理、计算机病毒防治和安全产品检测与销售。

（一）计算机网络安全及信息系统安全保护

《中华人民共和国保守国家秘密法》已由中华人民共和国第十一届全国人民代表大会常务委员会第十四次会议于2010年4月29日修订通过，第三章第

二十三条 存储、处理国家秘密的计算机信息系统（以下简称涉密信息系统）按照涉密程度实行分级保护。

涉密信息系统应当按照国家保密标准配备保密设施、设备。保密设施、设备应当与涉密信息系统同步规划，同步建设，同步运行。

涉密信息系统应当按照规定，经检查合格后，方可投入使用。

作为我国第一个关于信息系统安全方面的法规，《中华人民共和国计算机信息系统安全保护条例》是国务院于2015年2月18日发布的，分5章共31条，目的是保护信息系统的安全，促进计算机的应用和发展。

（二）国际联网管理

1.《中华人民共和国计算机信息网络国际联网管理暂行规定》

是国务院于2006年2月1日发布的，并根据2007年5月20日通过的《国务院关于修改<中华人民共和国计算机信息网络国际联网管理暂行规定>的决定》进行了修正，共17条，主要内容如下：

（1）国务院信息化工作领导小组负责协调、解决有关国际联网工作中的重大问题。

（2）Internet必须使用原邮电部国家公用电信网提供的国际出入口信道。

（3）接入网络必须通过Internet进行国际联网。

（4）用户的计算机或者计算机信息网络必须通过接入网络进行国际联网。

（5）已经建立的4个Internet，分别由原邮电部、原电子工业部、国家教委和中科院管理；新建Internet，必须报经国务院批准。

（6）拟从事国际联网经营活动或非经营活动的接入单位应具备下述条件并报批：国际出入口信道提供单位、互联单位和接入单位应建立相应的网管中心。

2.《中华人民共和国计算机信息网络国际联网管理暂行规定实施办法》

国务院信息化工作领导小组于2007年12月8日发布，共25条。它是根据《中华人民共和国计算机信息网络国际联网管理暂行规定》而制定的具体实施办法，其主要内容如下：

（1）国务院信息化工作领导小组办公室负责组织、协调和检查监督国际联网的有关工作。

（2）国际联网采用国家统一制定的技术标准、安全标准和资费政策。

（3）国际联网实行分级管理，即对互联单位、接入单位、用户实行逐级管理，对国际出入口信道统一管理。

（4）对经营性接入单位实行经营许可证制度。经营许可证的格式由国务院信息化工作领导小组统一制定，经营许可证由经营性互联单位主管部门颁发，报国务院信息化工作领导小组办公室备案。

（5）中国Internet信息中心提供Internet地址、域名、网络资源目录管理和有关的信息服务。

（6）国际出入口信道提供单位提供国际出入口信道并收取信道使用费。

（7）国际出入口信道提供单位、互联单位和接入单位应保存与其服务相关的所有资料，配合主管部门进行的检查。

（8）互联单位、接入单位和用户应当遵守国家有关法律、行政法规，严格执行国家安全保密制度。

3.《中华人民共和国计算机信息网络国际联网安全保护管理办法》

2007年12月11日经国务院批准、公安部于2007年12月30日发布，分五章共25条，目的是加强国际联网的安全保护，其主要内容如下：

（1）公安部计算机管理监察机构及各级公安机关相应机构应负责国际联网的安全保护管理工作，具体是：保护国际联网的公共安全；管理网上行为及传播信息；防止出现利用国际联网危害国家安全等违法犯罪活动。

（2）国际出入口信道的提供单位、互联单位的主管部门负责国际出入口信道、所属Internet网络的安全保护管理工作。

（3）互联单位、接入单位及使用国际联网的法人应办理备案手续并履行安全保护职责。

（4）从事国际联网业务的单位和个人应当接受公安机关的安全监督、检查和指导，并协助查处网上违法犯罪行为。

（5）为电子公告系统建立计算机信息网络电子公告系统的用户登记和信息管理制度。

4.《中华人民共和国公用计算机Internet国际联网管理办法》

原邮电部2006年发布，共17条，目的是加强对中国公用计算机Internet国际联网的管理。

5.《计算机信息网络国际联网出入口信道管理办法》

原邮电部2006年发布，共11条，目的是加强计算机信息网络国际联网出入口信道的管理。

6.《中华人民共和国互联网络域名注册暂行管理办法》和《中华人民共和国互联网络域名注册实施细则》

2007年，国务院信息化工作领导小组发布。

7.《中华人民共和国互联网信息服务管理办法》于2010年9月20日公布施行。它把互联网信息服务分为经营性和非经营性两类。国家对经营性互联网信息服务实行许可制度，对非经营性互联网信息服务实行备案制度。从事新闻、出版、教育、医疗保健、药品和医疗器械等互联网信息服务，依照法律、行政法规以及国家有关规定须经有关主管部门审核同意，在申请经营许可或者履行备案手续前，应当依法经有关主管部门审核同意。

该办法对从事经营性互联网信息服务应具备的条件、办理备案时应当提交的材料、不得提供的信息等方面进行了详细的规定。

8.《中华人民共和国计算机信息系统国际联网保密管理规定》

国家保密局发布，2016年1月1日开始执行，分四章共20条，目的是加强国际联网的保密管理，确保国家秘密的安全。

9.《中华人民共和国互联网电子公告服务管理规定》

2016年11月信息产业部发布。

（三）商用密码管理

1.《中华人民共和国商用密码管理条例》

国务院2009年10月7日发布的，分七章共27条，目的是加强商用密码管理，保护信息安全，保护公民和组织的合法权益，维护国家的安全和利益，其主要内容如下：

（1）国家密码管理委员会及其办公室（简称密码管理机构）主管全国的商用密码管理工作。

（2）商用密码技术属于国家秘密，国家对商用密码产品的科研、生产、销售和使用实行专控管理。

（3）商用密码的科研任务由密码管理机构指定的单位承担。

（4）商用密码产品由密码管理机构指定的单位生产，其品种和型号必须经国家密码管理机构批准，且必须经产品质量检测机构检测合格。

（5）商用密码产品由密码管理机构许可的单位销售。

（6）用户只能使用经密码管理机构认可的商用密码产品，且不得转让。

2.《中华人民共和国电子签名法》

2014年8月28日全国人民代表大会常务委员会第十一次会议通过。这是我国推进电子商务发展，扫除电子商务发展障碍的重要步骤。

《中华人民共和国电子签名法》主要解决数据电文和电子签名的法律效力。法律规定，民事活动中的合同或者其他文件、单证等文书，当事人可以约定使用或者不使用电子签名、数据电文。当事人约定使用电子签名、数据电文的文书不得仅因为其采用电子签名、数据电文的形式而否定其法律效力。

《中华人民共和国电子签名法》重点解决五个方面的问题：确立了电子签名的法律效力；规范了电子签名行为；明确了认证机构的法律地位及认证程序；

规定了电子签名的安全保障措施：明确了电子认证服务行政许可的实施机关。

（四）计算机病毒防治

1999年，公安部就发布了《计算机病毒控制规定（草案）》。2010年4月26日，公安部又发布了《计算机病毒防治管理办法》，共22条，目的是加强对计算机病毒的预防和治理，保护计算机信息系统安全，其主要内容如下：

（1）公安部公共信息网络安全监察部门主管全国的计算机病毒防治管理工作，地方各级公安机关具体负责本行政区域内的计算机病毒防治管理工作。

（2）任何单位和个人应接受公安机关对计算机病毒防治工作的监督、检查和指导，不得制作、传播计算机病毒。

（3）计算机病毒防治产品厂商，应及时向计算机病毒防治产品检测机构提交病毒样本。

（4）拥有计算机信息系统的单位应建立病毒防治管理制度并采取防治措施。

（5）病毒防治产品应具有计算机信息系统安全专用产品销售许可证，并贴有“销售许可”标记。

（五）安全产品检测与销售

《计算机信息系统安全专用产品检测和销售许可证管理办法》是公安部于2007年12月12日发布并执行的，分六章共19条，目的是加强计算机信息系统安全专用产品的管理，保证安全专用产品的安全功能，维护计算机信息系统的安全，其主要内容如下：

（1）我国境内的安全专用产品进入市场销售，实行销售许可证制度。

（2）颁发销售许可证前，产品必须进行安全功能的检测和认定。一个典型的检测过程为：生产商向检测机构申请安全功能检测；检测机构检测样品是否具有信息系统安全保护功能；检测机构完成检测后，将检测报告报送公安部计算机管理监察部门备案；生产商申领销售许可证。

（3）公安部计算机管理监察部门负责销售许可证的审批颁发、检测机构的审批、定期发布安全专用产品的检测通告和经安全功能检测确认的安全专用产品目录。

（4）销售许可证只对所申请销售的安全专用产品有效，有效期为两年。

第七章　网络安全体系结构

计算机系统的安全一直是动态的。攻击和反攻击、威胁与反威胁是永恒的矛盾，安全是相对的，是有一定时限的，不可能有一劳永逸的安全防护措施。因此，处于安全策略基础之上的安全模型除了加强防护，还要不断进行检测，以备及时恢复。

ISO颁布的IS07489-2标准是普遍适用的信息安全体系结构，目的是保证开放系统进程之间远距离安全交换信息。这个标准确立了与安全体系结构有关的一般要素，适用于开放系统之间需要通信保护的各种场合。安全策略的制定与正确实施对机构组织的安全有着非常重要的作用。

第一节　安全模型

任何一个计算机网络系统都具有潜在的危险，没有绝对的安全，只有相对的安全。在一个特定的时期内，在一定的安全策略下，系统可能是安全的。但是，随着时间的推移，攻击技术的进步，系统可能会变得不安全。因此，安全具有动态性，需要适应变化的环境并能做出相应的调整以确保计算机网络系统的安全。

为达到预期安全目标而制定的一套安全服务准则称为安全策略，安全模型是基于安全策略建立起来的。安全模型的发展经历了从被动防御到主动防御的过程，强调防御和恢复。

一、P2DR模型

美国国际互联网安全系统公司（ISS，Internet Security Systems Inc.）提出一个自适应网络安全模型，称为P2DR模型。P2DR是Policy（策略）、Protection（防护）、Detection（检测）和Response（响应）的缩写。

P2DR模型是在整体策略的控制和指导下，在运用防护工具保证系统运行的同时，利用检测工具评估系统的安全状态，通过响应工具将系统调整到相对安全和风险最低的状态。防护、检测和响应组成了一个完整的、动态的安全循环，在安全策略的指导下保证系统的安全。

在P2DR安全模型中，系统的安全实际上是理想中的安全策略和实际的执行之间的一个平衡，强调在防护、监控检测、响应等环节的循环过程，通过这种循环达到保持安全水平的目的。所以，P2DR安全模型是整体的、动态的安全模型，应该依据不同等级的系统安全要求来完善系统的安全功能、安全机制。

（一）策略

策略是P2DR模型的核心，描述了在网络安全管理过程中必须遵守的原则，所有的防护、检测和响应都是依据安全策略实施的。不同的网络可以有不同的策略，制定策略时需要综合考虑整个网络的安全需求，策略一旦制定完毕，就应该成为整个网络安全行为的准则。

当设计所涉及的那个系统在进行操作时，必须明确在安全领域的范围内，什么操作是明确允许的，什么操作是默认允许的，什么操作是明确不允许的，什么操作是默认不允许的。安全策略一般不做出具体的措施规定，也不确切说明通过何种方式才能够达到预期的结果，但是应该向系统安全实施者们指出在当前的前提下，什么因素和风险才是最重要的。就这个意义而言，建立安全策略是实现安全的最首要工作，也是实现安全技术管理与规范的第一步。安全策略的制定实

际上是一个按照安全需求、依照应用实例不断精确细化的求解过程。

（二）防护

防护就是采用一切手段保护计算机网络系统的机密性、完整性、可用性、可控性和不可抵赖性，预先阻止产生攻击可以发生的条件，让攻击者无法顺利地入侵。防护是网络安全的第一道防线，采用静态的安全技术和方法来实现，如防火墙、操作系统身份认证、加密等，这种防护称为被动防御，用于保护网络信息的机密性、完整性和可用性。

防护可以分为三大类：系统安全防护、网络安全防护和信息安全防护。

（1）系统安全防护：操作系统的安全防护，即各个操作系统的安全配置、使用和打补丁等。不同操作系统有不同的防护措施和相应的安全工具。

（2）网络安全防护：网络管理的安全，以及网络传输的安全。

（3）信息安全防护：数据本身的机密性、完整性和可用性。数据加密就是信息安全防护的重要技术。

防护称为被动防御，可以阻止大多数入侵事件的发生，但不可能发现和查找到安全漏洞或系统异常情况并加以阻止。

（三）检测

检测是网络安全的第二道防线，是动态响应和加强防护的依据。通过检测工具如漏洞评估、入侵检测等，不断检测和监控网络的状态，发现新的威胁网络安全的异常行为，然后通过反馈并及时做出有效的响应。

检测的对象主要针对系统自身的脆弱性和外部威胁。主要包括：检查系统本身存在的脆弱性；检查、测试信息是否发生泄漏、系统是否遭到入侵，并找出泄漏的原因和攻击的来源。如计算机网络入侵检测、信息传输检查、电子邮件监视、电磁泄漏辐射检测、屏蔽效果测试、磁介质消磁效果验证等。

检测和防护既有区别又有联系。防护主要修补系统和网络的缺陷，增加系统的安全性能，从而消除攻击和入侵的条件。检测并不是根据网络和系统的缺陷，而是根据入侵事件的特征去检测。但是，防护和检测之间有互补关系。如果防护部分做得很好，绝大多数攻击事件都会被阻止，那么检测部分的任务就很少。

（四）响应

响应是解决潜在安全问题的有效方法。响应就是在检测系统出现了被攻击或被攻击企图之后，及时采取有效的处理措施，阻断可能的破坏活动，避免危害进一步扩大，把系统调整到安全状态，或使系统提供正常的服务。

P2DR模型采用被动防御与主动防御相结合的方式，是目前比较科学的安全模型。P2DR模型也存在一个明显的弱点，就是忽略了内在的变化因素。如人员的流动、人员的素质和策略贯彻的不稳定性等。

二、PDRR模型

网络安全的整个环节可以用一个最常用的安全模型来描述，即PDRR模型，该模型是美国近年提出的概念。PDRR是Protection（防护）、Detection（检测）、Response（响应）、Recovery（恢复）的缩写。PDRR模型中整个安全策略包括防护、检测、响应和恢复，这四个部分构成了一个动态的信息安全周期。

PDRR模型中安全策略的前三个环节与PPDR模型中后三个环节的含义基本相同。最后一个环节“恢复”，是指在系统被入侵之后，把系统恢复到原来的状态，或者比原来更安全的状态。系统恢复时，对被入侵的系统进行评估与重建，同时采取更有效的安全技术措施。每次发生入侵事件，防御系统都要更新，保证相同类型的入侵事件不能再发生。系统的恢复过程通常需要解决两个问题：一是对入侵所造成的影响进行评估和系统的重建，二是采取恰当的技术措施。系统的恢复主要有重建系统、通过软件和程序恢复系统等方法。

PDRR安全模型的目标是尽可能地增大保护时间，尽量减少检测时间和响应时间，在系统遭受到破坏后，应尽快恢复，以减少系统暴露时间。及时检测和响应就是安全。

PDRR模型阐述的是网络安全最终的存在形态，并没有阐述实现目标体系的途径和方法。同P2DR模型类似，PDRR模型也没有涉及管理等方面的因素。

第二节　网络安全体系结构

为了保证网络安全功能，降低网络管理的开销，需要从全局的体系结构角度考虑安全问题的整体解决方案。计算机网络安全体系结构是网络安全的抽象描述，对于网络安全的设计、实现与管理都有重要的意义。

一、Internet网络体系层次结构

计算机网络的体系结构是计算机网络的各层及其协议的集合。体系结构就是这个计算机网络及其部件所应完成的功能的精确定义。

（一）开放系统互连参考模型（OSI/RM）

国际标准化组织ISO于1993年提出了开放系统互连参考模型（OSI/RM）；它采用了分层的结构化技术，任何系统只要遵循这个标准就可以进行通信，是Internet的TCP/IP协议的基础。

（二）Internet网络体系层次结构

Internet使用的协议是TCP/IP协议。TCP/IP协议是一个四层结构的网络通信协议组，这四层协议分别是：物理网络接口层、网际层、传输层和应用层。

1.网络接口层

网络接口层定义了Internet与各种物理网络之间的网络接口。该协议层接收上层（IP层）的数据并把它封装成对应的、特定的帧，或者从下层物理层接收数据帧并从数据帧中提取数据报文，然后提交给IP层。

2.网际层

网际层是网络互联层，负责相邻计算机之间的通信，提供端到端的分组传送、数据分段与组装、路由选择等功能。其功能包括三个方面：处理来自传输层的分组发送请求；处理输入数据报文；处理ICMP报文、路由、流控、阻塞等问题。

3.传输层

为应用层的应用进程或应用程序提供端到端有效的、可靠的连接以及通信和事务处理。

OSI安全体系结构的内容主要包括：描述了安全服务及相关的安全机制，提出了参考模型，定义了安全服务和安全机制在参考模型中的位置。

4.应用层

位于TCP/IP协议的最上层，向用户提供一组应用程序和各种网络服务，比如文件传输、电子邮件等。

二、网络安全体系结构框架

ISO7498-2标准颁布，确定了OSI参考模型的信息安全体系结构。在IS07498-2中描述了开放系统互联安全的体系结构，提出设计安全的信息系统的基础架构中应该包含5种安全服务、能够对这5种安全服务提供支持的8类安全机制，以及需要进行的5种OSI安全管理方式。一种安全服务可以通过某种安全机制单独提供，也可以通过多种安全机制联合提供；一种安全机制可用于提供一种或多种安全服务。

（一）安全服务

安全服务是指加强一个组织的数据处理系统及信息传达安全性的一种服务。OSI规定了开放系统必须具备以下五种安全服务：

1.鉴别服务

鉴别服务提供通信中的对等实体和数据来源的鉴别。对等实体的鉴别是当

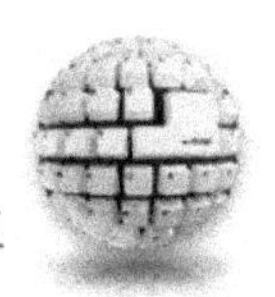

某层使用下层提供的服务时，确信其对等实体是它所需要的实体。数据来源鉴别必须与实体鉴别等其他服务相结合才能保证真实性。鉴别服务可以提供各种不同程度的保护。

2.访问控制服务

访问控制服务防止未经授权的用户非法使用系统资源。访问控制所保护的资源可以是经OSI协议访问到的OSI资源或非OSI资源。这种保护服务可以应用于对资源的各种不同的访问或应用于对一种资源的所有访问。

3.数据保密性服务

数据保密性服务保护网络中各系统之间交换的数据，防止数据非授权泄漏。数据保密性服务包括以下内容。

（1）连接的保密性：为一次连接上的全部用户数据保证机密性。

（2）无连接的保密性：为单个无连接的服务数据单元中的全部用户数据保证机密性。

（3）选择字段的保密性：为那些被选择的字段保证机密性，这些字段可能处于某个连接的用户数据中，可能为单个无连接的服务数据单元的字段。

（4）流量保密性：防止通过观察业务流得到有用的保密信息。

4.数据完整性服务

数据完整性服务提供数据完整性保护，防止通过违反安全策略的方式进行非法修改。数字完整性服务包括以下内容：

（1）有恢复功能的连接完整性：为连接上的所有用户数据保证完整性，并检测整个服务数据单元序列中的数据是否遭到任何篡改、插入、删除或重放，同时试图补救恢复。

（2）无恢复功能的连接完整性：与有恢复功能的连接完整性服务类似，只是不补救恢复。

（3）选择字段连接完整性：为在一次连接上传送某层服务数据单元的用户

数据，在数据中选择字段保证完整性，确定这些被选字段是否遭到任何篡改、插入、删除或重放。

（4）无连接完整性：当某层提供时，对发出请求的上层实体提供完整性保证。这种服务为单个的无连接服务数据单元保证安全性，确定收到的服务数据单元是否遭到篡改。另外，还在一定程度上提供对重放的检测。

（5）选择字段无连接完整性：为单个无连接的服务数据单元中的被选字段提供完整性，确定被选择的字段是否遭到篡改。

5.抗抵赖服务

抗抵赖服务防止发送数据方发送数据后否认自己发送过数据，或接收方接收数据后否认自己收到过数据。抗抵赖服务包括以下内容：

（1）数据源发证明的抗抵赖：为数据的发送者提供数据交付证据，这使得接收者事后不能谎称未收到过这些数据或否认它的内容。

（2）数据交付证明的抗抵赖：为数据的接收者提供数据来源的证据，这使得发送者事后不能谎称未发送过这些数据或否认它的内容。

（二）安全机制

安全机制是指为了保证网络安全而必须完成的工作。ISO7498-2确定的安全机制为加密机制、数字签名机制、访问控制机制、数据完整性机制、鉴别交换机制、业务流填充机制、路由控制机制、公正机制。

1.加密机制。

加密机制能提供数据保密性，也能为通信业务流信息提供保密性。

在OSI安全体系结构中应根据加密所在的层次及加密对象的不同，而采用不同的加密方法。加密算法可以是可逆的，也可以是不可逆的。可逆加密算法又分为对称密钥加密算法和非对称密钥加密算法。

2.数字签名机制

数字签名机制是解决网络通信中特有的安全问题的有效方法，可以完成对数据单元的签名，也可以实现对已有签名的验证。

数字签名是附加在数据上的一些数据，或是对数据所做的密码变换，这种数据或变换允许数据的所接收者确认数据来源和数据的完整性。

数字签名机制能够保证以下三点：

（1）报文鉴别：接收者能够核实发送者对数据的签名。

（2）报文的完整性：接收者确信所收到数据和发送者发送的完全一样。

（3）不可抵赖：发送者事后不能抵赖对数据的签名。

3.访问控制机制

访问控制机制是按事先确定的规则决定主体对客体的访问是否合法。对非授权或不正当的访问进行报警或审计跟踪。

（1）确定访问权。可以利用某个实体经过鉴别该实体的身份、信息或安全标记，确定并实施实体的访问权。

（2）建立访问控制机制的手段。建立的手段包括控制信息库、鉴别信息、安全标记、试图访问的时间、试图访问的路由、访问持续的时间等。

4.数据完整性机制

数据完整性机制包括两种形式：一种是数据单元的完整性，另一种是数据单元流的完整性。数据完整性机制就是确保数据单元或者数据单元流完整性的各种机制。可以使用不同的机制提供这两种不同的完整性服务。

5.鉴别交换机制

鉴别交换机制是以交换信息的方式来确认实体身份的机制。

选择鉴别交换技术取决于他们应用的环境，鉴别技术包括时间戳和同步时钟、两次握手和三次握手、抗抵赖服务等。

6.业务流填充机制

业务流填充机制主要是对抗攻击者进行流量分析。采用的方法一般在应用连接空闲时，连续发出伪随机序列，使得攻击者不知哪些是有用信息，哪些是无用信息。该机制可以用于提供各种等级的保护，只在业务填充收到保密性服务保护时才有效。

7.路由控制

路由控制机制可使信息发送者选择特殊的路由，以保证数据安全。

（1）路由选择：路由既可以动态选择，也可以事先选择，以便只利用物理上安全的子网、中继站或链路。

（2）路由连接：在检测到持续操作攻击时，系统可以指示网络服务提供者通过不同的路由建立连接。

（3）安全策略：安全策略会禁止携带某些安全标记的数据通过某些子网、中继站或链路。

8.公证机制

公证机制通过第三方机构提供对通信数据的完整性，通信实体、时间等内容的公证服务，仲裁出现的问题。

第三方公证机构得到通信实体的信任，并且掌握按照某种可证实方式提供所需信息。在使用公证机制时，数据便在参与通信的实体之间经由受到保护的通信场合和公证机构进行传送。

第三节　安全策略与运动生命周期

在安全系统设计阶段，在硬件、软件设计的同时，应规划系统的安全策略；在工程设计中，应按照安全策略的要求确定系统的安全机制；在系统运行中，应强制执行安全机制所要求的各项安全措施，并对其进行检查、评估，不断补充、改进和完善。

每个安全系统都有其自身的生命周期，随着时间推移，当新的安全系统需求出现时，原来的安全系统就被取代。

一、安全策略的定义

（一）安全策略的内涵

安全策略的制定与实施对组织的安全有着非常重要的作用。安全策略是指在一个特定的环境里，为保证提供一定级别的安全保护所必须遵守的规则。安全策略从本质上说是描述组织具有哪些重要的信息资产，并说明如何对这些资产进行保护的一个计划。

制定安全策略的目的是对组织成员阐明如何使用系统资源，如何处理敏感信息，如何采用安全技术产品，用户应该具有什么样的安全意识，掌握什么样的技能要求，承担什么样的责任等。

安全策略应当目的明确、内容清楚，能广泛地被组织成员所接受与遵守，要求有足够的灵活性和适应性，能够涵盖各种数据、活动和资源。

（二）安全策略制定的原则

在制定信息安全管理策略时，要严格遵守以下原则：

（1）目的性原则：安全策略是为组织完成自己的信息安全使命而制定的，策略应该反映组织的整体利益和可持续发展的要求。

（2）适用性原则：安全策略应该反映组织的真实环境和信息安全的发展水平。

（3）可行性原则：安全策略应该具有切实可行性，其目标应该可以实现，并容易测量和审核。

（4）经济性原则：安全策略应该经济合理，尽量减少规模和复杂程度。

（5）完整性原则：安全策略能够反映组织的所有业务流程的安全需要。

（6）一致性原则：安全策略要和国家、地方的法律法规保持一致；和组织已有的策略、方针保持一致；整体安全策略保持一致。

（7）弹性原则：对安全需求有总体的设计和长远的规划，策略不仅要满足当前的组织要求，还要满足组织和环境在未来一段时间内发展的要求。

（三）安全策略的内容

实现网络安全，不但要靠先进的技术，而且也得靠严格的管理、法律约束和安全教育，主要包括如下内容：

（1）先进的网络安全技术是网络安全的根本保证。对网络面临的威胁进行风险评估，决定需要的安全服务，选择相应的安全机制，然后使用先进的安全技术，形成一个全方位的安全系统。

（2）严格的安全管理是确保安全策略落实的基础。建立相应的网络安全管理办法，加强内部管理，建立合适的网络安全管理系统，加强用户管理和授权管理，建立安全审计和跟踪体系，提高整体网络安全意识。

（3）严格的法律、法规是网络安全保障的坚强后盾。面对日趋严重的网络犯罪，必须建立与网络安全相关的法律、法规，使攻击者慑于法律，不敢轻举妄动。

（四）安全策略的制定过程

1.理解组织业务特征

设计信息安全策略的前提是充分了解组织业务特征，包括对其业务内容、性质、目标及其价值进行分析。

2.得到管理层的明确支持

为了使制定的信息安全策略与组织的业务目标一致，使制定的安全方针、政策和控制措施可以在组织的上上下下得到有效的贯彻，可以得到有效的资源保证，安全策略制定需要得到管理层的明确支持。

3.组建安全策略制定小组

安全策略制定小组包括：高级管理人员、信息安全管理员、信息安全技术

人员、负责安全策略执行的管理人员和用户部门人员。

4.确定安全整体目标

通过防止安全事故的发生和将可能出现的安全事故的影响降到最低，保证业务持续性，使业务损失最小化，并为业务目标的实现提供保障。

5.确定安全策略范围

根据实际情况确定信息安全策略要涉及的范围，可以在整个组织范围内或者在个别部门或领域制定信息安全策略。

6.进行风险评估与选择安全控制

选择适合组织安全策略的基础是风险评估的结果，组织选择出了适合自己安全需求的安全控制目标与安全控制方式后，安全策略的制定才有了最直接的依据。

7.起草拟定安全策略

安全策略要尽可能地涵盖所有的风险和控制，根据具体的风险和控制来决定制定响应的安全策略。

8.评估安全策略

安全策略制定后，要经过充分的评估，确保安全策略能够达到组织需要的安全目标。评估时需要考虑以下方面：安全策略要符合法律、法规、技术标准及合同的要求；安全策略已经得到了管理层批准和支持；安全策略不能损害组织、组织人员及第三方的利益；安全策略实用、可操作并可以在组织中全面实施；安全策略能够满足组织在各个方面的安全要求；安全策略得到了组织中的人员与相关利益方的同意等。

9.实施安全策略

把具体安全策略编制成组织信息安全策略手册，并将其发布到组织中的每个组织人员与相关利益方。

10.持续改进安全策略

组织所处的内外环境在不断变化，信息资产所面临的风险也在不断变化，人的思想和观念也在不断变化，所以要定期评审安全策略，进行持续改进。

二、安全系统的开发与运行

系统开发是创建一个具有特定功能和性能的系统，为了保证整个系统的安全，必须保证系统开发过程的安全，以及所开发系统的安全。

（一）安全系统的开发

安全系统开发应该遵循的原则有：主管参与；优化与创新；充分利用信息资源；实用和时效；规范化；有效安全控制以及适应发展变化。

安全系统开发时需要进行的安全控制有以下几点：

1.可行性评估

可行性评估是对系统开发实施安全管理必须遵循的最基本条件。可行性评估指评估在当前环境下系统开发必须具备的资源和条件。包括：目标和方案的可行性；实现技术方面的可行性；社会及经济的可行性；操作和进度的可行性。

2.项目管理

项目管理是在项目实施过程中对其计划、组织、人员及相关数据进行管理和配置，对项目实施状态进行监视和对项目完成情况进行反馈。

3.代码审查

防止系统中的各种错误和漏洞的最好方法是进行代码审查。代码审查主要任务是发现程序的实现与设计文档不一致的地方和程序中的逻辑错误。开发小组的各个成员要互相进行代码审查，保证代码的正确是开发小组程序员的共同责任。

4.程序测试

程序测试的目的有两个，一个是确定程序的正确性，另一个是排除程序中的安全隐患。程序测试是使得安全系统成为可用产品的重要措施。

5.版本管理

版本管理是提高系统可靠性的重要措施。安全系统的设计过程是由一个状态向另一个状态转变的过程，系统的版本反映设计过程的相应变迁。设计者在开发环境中正在进行设计开发，对应的版本是工作版本，这个版本是不能使用或没有配置好的版本。当设计已经完成，系统进行审批，对应的版本是提交版本，这个版本不允许删除和更新。如果提交版本通过所有的检测、测试、审核和验收后，那么就升级为发放版本，这个版本不能修改，而且应该归档存放。如果系统设计达到了某种要求，那么在一段时间内保持不变的版本就成为冻结版本。

（二）安全系统的运行

加强对系统运行的安全管理可以保证安全系统的可靠性、安全性和有效性。系统运行安全管理包括系统评价、系统运行安全检查和系统变更管理等，还应该建立系统运行文档。

1.系统评价

安全系统投入运行后，要不断对其运行状况进行评价，并将评价结果作为系统维护、更新和进一步开发的依据。系统评价是对一个系统进行质量检测分析，包括以下方面：系统对用户和业务需求的相对满意程度；系统开发过程的规范程度；系统功能的先进性、可靠性、完备性和发展性；系统的性能、成本、效益综合比；系统运行结果的有效性、可行性和完整性。

系统评价的指标有预定的系统开发目标完成情况、系统运行实用性评价和系统对设备的影响。

2.系统运行安全检查

系统运行安全检查就是要确保系统正常运行并处于稳定高效的运行状态。系统运行安全检查包括以下两个方面：进行计算机硬件系统、实体环境和人员的安全检查；进行系统运行的安全测试。

3.系统变更管理

安全系统总是处于一种不断变化的状态，系统变更管理的目的是迅速解决由于安全系统不断变化产生的问题。系统变更管理包括：对系统进行运行同步跟踪；对系统软件的补充、升级和修订；对硬件和物理设备的变更。

4.系统运行文档建立

将系统初始状态、当前状态和各类程序运行参数等系统设置进行安全备份，建立系统设置参数文件，用于系统运行维护、系统恢复和系统移植，也可用于安全审查。将系统运行时产生的特定事件记录在系统运行日志中，用于提供系统权限检查中的问题、系统故障的发生与恢复以及系统检测等信息，也可用于检查系统的使用情况。

三、安全系统的主命周期

一个安全系统使用了一段时间以后，会由于生产生活的发展而变得不合时宜，用户提出新的安全系统的要求，新的安全系统代替旧的安全系统的这种周期循环就称为安全系统的生命周期。安全系统的生命周期由系统规划、系统分析、系统设计、系统实施、维护管理五个阶段组成。

（一）系统规划阶段

用户提出建立新的安全系统或者改造原有安全系统的要求，进行初步调查研究，给出建设性结论，经过专家组讨论研究后形成可行性研究报告，将新系统建立方案和实施计划编写成系统设计任务书，作为以后各个设计阶段的指导性文件。

（二）系统分析阶段

根据系统设计任务书所规定的范围进行详细调查、收集信息、分析数据，构造出新系统的逻辑模型，确定系统工作流程，形成系统方案，并将系统分析的结果编写成逻辑说明书。

（三）系统设计阶段

根据系统分析阶段提出的逻辑模型进行物理模型的设计，确定系统的实施方案。系统设计时先进行总体设计，之后进行详细设计。主要设计包括：安全机制的选择和设计；密码体制工程化设计；密钥管理措施设计：系统硬件和软件的选择等。系统设计的结果总结成系统的详细技术设计报告。

（四）系统实施阶段

该阶段是对新系统实施，主要包括应用程序的编制与调试、人员培训、系统转换和系统验收等。

（五）维护管理阶段

系统投入运行后，需要不断地维护和管理，根据用户提出的安全需求修改系统功能或增加系统功能。安全系统运行一段时间以后，还要对系统工作质量、经济效益进行评价，作为新系统开发的需求和依据。

安全系统的开发过程是一个从抽象到具体的逐步细化的过程。在这个过程中，每个阶段都可能需要反复多次，不断优化。

第八章　网络实体安全

确保整个计算机网络系统的安全前提，是确保计算机以及网络系统机房的物理安全。只有物理安全得到了保证，整个计算机网络系统的安全才有可能实现。

网络实体安全（Physical Security）又叫物理安全，是指为了保证网络系统安全可靠地运行，确保系统在对信息进行存储和传输的过程中，不会受到人为或自然因素的危害，对网络机房、系统环境、系统设备以及存储介质等所进行的安全管理。实体安全的目的是保护计算机、网络服务器、交换机、路由器、防火墙等硬件实体免受自然灾害、人为失误、犯罪行为的破坏，确保系统有一个良好的工作环境等。

影响计算机网络实体安全的主要因素有：计算机及其网络系统自身存在的脆弱性因素；各种自然灾害导致的安全问题；由于人为的失误及各种犯罪行为导致的安全问题。

计算机网络实体安全包括：环境安全、设备安全、存储介质安全和硬件防护。

第一节　计算机网络机房与环境安全

计算机网络机房与环境安全就是要保证网络系统有一个安全的物理环境，对放置网络系统的空间进行周密规划，充分考虑各种因素对信息系统造成的威胁并加以规避。

为了对网络提供足够的保护，而又能够在一定的时间内满足网络发展的需求，机房设计应该遵循以下原则：

（1）先进性原则：采用先进成熟的技术和设备，既要满足当前需求，又要兼顾未来扩展的要求，尽可能采用最先进的技术、设备和材料，以适应高速的数据传输需要，使整个系统在一段时期内保持技术的先进性，并具有良好的发展潜力，以适应未来业务发展和技术升级的需要。

（2）可管理性原则：在机房设计时，必须建立一套全面、完善的机房管理和监控系统。所选用的设备应具有智能化和可管理的功能，同时采用先进的管理摇控系统设备及软件，监测整个计算机机房的运行状况，故障发生时迅速确定位置和原因，提高运行性能、可靠性，简化机房管理人员的维护工作。

（3）可靠性原则：为保证各项业务应用，机房布局、结构设计、设备选型、日常维护等各个方面必须进行高可靠性的设计和建设。在关键设备采用硬件备份、冗余等可靠性技术的基础上，采用相关的软件技术措施提高计算机机房的安全可靠性。

一、机房的安全等级

为了对网络系统提供足够的保护且节约资源，应该对网络机房规定不同的安全等级，不同等级的机房提供不同的安全保护。根据GB/T9361-1998标准《计算机场地安全要求》，机房的安全等级分为三个基本类别。

A类：对计算机机房的安全有严格的要求，有完善的计算机机房安全措施。该类机房可以防止需要最高安全性和可靠性的系统和设备。

B类：对计算机机房的安全有较严格的要求，有较完善的计算机机房安全措施。该类机房的安全性较A类次之，但比C类强。

C类：对计算机机房的安全有基本的要求，有基本的计算机机房安全措施。该类机房可以存放只需要最低限度的安全性和可靠性的一般性系统。

其中A类安全级别最高，B类交全级别其次，C类安全级别最低。

二、机房的安全保护

计算机机房的安全是计算机网络实体安全的一个重要部分，机房应该符合国家标准和有关规定。计算机机房的安全保护主要从机房的位置选择和机房建筑、结构的安全两个方面来考虑。

（一）机房位置选择

计算机机房应避免靠近公共区域，避免窗户临街。在一个高大的建筑内，计算机机房最好不要建在潮湿的底层，也尽量避免建在可能漏雨的顶层，一般放置在第二、三层较宜。在有多个办公室的楼层内，计算机机房应至少占据半层，或靠近一边。这样既便于防护，又利于发生危险时的撤离。

（1）保证机房所在楼层水、电充足，自然环境清洁。

（2）保证机房的设备进出口畅通，应有足够大型设备出入的出入口。

（3）保证机房设备有扩充空间的余地，电力系统、空调设备等处所占空间也要预留未来若干年内扩充的需求。

（4）机房严禁靠近水源，或墙壁内部有水源管路经过机房顶部及底部，使用独立的消防系统。

（5）机房周围100m内不能有危险建筑物。危险建筑物指易燃、易爆、有害气体等存放场所，如加油站、煤气站、天然气煤气管道和散发有强烈腐蚀气体的设施、工厂等。

（6）远离强震源和强噪声源，避开强电磁场干扰。

（二）机房建筑和结构的安全

计算机机房的安全保护除了选择一个适合的机房位置之外，还需要对机房的建筑和结构进行严格要求，尽量避免可能的安全隐患。机房建筑和结构安全主要包括设置物理访问控制、安装配套的辅助系统、管理内部人员进出机房等。

（1）电梯和楼梯不能直接进入机房。

（2）建筑物周围应有足够亮度的照明设施和防止非法进入的设施。

（3）外部容易接近的进出口，如风道口、排风口、窗户、应急门等处应有栅栏或监控措施，而周边应有物理屏障（隔墙、带刺铁丝网等）和监视报警系统，窗口应采取防范措施，必要时安装自动报警设备。

（4）机房进出口须设置应急电话。

（5）机房供电系统应将动力照明用电与计算机系统供电线路分开，机房及疏散通道应配备应急照明装置。

（6）机房应远离产生粉尘、油烟、有害气体，远离易燃物、易爆物和腐蚀性物品。

（7）进出机房时要更衣、换鞋，机房的门窗在建造时应考虑封闭性能。

（8）机房内部照明应达到规定标准。

计算机机房应减少无关人员进入机房的机会。所有进出计算机机房的人都必须通过管理人员控制的地点。访问人员一般不进入数据区或机房，特殊需要进入控制区的，应办理手续。每个访问者和带入、带出的物品都应接受检查。

三、机房的“三度”要求

机房的“三度”要求是：温度、湿度和洁净度。过高或过低的温度、过高或过低的湿度和过多的灰尘都会影响计算机系统的可靠性、安全性，轻则造成工作不稳定、性能降低，出现故障，重则会对计算机系统造成破坏。为了使系统正常工作，机房的“三度”要求必须得到保证。

（一）温度

在机房内，温度会随着热量的增加而升高。热量主要来自于计算机的散热，计算机在运行期间产生的热量最大；其次还来自于太阳的辐射、人工照明、人体体热及机房内的其他设备的散热。

机房的温度过高或过低都会对网络硬件造成一定的损坏。温度过低会导致硬盘无法启动，过高会使元器件性能发生变化，耐压降低，导致不能工作。

一般要求A级机房在开机时温度：夏季21℃～25℃；冬季18℃～22℃。

需要注意的是，机房温度标准设定并非越高越好，过高的标准会造成有限资源和资金的浪费。各类机房环境温度应根据机房设备的特性与要求来设定，以求取得最佳效果与经济效益。

为控制机房的温度保持在所要求的限度内，机房要求安装空调系统。有条件的机房可安装温度采集器，并采用温度自动报警装置来监测温度的变化，从而防止温度超过某一指标或低于某一指标。

（二）湿度

同样，机房的湿度过高或过低也会对网络硬件有一定影响。相对湿度过高会使电气部分绝缘性降低，会加速金属器件的腐蚀，引起绝缘性能下降，灰尘的导电性能增强，器件失效的可能性增大；而相对湿度过低、过于干燥可能导致计算机中某些器件龟裂，印刷电路板变形，特别是静电感应增加，使计算机内信息丢失、损坏芯片，对计算机带来严重危害。

一般要求A级机房在开机时相对湿度控制在45%～65%为宜。

防止机房内过湿过干的有效措施是把握好室内的温度，控制湿度主要是通过控制温度来实现的。对室内相对湿度要求严格的机房，可以使用空气除湿器等设备作为专用控制湿度设备。

温度与湿度控制最好都与空调联系在一起，由空调系统集中控制。机房内应安装温、湿度显示仪，随时观察、监测。

（三）洁净度

尘埃的成分包括：漂浮状尘埃、虫体及其排泄物、纤维、病菌、化学烟雾等，它们时常漂浮在室内空气中并被大量吸入或附着在物体表面。

机房内部人员集中活动、设备集中运行，无论采用何种建筑结构，其尘埃都是无法避免的。如果平时不注意计算机的保养，到一定时间后，机箱内会积满尘埃。这主要是由于计算机在运行的过程中会产生很多的热量，而计算机散热都是采用风冷方式，这样空气中的尘埃就乘虚而入了。

如果尘埃落入计算机设备中，容易引起接触不良、发热元件的散热效率降低，造成性能下降，甚至造成击穿；灰尘还会增加机械磨损，尤其对驱动器和盘片。

机房尘埃的主要来源有：机房工作人员出入机房时由缝隙侵入；空调系统所补充的新风；机房的墙壁、天棚、地板等脱落物形成的灰尘等。

一般来说，要求机房尘埃颗粒直径不小于0.5μm的尘埃个数应该不大于18000粒/cm^3。

计算机房必须有除尘、防尘设备和措施，保持清洁卫生，以保证设备的正常工作。除尘埃应从消除其产生源入手，具体办法如下。

（1）进入机房的人员应换上专用的工作服和工作鞋，或戴上鞋套。

（2）机房室内的门、窗应为双层密封式，保持空气正压值，防止外界污染空气侵入，同时补充新风来维持正压所增加的风量。

（3）在空调系统中安装空气过滤器，收集进入机房和回风中的尘埃，及时清理风网，防止空气污染。

（4）建筑、装饰材料尽量选择不吸尘、不起尘的材料，地面不能涂附着力强的漆，最好铺水磨石、瓷砖或安装活动地板，保持表面光洁，不起灰尘。

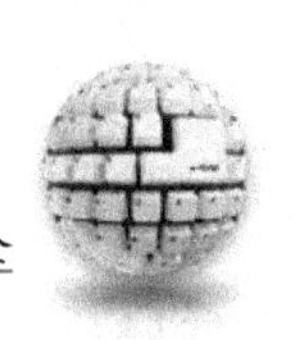

（5）做好表面清洁除污工作。在关机状态下，可以用干净柔软并且微湿的抹布擦拭设备，对于难以清除的污渍可以使用中性清洁剂或计算机专用清洁剂加以去除，然后用抹布擦净晾干。

（6）精密设备使用专用的除尘器来进行除尘。

四、机房的电磁干扰防护

在一个系统内，两个或两个以上电子元器件处于同一环境时，就会产生电磁干扰。电磁干扰是电子设备或通信设备中最主要的干扰。计算机网络系统处在复杂的电磁干扰的环境中，这种电磁干扰有时很强，会引起计算机设备的信号突变，造成设备不能正常工作。另外，电磁干扰也会使人内分泌失调，危害人的身体健康。因此对机房进行电磁干扰防护是非常必要的。

电磁干扰防护的主要目的是提高计算机及网络系统、其他电子设备的抗干扰能力，使之能抵抗强电磁干扰；同时将计算机的电磁泄漏发射降到最低，防止电磁泄漏，电磁干扰可以分为传导干扰和辐射干扰两类，这两类干扰是通过不同形式产生的。其中电磁辐射干扰的强度取决于一些相关因素，在这些因素方面采取各种措施，可以达到电磁干扰防护的目的。

（一）电磁干扰分类

按干扰的耦合方式不同，可将电磁干扰分为传导干扰和辐射干扰两类。

传导干扰是通过干扰源和被干扰电路之间存在的一个公共阻抗而产生的干扰。例如，两台设备采用共用电源供电，或者两条平行导线相距很近时，都可能产生传导干扰。

辐射干扰是通过介质以电磁场的形式传播的干扰。辐射电磁场从辐射源通过天线效应向空间辐射电磁波，按照波的规律向空间传播，被干扰电路经耦合将干扰引入到电路中来。辐射干扰源可以是载流导线，如信号线、电源线等，也可为芯片、电路等。

传导干扰和辐射干扰主要取决于干扰源的频率。低频时，干扰往往属于传导耦合；高频时，干扰往往属于电磁辐射。

辐射干扰是计算机网络系统中主要的干扰，影响这类干扰的因素有功率、频率、距离以及屏蔽状况。

（1）功率和频率：设备的功率越大，辐射强度越大；信号频率越高，辐射强度越大。

（2）距离：在同等条件下，辐射轻度与距离成反比。离辐射源越近，辐射强度越大，离辐射源越远，辐射强度越小。

（3）屏蔽状况：辐射源已经屏蔽且辐射情况良好，辐射强度就会相应减小。

（二）电磁干扰防护措施

一般说来，主机房内无线电干扰场强不应大于126dB；磁场干扰场强不应大于800A/m。当机房的电磁场干扰强度超过要求时，应采取措施。

对传导发射的防护，主要采取对电源线和信号线加装性能良好的滤波器，减小传输阻抗和导线间的交叉耦合。

对辐射的防护，这类防护措施可分为两种：一种是采用各种电磁屏蔽措施，如对设备的金属屏蔽和各种接插件的屏蔽，同时对机房的下水管、暖气管和金属门窗进行屏蔽和隔离；第二种是干扰的防护措施，即在计算机系统工作的同时，利用干扰装置产生一种与计算机系统辐射相关的伪噪声向空间辐射来掩盖计算机系统的工作频率和信息特征。

电磁干扰防护的主要措施有以下几点：

1.选用低辐射设备

这是防止电磁干扰的根本措施。低辐射设备在设计生产时已对能产生电磁干扰的电子元件、集成电路、连接线和阴极射线管等采取了防辐射措施，把设备的辐射程度抑制到最低。

2.采取屏蔽措施

屏蔽是应用最多的方法。屏蔽可以有效地抑制电磁信息向外泄漏，衰减外界强电磁干扰，保护内部的设备、器件或电路，使其能在恶劣的电磁环境下正常工作。屏蔽体一般是用导电和导磁性能较好的金属板制成。

屏蔽可以分为以下三种类型：电屏蔽、磁屏蔽和电磁屏蔽。

（1）电屏蔽：电屏蔽是将电子元器件或设备用金属屏蔽层包封起来，避免它们之间通过耦合引起干扰而采取的措施。

（2）磁屏蔽：磁屏蔽是采用导磁性好的材料包封起被屏蔽物，为屏蔽体内外的磁场提供低磁阻的通路来分流磁场，避免磁场干扰，抑制磁场辐射。

（3）电磁屏蔽：电磁屏蔽是对电磁场进行屏蔽。因为电场和磁场一般不孤立存在，所以这也是主要的屏蔽措施。平时所说屏蔽，一般指电磁屏蔽。

3.利用噪声干扰源

利用噪声干扰源可以达到防止电磁泄漏的目的。噪声干扰源使用的技术是产生无用的噪声信号，让其和设备的辐射信号混在一起，使得在辐射范围内的信号为无用信号，即使这些信号被截获也不会被还原，避免信息泄漏。利用噪声干扰源有以下两种方式：

（1）使用白噪声干扰源。可以采用两种方法：一种方法是将一台能够产生白噪声的干扰源放在设备旁，让干扰源产生的白噪声与设备产生的辐射信息混在一起；另一种方法是将处理重要信息的设备装置放在中间，四周放置一些处理一般信息的设备，让这些设备产生的辐射信息一起向外辐射。

（2）利用干扰器。干扰器会产生大量的仿真信息处理设备的伪随机干扰信号，使辐射信号和干扰信号在空间叠加成一种复合信号向外辐射，破坏原辐射信号的形态，使接收者无法还原信息。

两种方式比较起来，利用干扰器的效果比利用白噪声干扰源的效果好，但干扰器的辐射强度大，很容易造成环境的电磁噪声污染。

4.进行距离防护

这是一种非常经济的方法。设备的电磁辐射在空间传播时随着距离的增加而衰减，因此在机房位置的选择上应该考虑这一因素，使机房有较大防护距离。

5.采用微波吸收材料

使用微波吸收材料可以减少电磁辐射，不同的微波吸收材料有不同的频率范围和特性，在实际中可以根据情况进行选择。

五、接地保护与静电保护

（一）接地保护

计算机系统和工作场所的接地是非常重要的安全措施。接地是指系统中各处电位均以大地为参考点，地为零电位。接地可以为计算机系统的数字电路提供一个稳定的低电位（0V）。机房内必须部署接地装置，这不仅是为了网络系统的安全，同时也是为了工作人员的安全。

1.地线种类

根据GB/T2887–2016标准《电子计算机场地通用规范》，机房接地有四种方式。

（1）交流工作接地，接地电阻不应大于4Ω。

（2）安全保护接地，接地电阻不应大于4Ω。

（3）直流工作接地，接地电阻不应大于10Ω。

（4）防雷接地，应按现行国家标准《建筑防雷设计规范》执行。

根据《电子计算机机房设计规范》，接地时应考虑如下原则：

（1）交流工作接地、安全保护接地、直流工作接地和防雷接地等4种接地共用一组接地装置，其接地电阻按其中最小值确定。若防雷接地单独设置接地装置时，其余3种接地共用一组接地装置，其接地电阻不应大于其中的最小值，并应按现行标准《建筑防雷设计规范》要求采取防雷击措施。

（2）对直流工作接地有特殊要求，需单独设置接地装置的电子计算机系统，其接地电阻值及与其他接地装置的接地体之间的距离，应按照计算机系统及有关规定的要求确定。

（3）计算机系统的接地应采取单点接地，最好采取等电位措施。

（4）当多个计算机系统共用一组接地装置时，宜将各计算机系统分别采用专用攀地线与接地体连接。

2.接地体

通常采用的接地体有地桩、水平栅网、金属接地板、建筑物基础钢筋等。

（1）地桩：垂直打入地下的接地金属棒或金属管，是常用的接地体。它用在土壤层超过3m厚的地方。金属棒的材料为钢或铜，直径一般应为15mm以上。为防止腐蚀、增大接触面积并承受打击力，地桩通常采用较粗的镀锌钢管。

（2）水平栅网：在土质情况较差，特别是岩层接近地表面无法打桩的情况下，可采用水平埋设金属条带、电缆的方法。金属条带应埋在地下0.5m ~ 1m深处，水平方向构成星形或栅格网形，在每个交叉处，条带应焊接在一起，且带间距离不小于1m。

（3）金属接地板：将金属板与地面垂直埋在地下，与土壤形成至少$0.2m^2$的双面接触。深度要求在永久性潮壤以下30cm，一般至少在地下埋1.5m深。金属板的材料通常为铜板，也可为铁板或钢板。

（4）建筑物基础钢筋：现代高层建筑的基础深入地下几十米，基础钢筋在地下形成很大的地网并延伸至顶层，每层均可接地线。这种接地体节省场地，经济适用，是城市建设机房地线的发展方向。

（二）静电保护

接地也是防静电采取的最基本措施。静电是由物体间的相互摩擦、接触而产生的，静电产生后，由于它不能泄放而保留在物体内，产生很高的电位，而静电放电时发生火花，计算机信息系统的各个关键电路，如CPU、ROM、RAM等，对静电极为敏感，很容易被静电击穿。

1.静电产生的原因

产生静电的原因很多，随着机房内各种绝缘材料和化学合成材料的使用，静电问题越来越严重。首先，部分机房内铺设的地毯是产生静电的根源，其最易产生静电积累。其次，工作人员穿着的化纤类衣物，也是静电产生的原因。再次，静电的产生也与气候有关，比如冬季气候干燥，气温低，空气能累积大量电荷，因此静电产生与释放在冬天更明显。无论怎样，静电释放在一定程度上是存在着，同时静电产生也是不可避免的。

2.静电防范措施

为了防止静电的产生，主要从机房装修材料及家具的选择、设备外壳接地的处理、人员操作的管理以及静电消除设备的使用等方面考虑。静电的防范措施主要有以下几点：

（1）保证计算机设备的外壳接地良好，一些电路板不使用时应包装在传导泡沫中，以避免静电伤害。

（2）在机房建设中装修材料避免使用挂毯、地毯等易产生静电的材料，应采用乙烯材料。机房内应该采用活动地板，活动地板表面应是导静电的。

（3）机房内的家具如磁带、磁盘柜、工作台表面尽可能用金属材料；工作台面及座椅材料应是导静电的。

（4）维修人员用手触摸芯片电路之前，应先把体内静电放掉。工作人员服装、鞋子应该使用防静电材料或低阻值的材料。

（5）机房内应保持一定湿度，在北方干燥季节应适当加湿，以免因干燥而产生静电。

（6）在易产生静电的地方，使用静电消除剂或静电消除器。

六、机房电源系统

电源是计算机网络系统正常工作的重要因素。电源设备应提供稳定可靠的电源，供电电源设备的容量应具有一定的余量。计算机房设备最好是采取专线供

电。为保证设备用电质量和用电安全，电源应至少有两路供电，当正在使用的线路供电出现问题时，通过自动转换开关迅速切换到备用线路供电。应安装备用电源，如长时间不间断电源（UPS），停电后可供电8小时或更长时间。关键的设备应有备用发电机组和应急电源。同时为防止、限制瞬态过压和引导浪涌电流，应配备电涌保护器（过压保护器）。从电源室到计算机电源系统的电缆不应对计算机系统的正常运行构成干扰。

（一）供电电源质量分级标准

根据GB/T2887-2010标准《电子计算机场地通用规范》，计算机供电电源质量根据计算机的性能、用途和运行方式（是否联网）等情况可划分为A、B、C共三个级别。

（二）紧急情况下供电

在断电的紧急情况下，机房的电源系统应该能够为网络系统提供不间断电源或较长时间的紧急供电。

（1）UPS：正常供电时，UPS可使交流电源整流并不间断地使电池充电。在断电时，由电池组通过逆变器向机房设备提供交流电。从而有效地保护系统及数据。在特别重要的场合，应考虑此种措施。

（2）应急电源：主要通过汽油机或柴油机带动发电机，在断电时启动，为系统提供较长时间的紧急供电。它需要有自己的燃料支持。应急发电机只对最重要的设备提供支持，包括空调、服务器、照明灯、报警系统、通信设备等。

（三）电压调节变压器和紧急开关

电源电压波动超过设备安全操作允许的范围时，需要进行电压调整。如果机房设备直接与电网连接，则要有一个电压调节变压器，以保持电压稳定。这个变压器安装在机房附近时，需要在机房周围设置防火隔离带。

计算机系统的电源开关（主控开关）应安装在计算机主控制开关柜附近。这些开关要清楚地标注出它们的功能。操作者应熟练掌握在紧急情况下如何操作它们。

七、机房的防火、防水与防盗

由于机房大量使用电源，必须对机房采取防火和防水措施。机房的火灾一般是由于电气原因、人为事故或外部火灾蔓延引起的。水灾一般是由于机房内有渗水、漏水等原因引起的。对机房应该采取相应的防火、防水与防盗措施。

（一）防火措施

火灾比其他实体安全威胁要严重得多，更容易造成财产损失和人员伤亡。因此，实体安全中需要采取严格的措施来检测和扑灭火灾。

（1）隔离设施：建筑内的计算机房四周应设计一个隔离带，以使外部的火灾至少可隔离一个小时。

（2）火灾报警系统：在火灾初期就能检测到并及时发出警报。火灾报警系统按传感器的不同，分为烟报警和温度报警两种类型。为安全起见，机房应配备多种火灾自动报警系统，并保证在断电后24小时之内仍然能够发出警报。报警器为音响或灯光报警，一般安放在值班室或人员集中处，以便工作人员及时发现并向消防部门报告，组织人员疏散等。

（3）灭火设施：灭火器，灭火工具及辅助设备（如液压千斤顶、手提式锯、铁锹、镐、榔头、应急灯等）。

（4）管理措施：机房应有应急计划及相关制度，要严格执行计算机房环境和设备维护的各项规章制度，加强对火灾隐患部位的检查。如电源线路要经常检查是否有短路处，防止出现火花引起火灾。要制订灭火的应急计划并对所属人员进行培训。

（二）防水措施

由于计算机系统使用电源，因此水对计算机是致命的威胁，它可以导致计算机设备短路而损坏设备。因此，对机房必须采取有效的防水措施。

（1）机房应尽量选择避开顶部存在水源的房间，位于用水设备下层的计算机机房，应在吊顶上设防水层，并定期检查是否有漏水的迹象。

（2）为每台设备准备一个防水罩，在无人看管或漏水时盖住每台设备。

（3）机房地面高出外界8～10cm，防止同层房间跑水殃及机房。

（4）地板下铺设的各种线路应放置在线槽中，地面设置排水沟道。

（5）在漏水隐患处设置漏水检测报警系统。

（三）防盗措施

对重要的设备和存储媒体应采取严格的防盗措施。除了设置坚固的防盗门窗防盗的基本设施以外，还要对计算机网络系统的外围环境、操作环境进行实时的全程监控、报警和控制。可采取的防盗监控系统有以下几种：

（1）视频监视系统：能对系统运行的外围环境、操作环境实施监视，尽可能早地发现各种攻击企图、攻击行为或者攻击结果。

（2）入侵检测系统：用于便捷检测报警，一旦有非授权的进入机房或试图进入机房，入侵检测系统可以立即检测到并报警。

（3）出入口控制系统：设置专门的警卫人员，检查进入机房人员的证件和有效许可证明；出入口安装金属防护装置保护安全门、窗户，门窗上要安装适合的机械锁装置或电子机械锁装置。

（4）运动物体检测、传感和报警系统：该系统布置在安全区域内，能够检测到运动的物体并进行相应的报警。包括光测定系统、移动监测系统、听觉震动检测系统和红外线传感检测系统等。

第二节　计算机网络机房存储介质防护

硬件防护一般是指在计算机硬件（CPU、存储器、外设等）上采取措施或通过增加硬件来防护。如计算机加锁，专门的信息保护卡（如防病毒卡、防拷贝卡），插座式的数据变换硬件（如安装在并行口上的加密狗等），以及用界限寄存器对内存单元进行保护等措施。

由于硬件安全防护措施的开支大，且不易随着设备的更新换代而改变，因此，许多安全保护功能是由软件实现的。软件保护措施灵活，易实现、易改变，但它占用资源多、开销大，并且运行起来会降低计算机的性能，有时还需要操作系统支持。

存储介质上存储了大量的信息，因此，机房安全中的一项重要内容是存储介质的防护。对存储介质实体上的防护主要是防盗、防毁、防霉等。对于重要的系统，需要将硬件防护同系统软件的支持相结合，以确保安全。

存储介质的防护包括存储介质存放的环境要求、存储介质上数据的分类与保护、电子文档的保护与维护、存储介质的安全管理等内容。

一、存储介质存放的环境要求

存放存储介质的办公室应设立专人值班、检查开关门情况、及时查看机密材料是否放入安全箱或文件柜内、办公室门窗是否关好。存放存储介质的保护设备应具有防火、防水、防震和防电磁场的性能，保护设备的密码应该定期重新设置，并且密码的选择要符合安全原则。存放存储介质与计算机的正常工作条件类似，包括温度、湿度、洁净度和磁场强度等要求。

二、存储介质的分类与防护

对所有的存储介质上所存储的数据进行评价和分类，数据按照其重要性和机密程度可分为以下四类：

（一）关键性数据

关键性数据对系统的功能是最重要且不可替换的，是发生灾害后立即需要，但又不能再复制的数据，如关键性程序、加密算法和密钥等。

关键性数据应该进行复制，副本所在的存储介质应该分散存放在安全的地方。存放关键性数据的金属文件柜等保护设备应具备防火、防高温、防水、防震和防电磁场的性能。

（二）重要数据

重要数据对系统的功能很重要，可以在不影响系统最主要功能的情况下进行复制，但比较困难和昂贵。重要数据如重要程序、存储数据、输入和输出数据等。

同关键性数据类似，重要数据也应该进行复制，副本所在的存储介质应该分散存放在安全的地方。存放重要数据的金属文件柜等保护设备应具备防火、防高温、防水、防震和防电磁场的性能。

（三）有用数据

有用数据丢失可能引起极大的不便，但可以很快复制，如已留有复制的程序等。

有用数据应该存放在密闭的金属文件箱或文件柜中。

（四）不重要数据

不重要数据在系统调试和维护中很少使用。

存储介质上的各类数据应该加以明显的分类标志，以便于管理和使用。

三、电子文档的保存与维护

电子文档在保存与维护方面具有不同于纸质介质的特点。为了使电子文档安全、可靠并永久处于可准确提供使用的状态，除了满足存储介质存放的环境要求以外，文档管理者还需要做到以下几点：

（一）保证电子文档载体物理上的准确

由于电子文档来自各个方面，是在不同的计算机系统上形成的，而且在格式编排上也有所不同，因此必须对电子文档所依赖的技术、数据结构和相关定义参数等加以保存，或采用其他方法和技术加以转化，以保证电子文档内容逻辑上的准确。

（二）保证电子文档的原始性

对于一些比较特殊的电子文档，必须以原始形成的格式进行还原显示。为了保证电子文档的原始性，采用的方法有：保存电子文档相关支持软件及整个应用系统；保存原始文档的电子图像；保存电子文档的打印输出件或制成微缩品。

（三）保证电子文档的可理解性

为了使相关人员能够完全理解一份电子文档，需要保存与文档内容相关的信息。这些信息包括：元数据；物理结构与逻辑结构的关系；相关电子文档的名称、存储位置和文档之间的相互关系；与电子文档内容相关的背景信息等。

（四）对电子文档载体进行有效的检测与维护

存储电子文档的存储介质，特别是磁性存储介质，很容易受到所在环境的影响。因此对保存的电子文档的存储介质必须定期进行检测和维护，以保证电子文档的可靠性。检测时首先需要进行外观检查，确认表面是否有物理损坏或变形，是否清洁，是否有霉斑出现等。其次进行逻辑检测，采用检测软件对存储介质上的数据进行读写校验。如果检测时发现了错误，需要进行有效的修正或更新。

四、存储介质的安全管理

为了更好地保护存储介质，除了保证存储介质存放的环境条件和对其上的数据进行分类保护以外，还要加强存储介质的管理，使得人员在使用存储介质的过程中保证其上数据的机密性、完整性和可用性。

（1）存储介质应造册登记，编制目录，集中分类管理。目录清单必须具有如下项目：存储介质类别、数据类别、文件所有者、卷号、文件名及其描述、项目编号、适应日期、保留期限。

（2）根据应用需要和存储环境条件，记录要定期循环复制，副本分别存放。

（3）新的存储介质应有完整的归档记录。

（4）各种数据应定期复制到存储介质上，并送存储介质库房保管。

（5）存储介质不再使用时，应及时存入存储介质库房内。

（6）未用过的存储介质应定期检查，并记录检查结果。报废的媒体在销毁之前，应进行消磁或清除数据处理，确保销毁后不会产生信息泄漏。

（7）未经审批，存有数据的存储介质不得随意外借。

五、移动存储介质管理

USB磁盘、移动硬盘等移动存储介质的使用日益频繁，若管理不当则会给网络安全带来严重威胁，应该加强移动存储介质的管理。只有在非常必要时，才使用移动存储介质。使用时需要对移动存储介质进行登记和管控。对于移动存储介质的管理应该实施以下策略：

（1）移动存储介质中内容如果不再需要，应该使其不可重用。

（2）对移动存储介质保持审核跟踪。

（3）将所有介质存放在符合制造商说明的安全和保密的环境中。

（4）避免由于移动存储介质老化而导致信息丢失，及时将信息存储在其他地方。

（5）对移动存储介质进行登记，对移动存储介质的使用进行监控。

（6）只应在有业务要求时，才使用移动存储介质。

第三节　安全管理

据有关部门统计，在所有的计算机安全事件中，属于管理方面的原因比重高达70%以上，这正说明信息安全技术与信息安全管理要并重，缺一不可。因此，解决网络与信息安全问题，不仅应从技术方向着手，同时还应该加强网络安全的管理工作。

一、安全管理的定义

谈到管理，有句话叫“三分技术，七分管理”，这种规律同样适用于网络安全，表明了管理因素在网络安全中所占有的重要地位。

安全管理是通过维护数据的机密性、完整性和可用性等来管理和保护信息资产的一项体制，是对网络安全进行指导、规范和管理的一系列活动和过程。

二、安全管理的原则与规范

（一）安全管理的原则

1.多人负责原则

在人员允许的情况下，由最高领导人指定两个或两个以上的可胜任的工作人员，共同参与每项与安全有关的活动，并通过签字、记录、注册等方式证明。

与安全有关的活动主要有以下内容：

（1）访问控制使用证件的发放与回收。

（2）系统存储介质的发放与回收。

（3）系统的初始化或关闭。

（4）保密信息的处理。

（5）硬件和软件的日常维护。

（6）重要材料的接收、发送或传输。

（7）系统的重新配置。

（8）数据库、应用程序/操作系统或安全软件的设计、实现和修改。

（9）重要程序或数据的删除、销毁。

（10）重要文档、系统操作过程或时间处置计划的更改。

2.任期有限原则

任何人都不能在一个与安全有关的岗位上工作太长时间，这样的岗位应该由诚实的工作人员轮换负责。工作人员应不定期地循环任职，强制实行休假制度，并规定对工作人员进行轮流培训，以使任期有限制度切实可行。

3.责任分散原则

在工作人员素质和数量允许的情况下，不由一人集中实施全部与安全有关的功能，应由不同的人或小组来执行。分别需要由不同的人或小组来执行的工作主要有以下几种：

（1）计算机的操作与计算机的编程。

（2）计算机的操作与存储介质的保护。

（3）应用程序的编写与系统程序的编写。

（4）应用程序的编写与数据库的管理。

（5）数据的处理与安全的控制。

（6）数据的准备与数据的处理。

责任分散原则的实现主要采取两种措施：建立物理屏障和制定规则。

（二）安全管理的规范

计算机网络系统的安全管理部门应根据管理原则和系统处理数据的保密性，制定相应的管理制度或采用相应的规范。

1.制定严格的操作规程

操作规程要根据多人负责原则和责任分散原则，各负其责，不能超越自己的职责范围。

2.制定完备的系统维护制度

对系统进行维护时，应该采取数据保护措施。维护时应该首先经过批准，并有安全管理人员在场，维护的内容要进行详细记录。

3.制定应急措施

为了实现系统在紧急情况下能够尽快恢复，需要制定相应的应急措施，将可能的损失降到最低。

三、安全管理的主要内容

安全管理应该涉及信息安全的各个方面，内容包括安全政策制定、风险评估、控制目标与方式的选择、制定规范的操作流程、人员进行安全培训等。涉及安全方针策略、组织安全、资产分类与控制、人员安全、物理与环境安全、通信与运营安全、访问控制、系统开发与维护、业务连续性、法律符合性等领域。

在安全管理标准方面，英国标准BS7799已经成为世界上应用最广泛与典型的信息安全管理标准。它是在英国标准协会（British Standards Institution，BSI）指导下制定完成的。BS7799-1《信息安全管理实施细则》于2005年发布；BS7799-2《信息安全管理体系规范》于2008年发布；BS7799-1《信息安全管理实施细则》通过了国际标准化组织ISO的认可，成为国际标准；ISO/IEC17799-1：2010《信息技术——信息安全管理实施细则》，该国际标准于2010年12月发布：BS7799-3《信息安全管理体系，信息安全风险管理指导方针》作为ISO/IEC27001正式于2015年10月发布。

ISO/IEC27001：2015标准强调管理体系的有效性、经济性、全面性、普遍性和开放性，目的是为希望达到一定管理效果的组织提供一种高质量、高实用性的参照，是建立和实施信息安全管理体系，保障组织、政府机构信息安全的重要手段。

四、健全管理机构和规章制度

一般来说，由单位主要领导负责网络系统安全、设置专门机构，具体工作由各个部门分工负责，所有领导机构、安全组织机构都要建立各种规章制度。

（一）健全管理机构

保障网络安全必须依赖组织行为，单靠某一个人或几个人是无法完成的。因此，必须建立组织机构，建立有效的工作机制，配备必要的管理人员和技术人员，职责分明。管理机构一般分为三个层次，每个层次都有明确的职责。

1.决策机构：负责宏观管理

决策机构应当由组织的最高管理层、与网络安全有关的部门负责人和管理技术人员组成，职责是为安全管理提供导向和支持。决策机构的任务主要包括以下几点：

（1）评审和审批安全方针。

（2）分配信息安全管理职责。

（3）确认风险评估的结构。

（4）对与安全管理有关的重大更改事项进行决策。

（5）检测和评审安全事故。

（6）审批与安全管理有关的其他重要事项。

2.管理机构：负责日常协调、管理

管理机制通过对人力资源的管理，完成对事件、任务和事务的管理。管理机构的任务主要包括以下几点：

（1）对安全事件进行评估，确定应采取的安全响应级别。

（2）确定安全事件的响应策略、技术手段。

（3）管理安全相关的日常工作。

（4）管理安全相关的人力资源。

（5）管理安全组织内部和外部的相关信息。

（6）管理安全组织的资产。

3.执行机构：由各类安全管理人员和技术人员组成，负责落实规章制度、技术规范根据时间的具体情况和决策机构的决策，处理网络中出现的技术方面的问题。执行机构主要由以下人员组成。

（1）安全技术人员。

（2）系统集成技术人员。

（3）计算机网络与通信技术人员。

（4）安全法律专家。

（5）软硬件技术人员。

（二）完善规章制度

要确保各类人员按照规定职责行事，就要实施一系列的安全管理规章制度。常见的安全管理规章制度主要包括以下几点：

1.操作人员及管理人员的管理制度

人是计算机执行安全机制的主体，对人员的控制和管理是安全防护的重要环节。许多安全事件都是由内部人员引起的，因此，人员的素质十分重要。除了加强法制建设形成威慑外，还应该采取科学的管理措施，减少犯罪。

（1）安全授权。安全授权指不同的管理人员在岗位上可处理的最高密级信息。安全授权包括专控信息的授权、机密信息的授权、秘密信息的授权和受控信息的授权。

（2）安全审查。安全审查是指对某人参与安全保障和接触敏感信息是否合适，是否值得信任的一种审查。对于预备录用的人员、新录用的人员和正在使用的人员都应做好人事安全审查，并对其备案。安全审查应从人员的安全意识、法律意识和安全技能等几个方面进行。主要包括：政治思想方面的表现；保密观念是否强，是否懂保密规则；确认学历程度及真实性；确定简历的完整性和准确

性；独立的身份认证；面试时回答是否诚实；业务是否熟练；是否遵守规章制度；金钱价值观；是否有超越权限或盗取信息的行为；对安全的认识程度；身体状况是否胜任岗位。

（3）安全教育。为确保工作人员意识到信息安全的威胁和隐患，并在他们正常工作时遵守各项规章制度，需要提供必要的安全教育和培训。教育和培训的内容因培训对象的不同而不同，主要包括法规教育、安全技术教育和安全意识教育等。

（4）安全保密管理。进入系统工作的人员应签订保密协议，并将此协议作为规章制度的一部分，承诺应尽的安全保密义务，保证在岗工作期间和离岗后的一定时间里，均不得违反保密合同，泄漏系统秘密。

对于调离工作岗位的人员，应立即取消出入安全区、接触保密信息的授权，如收回钥匙、证章、证件等。及时移交工作中设计的手册、资料等。系统及时更换口令、取消其所有账号。同时向被调离的人员申明其保密义务，否则将受到行政或刑事处罚。

2.系统运行维护管理制度

包括设备管理维护制度、软件维护制度、用户管理制度、密钥管理制度、出入门卫管理值班制度、各种操作规程、各种行政领导部门的定期检查或监督制度。

3.计算机处理控制管理制度

包括编制及控制数据处理流程、程序软件和数据的管理、拷贝移植和存储介质的管理、文档日志的标准化和通信网络的管理。

4.文档资料管理制度

非计算机的各种凭证、单据、账簿、报表和文字资料，要妥善保管和严格控制；记账必须交叉复核；各类人员所掌握的资料要符合自身的级别和权限要求。

5.计算机机房的安全管理规章制度

建立健全的机房管理规章制度，对有关人员经常进行安全教育，定期或不定期进行安全检查，机房管理规章制度主要包括以下几个方面：

（1）机房门卫管理制度。机房门卫落实到人，根据身份验证控制人员的出入。对于限制访问的地点可以采取锁控制，锁和钥匙的分发和置换需要进行严格控制。进行机房出入登记，无关人员未经许可不准进入机房。对带入带出的物品进行检查，严禁将易燃、易爆、腐蚀性、强磁性物品带入机房，严禁将与工作无关的物品带入机房，比如移动存储介质。

（2）机房工作管理制度。严格值班制度，值班人员要认真填写值班日记；机房内使用过的废纸杂物，应按照规定进行坏碎；机房内禁止带入食品、饮料和香烟等物品；照相机或摄影机、手持或电动工具、电气设备等必须经过主管领导同意方可带入。

（3）机房操作管理制度。机房要加双锁，双人开关机房；双人开、关计算机，双人维护和备份数据；为每台计算机建立档案记录，将每天运转情况进行登记；非操作人员不准上级操作；计算机发生故障时，操作人员应认真记录故障现象和相关信息，及时上报，通知维护人员进行维护。

（4）机房卫生管理制度。每天对机房地板进行吸尘打扫，定期对机房进行除尘；机房内严禁吸烟、吃东西；不许乱扔废纸杂物。

6.详细的工作手册和工作记录管理制度

不论是机房门卫人员，还是机房工作人员，都要认真记录日常工作的情况，形成详细的工作手册和工作记录，以便之后可以对特定时间的特定情形进行详尽掌握。

7.其他重要管理制度

其他的重要管理制度还有：软件管理制度、数据管理制度、口令管理制度、病毒的防治管理制度、网络通信安全管理制度、安全等级保护管理制度、对外交流管理制度等。

第九章　网络安全协议

Internet在最初建立时的指导思想是资源共享，因此以开放性和可扩展性为核心。在建立协议模型与协议实现时，更多考虑到易用性，而在安全性方面考虑存在严重不足，这就给攻击者造成了可乘之机。本章以TCP/IP协议族结构为指导，自底向上分层阐述不同层次的安全协议保障机制，主要包括PPP、IPSec、SSL/TLS、SET等。

第一节　数据链路层安全通信协议

数据链路层对网络层显现为一条无错的线路，主要任务是两个相邻节点间的线路上无差错地传送以帧为单位的数据，还要解决由于链路上的通信干扰造成数据帧的破坏、丢失而所需要的数据帧的重发以及流量的调节、出错的处理和信道的共享等问题。

数据链路层加密就是简单地对要通过物理媒介传输的每一个字节进行加密，解密则在收到时处理。这可以保证数据在链路上传输时不会被截获。

在数据链路层提供安全机制的优点在于：它无须对其任何上层进行改变就能对所有数据加密，提供链路安全，例如，加密的调制解调器能在不修改通信站的基础上提供在数据链路层加密；它能够由硬件在数据传输和接收时轻易实现，而且它对性能的影响将会很小，能达到的速率最高：它能够和数据压缩很好地结合起来；对流分析能提供最高的保护性；对隐通道能提供最高的保护性；基于网络攻击的途径最少。

在数据链路层提供安全机制的缺点在于：它只能应用在两个直连的设备上，而数据在网络上传输时重要的是端到端的安全，在单独的链路上加密并不能保证整个路径的安全性；局域网并不能提供链路层安全，即对内部攻击人员无保护；最高的通信成本；新节点加入时需要电信公司重新配置网络。

一、PPP协议

PPP（Point-to-point Protocol）是“点对点”协议，它提供了基于广域网的网络层数据封装和向上层提供物理透明性的功能。PPP定义一种如何在点到点链路上传输多协议分组的封装机制。PPP协议作为目前Internet上所广泛采用的协议，它在单机入网和路由器之间互连具有非常重要的作用。PPP协议支持多协议传输机制，在PPP连接上既可运行TCP/IP，也可运行IPX等其他多种通信协议；PPP灵活的配置协商，使PPP协议具有广泛的适应性；PPP的动态地址协商机制和认证机制，为客户提供了大规模拨号上网的解决方案。PPP协议包括三个主要部件。

（1）HDLC（High-level Data Link Control）部件：在串行连接（Serial Link）上封装数据报，PPP使用HDLC作为“点到点连接”上的基本的封装策略，因此它的数据格式也符合HDLC规程的定义。

（2）可扩展的LCP（Link Control Protocol）部件：用来监视链路连接质量，建立和配置数据连接。

（3）NCP（网络控制协议Network Control Protocol）部件：用来和不同的网络层协议建立连接和配置IP选项，PPP被设计成可同时使用多个网络层协议。

（一）PPP协议的基本格式

PPP帧格式除异步串行传输中所用到的起/止位（Start/Stop Bits），或者透明传输中的输入字节之外，其他字段含义如下：

（1）标志字段（Flag）：标志帧的开始和结束，为一个字节，值为0x7e。

（2）地址字段（Address）：为一个字节，表示链路上站的地址。

（3）控制字段：也是一个字节，其值也是固定值，为0x03。

（4）协议字段：两个字节组成，指示所封装在信息字段的数据的类型，它的值随不同的协议类型的数据来决定。一般来说，“cxxx”范围内的协议字段的值代表LCP或相关协议；“8xxx”范围内的协议字段值属于NCP协议族；“0xxx”范围内的协议字段值代表数据报的协议。

（5）信息字段（Information）：是由0或多个字节组成，由协议字段标志的数据包构成，信息字段的结束是由最近的标志字段位确定的。在最近的Flag前两个字节以前的字段是信息字段的结束点。默认信息字段的最大长度是1500个字节，经过协商，可设定其他最大长度。在传输中，可以填充任意长度的字节，使之达到最大长度，由各协议自身来区分填充数据和实际数据。

（6）校验字段（FCS）：通常为两个字节，为提高检测能力，可经由协商，使用32位的校验字段。FCS计算包括地址字段、控制字段、协议字段和信息字段在内的所用数据（如果有填充数据，也计算，因为这些填充字段由相应的协议而不是PPP来处理），不包括其他的任何数据。

（二）PPP协议的基本原理

PPP是一个有严格状态变迁的协议。它的建链过程主要包括3个阶段：链路层协商阶段（LCP）；认证阶段（Authenticate Protocol，简称AP）；网络层协商阶段（NCP）。PPP是自成体系的一个协议族，它的主协议是RFC1661，其中描述了PPP协议中LCP阶段的主要行为和状态变迁，AP阶段的行为由RFC1334和RFC2004协议描述，包括口令验证协议（PAP，Password Authentication Protocol）和挑战握手验证协议（CHAP，Qiallenge-Handshake Authentication Protocol）两种认证方式。NCP阶段由一系列的网络传输控制协议分别描述，包括IPCP（RFC1332）、IPXCP（RFC1552）等。此外，还有提高传输效率的一系列压缩协议，充分利用多链路同时传输数据的多链路协议，链路中的QoS（Quality of Service）控制LQM等。

1.静止（死亡）阶段

一个连接的开始和结束都要经历这个阶段。当一个外部事件指示物理层已准备好时，PPP进入建立连接阶段。此时，LCP自动机处于初始阶段。

2.建立阶段

LCP用于交换配置信息包、建立连接。一旦一个配置成功的信息包发送且被接收，就完成了交换，进入LCP开启状态。所有的配置选项都假定使用默认值，除非在配置交换过程中被改变。只有那些与特定的网络层协议无关的选项才会被LCP配置。收到LCP配置数据包将使链路从网络层协议阶段或者认证阶段返回到链路建立阶段。

3.认证阶段

在某些连接情况下，希望在允许网络层协议交换数据前对等实行认证。默认情况不要求认证。认证要求必须在建立连接阶段提出，然后进入认证阶段。如果认证失败，将进入连接终止阶段。在此阶段只对连接协议、认证协议、连接质量测试数据包进行处理。

4.网络层协议阶段

一旦PPP完成上述阶段，便进入网络协议阶段。每一个网络层协议（例如IP，IPX，Apple Talk等）必须有相应的NCP单独配置，每个网络控制协议都可以随时打开或关闭。此阶段LCP协议自动状态机处于打开状态，接收到的任何不支持的协议数据包都会被返回一个协议拒绝包，而接收到的所有支持的数据包都将被丢弃。此时，链路上流通的是NCP数据包、LCP数据包以及网络协议数据包。

5.终止连接阶段

PPP连接可以随时被终止。LCP通过交换连接终止包来终止连接。当连接被终止时，PPP会通知物理层采取相应的动作。只有当物理层断开，连接才会真正被终止。此阶段，接收到的所有数据包都将被丢弃。

二、PPTP协议

点到点隧道协议（Point-Point Tunneling Protocol，RFC2637）是对PPP的扩展。由Microsoft和Ascend开发。PPTP使用一种增强的GRE（Generic Routing Encapsulation）封装机制使PPP数据包按隧道方式穿越IP网络，并对传送的PPP数据流进行流量控制和拥塞控制。PPTP并不对PPP协议进行任何修改，只提供了一种传送PPP的机制，并增强了PPP的认证、压缩、加密等功能。由于PPTP基于PPP协议，因而它支持多种网络协议，可将IP、IPX、APPLETALK、NetBEUI的数据包封装于PPP数据帧中。

PPTP是一种用于让远程用户拨号连接到本地ISP（Internet Service Provider，Internet服务提供商），通过因特网安全远程访问公司网络资源的网络技术。PPTP对PPP协议本身并没有做任何修改，只是使用PPP建立拨号连接然后获取这些PPP包并把它们封装进GRE头中。PPTP使用PPP协议的PAP或CHAP进行认证，另外也支持Microsoft公司的点到点加密技术（MPPE）。PPTP支持的是一种客户-LAN型隧道的VPN实现。

建立PPTP连接，首先要建立客户端与本地ISP的PPP连接。一旦成功地接入因特网，下一步就是建立PPTP连接。从最顶端PPP客户端、PAC和PNS服务器之间开始，由已经安装好PPTP的PAC建立并管理PPTP任务。如果PPP客户端将PPTP添加到它的协议中，所有列出来的PPTP通信都会在支持PPTP的客户端上开始与终止。由于所有的通信都将在IP包内通过隧道，因此PAC只起到通过PPP连接进因特网的入口点的作用。从技术上讲，PPP包从PPTP隧道的一端传输到另一端，这种隧道对用户是完全透明的。

PPTP具有两种不同的工作模式：被动模式和主动模式。被动模式的PPTP会话通过一个一般是位于ISP处的前端处理器发起，在客户端不需要安装任何与PPTP有关的软件。在拨号连接到ISP的过程中，ISP为用户提供所有的相应服务和帮助。被动模式好处是降低了对客户的要求，缺点是限制了用户对因特网其他部分的访问。主动模式是由客户建立一个与网络另外一端服务器直接相连的PPTP隧道。这种方式不需要ISP的参与，不再需要位于ISP处的前端处理器，ISP只提供透明的传输通道。这种方式的优点是客户拥有对PPTP的绝对控制，缺点是对用户的要求较高并需要在客户端安装支持PPTP的相应软件。

PPTP协议是一个为中小企业提供的VPN解决方案，但PPTP协议在实现上存在着重大安全隐患。有研究表明其安全性甚至比PPP协议还要弱，因此不适用于需要一定安全保证的通信。如果条件允许的话，应该采用完全能够替代PPTP的第二层隧道协议L2TP。

三、L2TP协议

第二层隧道协议L2TP（Layer 2 Tunneling Protocol）是用来整合多协议拨号服务至现有的因特网服务提供商点。IETF（因特网工程任务组）的开放标准L2TP协议结合了PPTP协议和L2F（Level 2 Forwarding Protocol， RFC2341）的优点，特别适合于组建远程接入方式的VPN，目前已经成为事实上的工业标准。在由L2TP构建的VPN中，有两种类型的服务器，一种是L2TP访问集中器LAC（L2TP Access Concentrator），它是附属在网络上的具有PPP端系统和L2TP协议处理能力的设备，LAC一般就是一个网络接入服务器，用于为用户提供网络接入服务；另一种是L2TP网络服务器LNS，是PPP端系统上用于处理L2TP协议服务器端部分的软件。

L2TP将PPP的这种模式进行了扩展。它允许第二层链路和PPP的终止端点分别位于由包交换网络所连接的不同地方。使用L2TP的时候，用户获得一个到访问集中器的第二层连接，然后访问集中器再将PPP帧用线道的方式转发到NAS（Network Access Server，网络接入服务器）。这种分离的一个明显的好处就是不必让第二层连接在NAS处终止，而是可以在电路汇集处终止，因而可以扩展到帧中继电路或互联网上。而在用户看来，由于这些处理是不可见的，是使用NAS直接相连还是使用L2TP并没有什么不同。L2TP协议还定义了一些隧道的管理与维护操作，如定期发送Hello报文以判断隧道的连通性，利用协议提供的发送序号（Next Sent）域和接收序号（Next Received）域进行隧道的流量控制和拥塞控制等。

L2TP能够支持多种网络层协议，如IP、IPX、Appletalk等，支持任意的广域网技术，如帧中继、ATM、X.25、SDH/SONET以及任意的以太网技术。L2TP提供了流量控制的机制，能够完成输入、输出呼叫的功能，并且提供了一种加密措施（如MD5的加密算法），保证关键数据如用户名、口令等的安全性。L2TP是一个标准的协议，所有的客户、服务提供者以及企业网络管理者均能享受到L2TP提供的多服务供应业务的好处，可以利用这些供应商之间的互操作性建立一个全球性的标准的接入VPN业务。

（一）L2TP协议的特点

1.差错控制

在IP网络中，L2TP采用UDP封装传送PPP帧。由于UDP不能提供可靠的网络数据传输，L2TP通过其包头中的两个字段Next Received和Next Sent进行流控制和差错检测。L2TP规定，在其控制信息包中必须包含Next Received和Next Sent，在用户数据包中Next Received和Next Sent是可选字段。在不采用序列号进行传输时，可以使用上层协议（如TCP）进行差错控制。

2.地址分配

L2TP支持在NCP协商机制的基础上动态分配客户地址。在一般的拨号接入服务中，用户都是接受ISP分配的动态IP地址，由于企业网一般均采用一些安全措施来保护自己的网络，企业员工通过ISP拨号上网时就不能穿过防火墙访问网内资源。采用L2TP后，LNS可以位于企业防火墙后面，可以为企业网远程拨号用户分配企业网内部IP地址，通过对PPP帧进行封装，用户数据包可以穿过防火墙到达企业内部网。

3.身份认证

用户拨号上网时，LAC提示用户输入账号之后，LAC根据电话号码或用户名确认用户为VPN用户，根据配置信息找到相应的LNS，然后交换控制信息、建立隧道、为用户的呼叫分配ID，并将身份认证信息传送给LNS，由LNS完成用户的身份认证，确认是否接受用户的呼叫连接请求。在LNS接受连接请求后，LNS还可以再次对用户身份进行确认。

4.安全性能

在隧道建立过程中，隧道的两个终结点LAC和LNS利用CHAP方式验证对方的身份，由于只是在隧道的建立过程中进行身份认证，而在其后的数据包中没有加密和认证信息，因此，黑客可以很容易地侦听并向LAC和LNS的隧道中插入自己伪造的数据包，从而达到盗用线道和欺骗用户的目的。L2TP协议本身没有弥补这一漏洞的方法，但是采用IPSec对LAC和LNS之间的IP包进行加密传送可以解决这一问题。

（二）L2TP协议格式

L2TP的协议结构，可以看到L2TP最终可以封装成UDP或者其他ATM等在不同介质的网络上传播。

L2TP分组的控制和数据通道具有相同的头格式。在某个域可选的情况下，如果该域被标记为不存在，则在消息中不存在它的空间。需要注意的是，Length、Ns、Nr域在数据消息中可选，而在控制消息中就必须存在。

T位为标识消息类型。数据消息设置为0，控制消息设置为1。

如果L位为1，表示长度域存在。对于控制消息，必须设置为1。

X位是为将来保留的扩展位。所有的保留位在呼出消息中必须设置为0，在呼入消息中必须忽略。

若O位（序列号位）为1，则Ns和Nr域存在。对于控制消息来说，该位必须设置为1。

Ver（版本号）可以设置为2，标明当前的L2TP版本号为第二版。或者为3，标明当前的L2TP版本号为第三版。

Length域标识以八位组表示的消息长度。

Tunnel ID指示控制链接的标识符。只有本地有效的标识符才能用来给L2IP tunnels命名。也就是说，相同的tunnel会由不同端给予不同的tunnel ID。每个消息中的tunnel ID由接收者给出，而不是发送者。tunnel创建期间，tunnel ID用Assigned Tunnel ID AVPs选择和交换。

Session ID指示一个tunnel内的会话标识符。只有本地有效的标识符才能用来给L2TPSession命名。也就是说，相同的会话会由会话的不同端给出不同的Session ID。Session ID的确定由消息的接收者决定，而不是发送方。Session ID用Assigned Session ID AVPs选择和交换。

Ns指示数据或控制消息的序列号从0开始，每发送一个消息其值加1。

Nr指示下一个期望被收到的控制消息的序列号。Nr的值设置成按顺序最后收到的Ns的值加1。但是在数据消息中，Nr被保留，即使设置了也要忽略。

Offset Size域如果存在，则表明运送的数据期望开始的地方。如果存在，L2TP头在Offset Padding的最后一个八位组结束。

（三）L2TP工作流程

L2TP协议的操作包括三个过程：隧道建立、会话建立和PPP帧的封装前转。

1.隧道建立

隧道建立就是L2TP控制连接的建立，通过控制连接管理类消息实现。LAC和LNS任一端均可发起线道的建立，它包括两轮消息交换，主要完成如下功能：LAC和LNS相互间的认证，采用CHAP认证算法；LAC和LNS各自为隧道分配ID，并通知对方；确定线道的承载类型和帧封装类型；确定接收窗口尺寸；隧道终结可用Stop CCN消息完成。

2.会话建立

会话建立过程由呼叫触发，在拨号接入的情况下，就是由用户至LAC的入呼叫触发，由呼叫管理类消息实现，类似隧道建立，消息过程将交换如下信息：LAC和LNS各自为会话分配的会话ID；数据信道的承载类型和帧封装类型；主被叫号码及子地址；收发线路速率；数据消息是否要加序号。

在拨号接入时，虽然PPP的终点是在LNS，但LAC亦可根据需要与远端系统进行LCP协商和认证，称为代理LCP协商和认证。代理协商的第一个好处是便于支持ISP选择接入。LAC在协商过程中请求用户名和口令，用户名约定采用域名形式，LAC检查用户名中的域名部分就可知道应将此接入接至ISPn。代理协商的另一个好处是可以减轻LNS的负担。LAC与用户协商完成后，启动与LNS间的入呼叫会话建立过程，并在成功消息ICCN中，将LAC和用户最终交换的LCP协商结果、用户初次发送的LCP协商请求以及认证类型和认证参数送给LNS，LNS审核后可以省略LCP协商过程，如果LNS认为LAC不可信任，也可重新发起和远端系统的LCP协商。

设PC用户经PSTN（Public Switched Telephone Network）拨号方式发起呼叫，用户认证采用PAP算法。LAC根据用户名确定接入的ISP并在ICCN消息中将协商和认证结果传给LNS，LNS认可后将给用户分配动态IP地址。LNS还具有资源分配功能，如果隧道中的呼叫数已达到一定限度，LNS可以不再接受新的呼叫。

3.PPP帧前转

会话建立后进入通信阶段，此时LAC收到远端用户发来的PPP帧，去除CRC校验字段、帧封装字段和规避字段，将其封装入L2TP数据。消息经隧道前传给LNS，反向则执行相反的过程。LAC在会话建立时可置入，需要有序AVP，则所有数据消息必须加序号。如果LAC未做此请求，则由LNS控制。如果LNS在发出的消息中置序号，则LAC在其后发出的消息中亦置序号。如果LNS不置序号，LAC其后也不再置序号。

第二节　网络层安全通信协议

从ISO/OSI互联参考模型的七层体系结构来看，网络层是网络传输过程中非常重要的一个功能层，它主要负责网络地址的分配和网络上数据包的路由选择。因此，在网络层提供安全服务实现网络的安全访问具有很多先天性的优点。常见的安全认证、数据加密、访问控制、完整性鉴别等，都可以在网络层实现。该层的安全协议主要有IPSec等。

在网络层提供安全机制的优点在于：在网络层提供安全服务具有透明性，即网络层上不同安全服务的提供不需要应用程序、其他通信层次和网络部件做任何修改；密钥协商的开销相对来说很小，因为多种传送协议和应用程序都可以共享由网络层提供的密钥管理机制；对任何传输层协议都能为其“无缝”地提供安全保障；可以以此为基础构建虚拟专用网VPN和企业内部网Intranet。由于VPN和Intranet是子网为基础，而网络层支持子网为对象的安全服务，所以很容易实现VPN和Intranet。

在网络层提供安全机制的缺点在于很难解决如数据的不可抵赖之类的问题。因为若在网络层来解决该类问题，则很难在一个多用户的机器上实现对每个用户的控制。但是也可以在终端主机上提供相应的机制实现以用户为基础的安全保障。

因此，如果想要实现网络安全服务而又不愿意重写很多系统和应用程序的话，唯一可行的方案就是在比较低的网络层中加入安全服务，它能够提供所有的配置方案，如主机对主机、路由器对路由器、路由器对主机。

下面介绍IPSec协议簇。

一、IPSec概述

IPSec（Internet Protocol Security）是IETF为了在IP层提供通信安全而制定的一套协议簇。

它包括安全协议部分和密钥协商部分，安全协议部分定义了对通信的安全保护机制；密钥协商部分定义了如何为安全协议协商保护参数以及如何对通信实体的身份进行鉴别。

IPSec安全协议部分给出了封装安全载荷ESP（Encapsulation Security Payload）和鉴别头AH（Authentication Header）两种通信保护机制。其中ESP机制为通信提供机密性和完整性保护，AH机制为通信提供完整性保护。IPSec密钥协商部分使用IKE（Internet Key Exchange）协议实现安全协议的自动安全参数协商，IKE协商的安全参数包括加密机制、散列机制、认证机制、Diffie-Hellman组密钥资源以及IKESA协商的时间限制等，同时IKE还负责这些安全参数的刷新。

二、IPSec安全体系结构

IPSec安全体系结构是所有具体实施方案的基础。其中定义了IPSec提供的安全服务，使用数据包如何构建与处理，以及IPSec处理与安全策略之间如何协调等。

（1）IPSec安全体系：包含了一般的概念、安全需求和定义，并定义了IPSec的技术机制。

（2）安全封装载荷：覆盖包加密（可选身份验证）与ESP使用相关的包格式和常规问题。

（3）验证头部：包括包格式和使用AH认证包的一些相关约定。

（4）加密算法：描述各种加密算法如何应用于ESP，如DES-CBC，3DES-CBC。

（5）验证算法：描述各种身份验证算法如何应用于AH和ESP。

（6）解释域：定义了如何对通信数据进行转换，以确保其安全。其中包括加密算法、验证算法、密钥大小（及其如何演化）以及各种算法专用的信息。

（7）密钥管理：密钥管理的一组方案中IKE（Internet密钥交换协议）是默认的密钥自动交换协议。

（8）策略：决定两个实体之间能否通信以及如何进行通信，策略的核心由三部分组成：SA、SAD、SPD。策略部分是唯一尚未成为标准的组件。

三、IPSec在TCP/IP协议簇中的位置

IPSec协议簇在TCP/IP协议簇中的位置，AH和ESP协议都位于网络层，IKE协议属于应用层。

四、安全关联和安全策略

安全关联SA（Security Associations）是构成IPSec的基础，它是两个通信实体经协商建立起来的一种协定。用IPSec保护一个IP包之前必须先建立一个SA，它包括：加密机制、散列机制、Diffie-Hellman组、认证机制、密-资源以及IKESA协商的时间限制等参数。安全关联可以手工或动态建立。SA通常用一个三元安全参数索引SPI（Security Parameters Index），目的IP地址，安全协议标识符>唯一地表示。其中安全参数索引SPI是分配给安全联盟的比特串，仅在本地可用。安全参数索引在认证头或封装安全载荷头中出现，使接收系统选择安全联盟并在其下处理一个收到的报文；目的IP地址是安全联盟的终端地址，该终端可以是终端用户系统或者诸如防火墙、路由器这样的网络系统；安全协议标识符指示安全联盟用于认证头还是封装安全载荷。

安全策略SP（Security Policy）是IPSec结构中非常重要的组件，它定义了两个实体之间的安全通信特性，定义了在什么模式下使用什么协议，还定义了如何对待IP包。这些特性完全决定了为通信数据提供的安全服务。所有IPSec实施方案都会将策略保存在安全策略数据库SPDB中。

五、IPSec处理过程

IPSec收到一个IP报文后，若IP头的下一协议字段对应的是IPSec协议，则进入IPSec的输入处理。IPSec输入模块执行如下过程：

（1）从AH协议头或ESP协议头中取安全参数索引SPI，并从IP协议头中取得目标IP地址以及协议类型。

（2）以三元组<安全参数索引SPI，目的IP地址，安全协议标识符>为选择符查询安全联盟数据库SADB，得到所需的安全联盟SA。

（3）如果查询SADB返回为NULL，表明记录出错这个报文被丢弃。

（4）如果查询SADB返回一个SA项，则根据该项指未的变换策略调用相应的AH认证或ESP解密操作。

（5）AH验证和ESP解密操作成功后需检查对这个报文应用的策略是否正确，根据验证和解密后数据报文的内部IP地址查询安全策略库SPDB，如果对这个报文的安全服务与相应SPDB项相符则说明处理正确，并将外部IP头连同IPSec头一起剥去将内部IP报文传回IP层处理。

需要说明的是，如果查询安全联盟数据库得到多个SA项，这时需要反复执行AH认证或ESP解密操作，并与相应SPD项指示的安全策略比较，若有任何不匹配的情况都需要将报文丢弃。

IPSec输出处理模块以（源IP地址，目的IP地址，安全协议标识符端口号）为参数调用配置查询模块，查询对应的SPDB策略。若用户没有定义安全策略数据库或者在查询时未找到对应的SPDB项，则丢弃报文，否则按以下3种情况处理：

（1）如果策略指明需丢弃该报文，就返回IP层的调用进程说明希望丢弃该报文。

（2）如果策略指明无须安全保护，就返回调用进程以普通方式传输此报文。

（3）如果策略指明需要安全保护，这时需要验证SA是否已建立，如果已建立，就调用相应的ESP或AH函数对IP报文进行变换处理，并将结果返回IP层调用进程（多个SA需要进行多次变换处理）。如果SA尚未建立，策略引擎根据用户配置的安全策略，通知Internet密钥协商（IKE）模块创建SA。

六、IPSec中的主要协议

（一）AH（Authentication Header）

AH协议为IP报文提供数据完整性、数据源验证以及可选择的抗重放攻击保护，但不提供数据加密服务。对AH的详细描述在RFC2402中。AH协议使用散列技术来验证数据完整性和验证数据源。常用的散列函数有MD5、SHA-1、HMAC-MD5、HMAC-SHA-1等。需要注意的是，AH不对受保护的IP数据报的任何部分进行加密。由于AH不提供机密性保证，所以它也不需要加密算法。AH可用来保护一个上层协议（传输模式）或一个完整的IP数据报（隧道模式），它既可以单独使用，也可以与ESP联合使用。

AH由5个固定长度的域和一个变长的认证数据域组成。

（1）下一个首部：标识AH后的载荷的（协议）类型，即表示在AH报头后面紧跟着的是什么。这与AH的实现模式有关。在传输模式下，它是受保护的上层协议的分配值，如UDP（17）或TCP（6）的值在隧道模式下则为4（IPv4）或41（IPv6）。

（2）有效载荷长度：它以32位为长度单位指定了AH的长度，其值是AH头的实际长度减2。

（3）保留：保留给将来使用其值必须为0。

（4）安全参数索引（SPI）：它是一个32位的随机数。SPI、目的IP地址和协议值组成一个三元组，用来唯一标识一个特定的SA，以便对该数据包进行安全处理。

（5）序列号字段：是一个单向递增的计数器用于提供抗重放攻击服务。

（6）认证数据：是一个可变长字段，它是认证算法对AH数据报进行完整性计算所得到的完整性校验值ICV。为了达到互操作目的，AH强制所有的IPSec实现必须包含两个MAC：HMAC-MD5-96和HMAC-SHA-1-96。

按照AH协议的规定，可以按AH封装的协议数据不同将AH封装划分为两种模式：传输模式和隧道模式。如果将AH头插入IP头和路由扩展头之后、上层协议数据和端到端扩展头之前，则称这种封装为传输模式；如果将AH头插入原IP分组的IP头之前，并在AH头之前插入新的IP头，则称这种封装为隧道模式。

（1）传输模式仅在主机实施保护上层协议，AH报头插于IP报头和上层协议之间。

（2）隧道模式可以保护主机和网关之间的数据，在隧道模式中内部IP头可以是任意源和目的地址，外部地址是确定的地址，如安全网关地址。

（二）ESP（Encapsulating Security Payload）

ESP协议为保证重要数据在公网传输时不被他人窃取，除了提供AH提供的所有服务外还提供数据加密服务。常用的数据加密方法有DES、3DES等。ESP通过使用消息码提供认证服务，常用的认证算法有HMAC-MD5、HMAC-SHA-1等。ESP是一个通用的易扩展的安全机制，它把基本的ESP定义和实际提供安全服务的算法分开。其加密算法和认证算法是由ESP安全联盟的相应组件所决定的。同样，ESP通过插入一个唯一的单向递增的序列号提供抗重放攻击的服务。

分配给ESP的协议字段号是50，不管ESP处于什么模式，ESP头都紧跟在一个IP头之后。在IPv4中，在IP头和被保护的数据之间插入一个ESP头，在被保护的数据后加一个ESP尾。若IP头的协议字段是50，则表明IP头之后是一个ESP头。

（1）安全参数索引（SPI）：与AH中的SPI作用相同，用于确定安全联盟。SPI经过验证，但并没有被加密，因为SPI用于状态的标识，指定采用何种加密算法及密钥，并用于对包解密。

（2）序列号：与AH中一致，用于抗重放攻击。它是一个独一无二、单向递增、由发送端插在ESP头的一个数。

（3）变长载荷数据：这是一个变长字段，包含下一个头中所描述的数据，这个字段是必需的而且其长度必须是整数个字节。如果采用的加密算法需要初始化向量，则该数据要显示地包含在载荷数据中，并且必须指定该数据的长度、结构及其在载荷中的位置。

（4）填充项：可选用于在ESP中保证边界的正确，其内容由具体的加密算法决定。

（5）填充长度：定义了前面填充项所填充的长度，接收端可据此恢复载荷数据的真实长度。

（6）下一头部（8-bits）：标识受ESP保护的载荷的（协议）类型。在传输模式下可为6（TCP）或17（UDP）；在通道模式下可为4（IPv4）或41（IPv6）。

（7）变长认证数据（完整性校验值ICV）：这是数据完整性的检验结果，通常是一个经过密钥处理的散列函数，验证范围包括ESP头部、被保护数据以及ESP尾部。

ESP封装的两种模式：传输模式和隧道模式。传输模式仅用于主机，用于保护上层协议，但不包括IP报头。传输模式下，ESP插入IP头和上层协议之间，如TCP、UDP、ICMP或其他IPSec头之前。隧道模式用于主机之间或安全网关之间。在隧道模式下，整个受保护的IP包都封装在一个ESP包中（包括完整的IP报头），此外还增加了一个新的IP头。

（三）IKE（Internet Key Exchange）

Internet密钥交换协议（IKE）是一个以受保护方式为SA协商并提供经认证的密钥信息的协议。用IPSec保护一个IP包之前，必须先建一个安全关联（SA）。正如前面指出的那样，SA可以手工建立或动态建立，IKE用于动态建立SA。IKE代表IPSec对SA进行协商，并对安全关联数据库（SADB）进行填充。IKE由

RFC2409文件描述。IKE实际上是一种混合型协议，它建立在由Internet安全关联和密钥管理协议（ISAKMP，Internet Security Association and Key Management Protocol）定义的一个框架上。同时IKE还实现了两种密钥管理协议（Oakley和SKEME）的一部分。

IKE协商的安全参数包括加密机制、散列机制、认证机制、Diffie–Hellman组、密钥资源以及IKESA协商的时间限制等。其交换的最终结果是一个通过验证的密钥以及建立在双方同意基础上的安全联盟。由于IKE同时借鉴了ISAKMPSA中的“阶段”概念和OAKLEY协议中的“模式”概念，所以在IKE的分阶段交换中，每个阶段都存在不同的交换模式。IKE将密钥交换分成两个阶段，在阶段1，就是ISAKMPSA的建立阶段，通信实体之间建立一个经过认证的安全通道，用于保护阶段2中消息的安全。阶段1的交换模式有两种，分别是主模式和积极模式。

（1）主模式实际上是ISAKMP中定义的身份保护交换模式的一个具体实例化，它提供了对交换实体的身份保护，交换双方在主模式中要交换3对共6条消息，头两条消息进行cookie交换和协商策略，包括加密算法、散列算法及认证方法等；中间两条用于交换Diffie–Hellman公开值和一些必要的辅助数据，例如现时载荷Nonce等；最后两条消息用于验证DH交换和身份信息。

（2）积极模式则是ISAKMP中积极交换模式的具体实例化，积极模式通常要求交换3条消息，前两条消息用于安全策略协商，交换DH公开值和一些辅助数据，并且在第二条消息中还要认证响应者的身份；第三条消息用于对发起者的身份进行认证，并提供参与交换的证据。由此可见，积极模式能够减少协商的步骤并加快协商的过程。

阶段2是在阶段1建立起的ISAKMPSA的基础上，为特定的协议协商SA，用于保护通信双方的数据传输安全。阶段2的交换模式为“快速交换模式”。在阶段2中，可由通信的任何一方发起一个快速模式（Quick Mode）交换，其目的是建立针对某一安全协议的SA，即建立用于保护通信数据的IPSecSA。一个阶段1协商可以用于保护多个阶段2协商，一个阶段2协商可以同时请求多个安全关联。

IKE交换的最终结果是一个通过验证的密钥以及建立在双方同意基础上的安全服务，一个特殊的例子就是IPSec的安全关联，但是IKE并非ftIPSec专用，其他任何协议都可以利用IKE来协商各自具体的安全服务。

第三节 传输层安全通信协议

传输层的任务就是提供主机中两个进程之间的通信，其数据传输单位是报文段，而网络层是提供主机与主机之间的逻辑通信。在协议栈中，传输层正好位于网络层之上，传输层安全协议是为进程之间的数据通信增加安全属性，如SSI/TLS等。

在传输层提供安全机制的优点在于，它不需要强制为每个应用做安全方面的改进，传输层能够为不同的通信应用配置不同的安全策略和密钥。

在传输层提供安全机制的缺点在于，传输层不可能提供类似于“隧道”（路由器对路由器）和“防火墙”（路由器对主机）这样的服务。

一、SSL/TLS协议簇

（一）SSL7TLS概述

2005年，Netscape公司在浏览器Netscapel.l中加入了安全套接层协议SSL（Secure Socket Layer），以保护浏览器和Web服务器之间重要数据的传输，该协议的第一个成熟的版本是SSL2.0版，并被集成到Netscape公司的Internet产品中，包括Navigator浏览器和Web服务器产品等。SSLv2.0的出现，基本上解决了Web

通信协议的安全问题，很快引起了大家的关注。2006年，Netscape公司发布了SSLv3.0《draft-freier-ssl-version3-02：The SSL Protocol Version 3.0》，该版本的最初实现增加了对除了RSA算法之外的其他算法的支持和一些安全特性，并且修改了前一个版本中的问题，相比SSLv2.0更加成熟和稳定，因此，很快就成了事实上的工业标准。2007年，IETF基于SSL协议发布了TLS（Transport Layer Secure，传输层安全）的Internet草案，Netscape公司宣布支持该开放标准。2009年，IETF正式发布了TLS规范《RFC2246：TLS Protocol Version 1.0》。由于SSLv3与TLS协议极其相似，其主要区别仅在于散列函数和密成函数，所以在下文的协议介绍中除了特别指出的部分，其内容均适用于两个协议。

SSI/TLS协议是建立在可靠连接（如TCP）之上的一个能够防止偷听、篡改和消息伪造等安全问题的协议。SSL是分层协议，它对上层传下来的数据进行分片→压缩→计算MAC→加密，然后数据发送；对收到的数据则经过解密→验证→解压→重组之后再分发给上层的应用程序，完成一次加密通信过程。

SSI/TLS作为一个兼容OSI七层网络结构模型的安全通信协议，位于传输层和应用层之间，对用户来说是一个可选层。协议运行于所有的可靠传输连接之上，这就意味着此安全协议不必考虑底层数据传输的可靠性、传输流量控制等细节，而专心解决安全问题。可靠的传输层应用最多的就是TCP。此协议的设计目标是为应用提供防止窃听、篡改和消息伪造的通信手段，同时保证通信消息的完整性和可用性。

（二）SSL/TLS分层模型

SSL/TLS是分层协议，从结构上分为两层，有一个记录层以及记录层上承载的不同消息类型组成。而记录层又会有某种可靠的传输层协议如TCP来承载。底层为记录层协议（Record Protocol），高层由四个并列的协议构成：握手协议（Handshake Protocol）、密码规范变更协议（Change Cipher Spec Protocol）、警示协议（Alert Protocol）、应用数据协议（Application Data Protocol）。

SSL/TLS连接分为两个阶段，即握手和数据传输阶段。握手阶段对服务器进行认证并确立用于保护数据传输的加密密钥，必须在传输任何应用数据之前完成握手。一旦握手完成，数据就被分成一系列经过保护的记录进行传输。

密码规范变更协议由单个消息组成，该消息只包含一个值为1的单个字节。该消息的唯一作用就是使未决状态复制为当前状态，更新用于当前连接的密码组。为了保障SSL传输过程的安全性，双方应该每隔一段时间改变加密规范。

警示协议为对等实体传递SSL的相关警告。如果在通信过程中某一方发现任何异常，就需要给对方发送一条警示消息通告。警示消息有两种：一种是Fatal错误，如传递数据过程中，发现错误的MAC，双方就需要立即中断会话，同时消除自己缓冲区相应的会话记录；另一种是Warning消息，这种情况通信双方通常都只是记录日志，而对通信过程不造成任何影响。

应用数据协议功能是将应用数据直接传递给记录协议。

1.记录协议

在SSL中，实际的数据传输是使用SSL记录协议来实现的。一个SSL记录由两部分构成：记录头和非零长度的数据。记录头信息的工作就是为接收实现提供对记录进行解释所必需的信息。在实际应用中，它包括记录的内容类型，记录长度和SSL版本。记录头可以是3字节或是4字节（当有填充数据时使用），该头主要用于指示记录数据的类型和长度。3字节头的最大记录长度是32767字节，4字节头的最大记录长度是16383字节。其中握手协议/密钥规范变更协议/警示协议的报文要求必须放在一个SSL记录层的记录里，但应用数据协议的报文允许占用多个SSL记录层记录来传送。

记录层协议将高层协议看作本层的协议数据单元（PDU），为其提供分片、压缩、摘要（MAC）、加密、封装服务。此外，将从下层收到的数据包进行拆封、解密、摘要验证、组包之后，提交给高层协议。由此可以看出，记录层协议实际上是高层协议的载体，通信的保密性和完整性是由这一层来保证的。

（1）分片：将消息分割成不超过2^{14}字节的明文记录。

（2）压缩：所有记录采用在“当前会话状态”中定义的压缩算法进行压缩，压缩算法将明文结构翻译成压缩结构。压缩不能引起信息丢失，也不能使内容增加超过2^{10}字节。若解压功能使解压后长度超过2^{14}字节，则会产生一个错误压缩失败报警。SSLv3中没有指定压缩算法。

（3）加密：用对称加密算法给添加了的压缩消息加密。而且加密不能增加2^{10}字节以上的内容长度。

（4）添加记录头信息：记录头信息的工作就是为接收实现提供对记录进行解释所必需的信息。在实际应用中，它是指三种信息内容类型、压缩长度、版本。版本又包括主版本号和次版本号。

2.握手协议

握手协议是SSL/TLS中最为重要的一个协议，它负责在建立安全连接之前在SSI/TLS客户代理和SSL/TLS服务器之间鉴别双方身份、协商加密算法和密钥参数，为建立一条安全的通信连接做好准备。

SSL协议的握手分为四个阶段。

第一阶段：建立安全能力。

（1）Client Hello消息。为了在客户端和服务器之间开始通信，客户端必需初始化一个Client Hello消息。该消息的目的是向服务器传输连接首选项，内容包括client_version、random、session_id、cipher_suite、compression_methods等。

client_version：该域提供了客户端所能支持的最高SSL版本号，它包含两个字段major和minor。对于SSLv3来说major=3，minor=0。

random：该域中包含一个由客户端生成的随机结构，它将用于SSL协议中后面的密码学计算。这个32字节的随机结构并不全部都是随机的。相反，它包含一个4字节的日期/时间戳，其余的28字节数据是随机生成的。日期/时间戳有助于防止重放攻击。

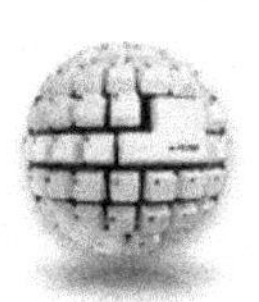

sessionjd：32字节字符串。代表客户端指示它希望重复使用前一次连接时的加密密钥资料，而不是再产生新的资料。这样会加快连接的速度，因为公用密钥操作的计算开销昂贵。如果没有可用的sessionjd，客户端就要为此次连接生成新的加密参数。

cipher_suite：该域中包含一个客户端支持的密码算法组合的列表。该列表按照客户端优先选择的次序排列（也就是第一选择优先）。该列表用于使服务器了解客户端所支持的密码组，但是最终却是由服务器来决定使用何种密码算法。如果服务器没有从该列表中找到一个可以接受的选择，则将返回一个握手失败警告并关闭该连接。

compression_methods：该域列出客户端已知的所有压缩算法。该域通常在SSLv3中不使用，但在TLS要求必须支持。

发送一个Client Hello消息之后，客户端等待一个Server Hello消息。如果服务器返回除了Server Hello消息之外的任何其他的握手消息，就会导致一个致命的错误，然后通信将终止。

（2）Server Hello消息。服务器处理客户端Client Hello问候消息并且对客户端问候消息做出握手失败警告或者发出服务器问候消息Server Hello作为响应。它包括server_version，random，session_id，cipher_suite，compression_methods等。server-version，random，session_id，cipher_suite和compression_methods字段分别是在连接中的服务器在客户端列表中选择的使用版本、随机数、会话ID、加密算法和压缩算法。服务器提供的随机值将同客户端提供的随机值，以及以后的pre_master_secret一起产生连接所使用的密钥。在通常情况下，服务器提供一个可有客户端恢复会话使用的sessionjd，如果服务器不想恢复会话，就可以提供0长度的sessionjd。

第二阶段：服务器鉴别和密钥交换。

（1）服务器的Certificate消息。服务器在发出Server Hello消息之后，接着发出服务器证书。证书的类型必须是由被选择的加密套件中密钥交换算法所支持的，通常是X509v3版本的证书，客户端的证书类型与服务器的证书类型相同。这条消息主要内容是一个证书或者一个证书序列（证书链）。证书链中包含一序列版本的证书，按照颁发机构的级别由低到高的顺序组成一维向量表，从代表发送消息方身份的个人证书一直到根证书。该消息是可选消息，当选择不发送证书时，不需要发送该消息。

（2）Server Key Exchange消息。服务器密钥交换消息是一条可选消息，包含了服务器端用于密钥交换的算法的参数。当服务器没有发送Server Certificate或由于用户的加密套件设定，Server Certificate中选用了没有密钥交换功能的非对称算法做数字签名时，需要发送这条消息通知客户端密钥交换算法的参数。

（3）Certificate Request消息。该消息是可选消息，在要求实现客户端认证时请求客户端证书。该消息包含了请求客户端发送证书的类型（用证书使用的签名算法作为标识）列表和客户端证书的颁发机构名称（用X.509证书规范中定义的Distinguished Name标识）列表。

（4）Server Hello Done消息。服务器端Hello过程结束消息，标志着服务器的Hello信息发送完毕，开始等待并接收客户端的响应。

第三阶段：客户端鉴别和密钥交换

（1）客户端的Certificate消息.此消息为可选消息，当要求客户端认证时才需要。此时如果客户端没有合适的证书，则服务器回应一个握手失败的致命性报警。

（2）Client Key Exchange消息。消息提供创建随机密码串（pre_master_secrect）时客户端所提供的资料。当使用RSA密钥交换时，这就是客户端产生一个pre_master_secrect结构并用服务器的密钥对其进行加密，然后将加密的结果传送给服务器。

（3）Certificate Verify消息。此消息是可选消息，在提供客户端认证时需要。该消息在发送完有数字签名能力的Client Certificate之后发送，用于验证证书的拥有者就是本次通信的对方。其中包含一个用客户端私钥进行签名的从第一条消息以来的所有握手消息的MAC值。

第四阶段：完成握手协议。

（1）客户端的Change Cipher Spec消息。客户端发送Change Cipher Spec消息，发送实现已经切换到新磋商好的算法和密钥资料，而未来的消息将使用那些算法保护。

（2）服务器的Change Cipher Spec消息服务器端同样发送Change Cipher Spec消息。

（3）Finished消息。握手阶段结束消息。此消息有两个作用，一是表示握手过程已经结束，可以进行应用数据的传送；二是验证握手过程的正确性。它总是在加密规范变更消息（Change Cipher Spec）发送之后被立即发送，因此它是通信过程中第一条使用新的加密参数进行加密的消息。该消息分两类：服务器发送的Server Finished和客户端发送的Client Finished。

3.会话恢复

整个握手的开销巨大，为了减少这种性能开销，在SSL中集成了会话恢复机制。如果客户端与服务器已经通信过一次，则它们就可以跳过整个握手阶段而直接进行数据传输，握手中开销最大的就是进行非对称加解密，而会话恢复允许新的连接使用上一次握手中确立的pre_master_secret，这就避免了公用密钥加解密的计算开销。

SSL区分连接与会话，连接代表一种特定的通信通道（通常映射为TCP连接），以及密钥、加密选择和序号状态等内容，会话则是一种虚拟的结构，他代表磋商好的算法和Pre_master_secret。每次当给定的客户端与服务器经过完整的密钥交换并确立新的master_secrect时就会创建一个会话。

一个给定的会话可以与多条连接关联，尽管给定会话中的所有连接均共享同一个master_secrect，但是每个连接又有他们自己的加密密钥，MAC密钥和会话恢复允许根据共同的master_secret来产生一组新的对称密钥。

当客户端与服务器进行第一次交互时，它们创建一个新的连接和一个新的会话。如果服务器准备恢复会话的话，就会在Server Hello消息中给客户端一个session_id，并将master_secret缓存起来供以后引用。当这个客户端初始化一条与服务器的新连接时，它就会在其Client Hello消息中使用session_id。而服务器通过在其Server Hello中使用相同的session_id来同意恢复会话。此刻，就会跳过余下的握手部分，而使用保存的master_secret来产生所有的加密密钥。

4.密钥导出

一旦交换了pre_master_secret，每一种实现都需要将其扩展成独特的加密密钥，用以完成加密、认证等任务。我们使用一种密钥导出函数来实现这种扩展。SSLv3与TLS的密钥导出函数是相似的，只是在所使用的具体加密变换上有所不同。我们仅介绍SSLv3密钥导出，TLS密钥生成请参考TLS协议文档。

二、SSL/TLS应用

（一）单向认证

又称匿名SSL连接，这是SSL安全连接的最基本模式，它便于使用，主要的浏览器都支持这种方式，适合单向数据安全传输应用。在这种模式下客户端没有数字证书，只是服务器端具有证书，以证明用户访问的是自己要访问的站点。典型的应用就是用户进行网站注册时采用ID+口令的匿名认证。

（二）双向认证

是对等的安全认证，这种模式通信双方都可以发起和接收SSL连接请求。通信双方可以利用安全应用程序或安全代理软件，前者一般适合于B/S结构，而后者适用于C/S结构，安全代理相当于一个加密/解密的网关，这种模式双方皆需安装证书，进行双向认证。这就是网上银行的B2B的专业版等应用。

（三）电子商务中的应用

电子商务与网上银行交易不同，因为有商户参加，形成客户一商家一银行，两次点对点的SSL连接。客户-商家-银行，都必须具有证书，两次点对点的双向认证。

三、安全性分析

SSL协议是为客户端和服务器之间在不安全的通道上建立安全的连接而设计的，因而需要考虑各种可能的攻击。假设攻击者有相当的计算资源且不可能从协议之外的任何资源获得秘密信息，能够在通信通道上实施窃听、修改、删除、重放、破坏消息、man-in-the-middle的攻击，能够假冒客户端或服务等，下面分析SSL是如何设计来抵抗各种常见攻击的。

（一）通信业务流分析

SSL协议提供了通信消息的保密性和完整性，在选择适当的密码算法的基础上，所有在网络中传输的消息都被加密，并且使用加密消息认证码对消息的完整性进行保护。如果常规的攻击失败，攻击者会转向更复杂的攻击。通信量分析是一种恶意的被动攻击，它的目标在于通过检查包中未加密的域及属性，以获得受保护会话的机密信息。虽然通信过程中的会话数据是加密的，但是在协议的记录中记录头中许多域是没有被保护的。通信业务流分析试图通过检查被保护的会话中未进行保护的某些域或会话的属性，从而发现有价值的信息。例如，通过检查没有经过加密的包的源地址、目标地址、端口等内容，能够获得有关通信双方的地址、正在使用的网络服务等信息，在某些特定情况下，有时甚至可以获得有关商业或个人关系方面的有价值信息。上述弱点之所以出现，是因为密文长度暴露了明文的长度。在块加密模式中支持随机填充，而在流加密模式中却不支持。

（二）重放攻击

光靠使用报文鉴别码MAC不能防止对方重复发送过时的信息包。通过在生成的数据中加入隐藏的序列号，来防止重放攻击。这种机制也可以防止被耽搁、被重新排序或者是被删除数据的干扰。另外，序列号由每个连接方向分别维护，而且在每一次新的密钥交换时进行更新，所以不会有明显的弱点。

（三）中间人攻击

SSLv3中包含了对Diffie-Hellman密钥交换进行了临时加密的支持。Diffie-Hellman是一种公开密钥算法，它能有效地提供完善的保密功能，对于SSL来说是一个有益的补充。在密钥交换系统中，服务器必须指定模数和原始根，以及Diffie-Hellman的指数。为了防止服务器端产生的陷门，客户端应该对模数和原始根进行仔细的检查，看它们是否为固定公共列表上的可靠数值。在SSLv3中，通过对服务器端的Diffie-Hellman指数的鉴别，可以抵御中间人攻击。另外，在SSLv3中并不支持具有较高性能的Diffie-Hellman变量，如较小的指数变量或圆曲线变量。

（四）密码回滚攻击

SSLv2中密钥交换协议中有一个严重的缺陷，主动攻击者能够在暗地里迫使一个用户使用功能被削弱的出口加密算法，即使通信双方都支持并首选了较高等级的算法。这就是密码组回滚攻击，它通过编辑在Hello报文中发送的所支持密码组的明文列表来达到自身的目的。SSLv3修正了这个缺陷，它使用一个master_secrect来对所有的握手协议报文进行鉴别，这样一来，便可在握手结束时检查出攻击方的上述行为，如果有必要，还可结束会话。所有初始的握手协议报文在传送时都是未保护的，此时密钥交换协议会将当前会话状态改为未决的会话状态，而不是修改当前使用中的各个参数。在协商完成之后，通信的每一方都发送一个Change Cipher Spec，该报文仅仅是警告对方将当前状态升级为未决的会话状态。虽然该报文未受保护，但是新的会话状态还是将以下一个报文为开始。紧跟此报文之后的是Finished报文，它包含了一个消息认证码（MAC），

此MAC由被master_secrect加密过的所有握手协议报文计算得出。基于特殊的

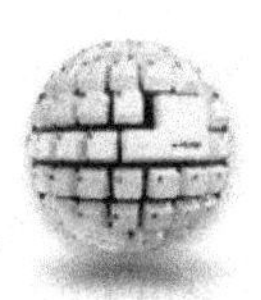

非安全性因素，Change Cipher Spec报文和alert报文在Finished报文中没有进行鉴别。48字节长的master_secrect从未被泄露出去，而且会话密钥由它产生。这就保证了即使会话密钥被人截获，master_secrect仍可安然无恙，所以握手协议报文能够安全地得到鉴别。Finished报文使用新建的密码组对自身进行保护。通信各方只有在收到对方的Finished报文并对其进行核实后，才会接收应用层的数据。

master_secret就是一切，攻破了它就攻破了整个协议，要保护好服务器的私钥，在普通RSA模式和静态DH模式下攻破服务器的私钥就会导致master_secret的攻破；良好的随机性是根本，如果任一方都没有使用安全的随机数发生器，那么那些协议就有危险；尽量使用高性能、速度快的算法。

第四节　应用层安全通信协议

网络层安全协议只是为主机与主机的数据通信增加安全性，而传输层安全协议是为进程之间的数据通信增加安全属性。这两个安全协议并不区分一个具体应用程序的要求，只要在主机之间或进程之间建立起一条安全通道，那么根据此协议，所有通过该安全通道的信息都要自动用同一种方式进行数据安全加密。如果要根据某个具体的应用程序对安全的实际要求来进行安全加密的话，就必须要借助于应用层的安全协议，也只有应用层才能够对症下药，才能够提供这种特定的安全服务。应用层安全协议主要有S/MEVfE、PGP、PEM、SET、Kerberos、SHTTP、SSH等。

在应用层提供安全机制的优点在于：以用户为背景执行，因此更容易访问用户凭据，如私人密钥；对用户想保护的数据具有完整的访问权，简化了提供某些特殊服务的工作，如不可抵赖性；应用可自由扩展，不必依赖操作系统来提供。由此可见，安全服务直接在应用层上处理单独应用需求是最灵活的方法，例如一个邮件系统可能需要对发出的邮件进行签名，这在由低层提供安全服务的情况下是无法实现的，因为它不知道邮件的结构和哪些部分需要签名，所以无论低层协议能提供何种形式的安全功能，在应用层提供安全服务是有理由的。

在应用层提供安全机制的缺点在于：针对每个应用，都要单独设计一套安全机制。这意味着对现有的很多应用来说，必须进行修改才能提供安全保障。

安全E-Mail系统的定义是：邮件内容不暴露给第三方；确保E-Mail完整、可靠地到达接收方，而且发送方能够知道接收方何时收取了邮件；有完整、详细、可靠的收发证明。安全的E-Mail系统能够实现在保密性、身份认证与数据完整性、防抵赖性三个方面的安全服务。

为了保证电子邮件在Internet上安全运行，在理想状态下，应该共有一个Internet上电子邮件的安全标准。所有的邮件作者和厂商都要执行它，就可以在Internet上建立安全的电子邮件系统。为此，安全电子邮件先后提出了不同的标准：PGP、PEM和S/MIME。目前国际上有两大类流行的邮件安全系统标准：端到端安全邮件标准PGP和传输层安全邮件标准S/MIME。

PGP（Pretty Good Privacy）是Phillip Zimmerman在2001年提出来的，它既是一种规范也是一种应用，已经成为全球范围内流行的安全邮件系统之一。PGP是一个完整的电子邮件安全软件包，它包含四个密码单元：对称加密算法、非对称加密算法、单向散列算法以及随机数产生器。它的特点是通过单向散列算法对邮件体进行签名，以保证邮件体无法修改，使用对称和非对称密码相结合的技术保证邮件体保密且不可抵赖。通信双方的公钥发布在公开的地方，如FTP站点，而公钥本身的权威性则可由第三方（特别是收信方信任的第三方）进行签名认证。

一、PGP的加密解密过程如下

（1）根据一些随机的环境数据（如击键信息）产生一个密钥。

（2）发送者采用对称加密算法，使用会话密钥对报文进行加密。

（3）发送者采用非对称加密算法，使用接收者的公开密钥对会话密钥进行加密，并与加密报文结合。

（4）接收者采用同一非对称密码算法，使用自己的私有密钥解密和恢复会话密钥。

（5）接收者使用会话密钥解密报文。

二、PGP的签名验证过程如下

（1）PGP根据报文内容，利用单向hash函数计算出定长的报文摘要。

（2）发送者用自己的私钥对报文摘要进行加密得到数字签名。

（3）发送者把报文和数字签名一起打包传送给接收者。

（4）接收者用相同的单向hash函数计算接收到的报文的摘要。

（5）接收者用发送者的公钥解密接收到的数字签名。

（6）接收者比较（4）、（5）步计算的结果是否相同，相同则表示验证通过，否则拒绝。

三、PGP加密签名过程如下

（1）PGP根据报文内容，利用单向hash函数计算出定长的报文摘要。

（2）发送者用自己的私钥对报文摘要进行加密得到数字签名。

（3）发送者把报文和数字签名合并然后用IDEA对称加密算法加密。

（4）发送者采用RSA算法，使用接收者的公开密钥对IDEA会话密钥进行加密。

（5）将（3）、（4）步的计算结果一起发送给接收者。

（6）接收者首先用自己的私钥解密出会话密钥。

（7）接收者用会话密钥解密出邮件明文（M）和发送者的数字签名（S1）。

（8）接收者用相同的单向hash函数计算M的摘要。

（9）接收者用发送者的公钥解密数字签名S1。

（10）接收者比较（8）（9）计算的结果是否相同，相同则表示验证通过，否则不通过。

PGP只保护邮件的邮件体，对头部信息则不加密，以便让邮件成功地在发送者和接收者的网关之间传递。PGP在每个节点提供一对数据结构，一个是存储该节点的公开/私有密钥对，另一个是存储该节点知道的其他所有用户的公开密钥。这两种数据结构被称为私有密钥环和公开密钥环。PGP系统对用户私钥的处理办法是让用户为其私钥指定一个口令，用口令加密私钥并保存在私有密钥环中。只有通过正确的口令对才能使用私钥。所以私钥的安全性取决于用户口令的保密性。私有密钥环是一个本地缓存，破译者可以窃取私有密钥环，采用穷举法试探出口令，使私钥失密。

在PGP系统中，信任是双方之间的直接关系，或通过第三者、第四者的间接关系，但任意双方之间都是对等的，整个信任模型构成网状结构，这就是所谓的WEB of Trust。每个用户之间的信任关系都是通过网络传播的，也就是说在PGP中，一旦相信了网络中的一个用户，则意味着相信了网络上的所有用户，这就导致PGP不能在较大范围的网络中使用，也不能用于传输一些机密的敏感信息，而且PGP对密钥的废除管理也有缺陷，如果私钥丢失或损坏，几乎不可能通知通信各方相关的证书已经不可信。由于这种标准的可伸缩性差，对素不相识的客户，无法建立可靠的信任关系，因此PGP标准只适用于较小的组织或团体中的保密E-mail。

第十章　操作系统与数据库安全

威胁操作系统安全的主要有病毒、木马、天窗、逻辑炸弹等，一般来说任何一个操作系统或应用程序都有缺陷，只要可以基本完成设计功能就认为它是可靠的，但对计算机安全来说，每一个细微的漏洞都会使整个系统的安全机制变得毫无价值。从计算机信息系统的角度分析，操作系统与数据库系统的安全问题是核心。本章首先概述了操作系统和数据库系统的安全概念、模型及机制，随后以主流的Windows XP、Windows Server 2013、UNIX/Linux操作系统和Oracle数据库系统为例详细介绍了其安全机制。

第一节　网络操作系统安全技术

数据库管理系统是建立在操作系统之上的，而网络系统的安全依赖于网络环境中各个主机操作系统的安全，所以说，操作系统的安全在计算机信息系统的整体安全性上起着至关重要的作用。

一、安全功能和安全保障

安全功能和安全保障是操作系统安全涉及的两个重要因素。在把符合某个安全评价体系准则所规定的特定安全等级作为开发目标的系统中，安全功能主要说明操作系统所实现的安全策略和安全机制符合评价准则中哪一级的功能要求，而安全保障则是通过一定的方法保证操作系统所提供的安全功能确实达到了确定的功能要求，它可以从系统的设计和实现、自身安全、安全管理等方面进行描述，也可以借助配置管理、发行与使用、开发和指南、生命周期支持、测试和脆弱性评估等方面所采取的措施来确立产品的安全确信度。因此任何一个安全操作系统都要从安全功能和安全保障两方面考虑其安全性。

二、可信软件与不可信软件

就一般而言，软件被分为三种可信类别。

（1）可信的：软件保证能安全运行，但是系统的安全仍依赖于对软件的无错操作。

（2）良性的：软件并不确保安全运行，但由于使用了特权或对敏感信息的存取权，因而必须确信它不会有意地违反规则。良性软件的错误被视为偶然性，而且这类错误不会影响系统的安全。

（3）恶意的：软件来源不明，从安全的角度出发，该软件被认为将对系统进行破坏。

日常使用的软件，不管是由谁编写以及它是何种软件，都是良性软件。因为它们不能确保系统的安全运行，而它们又不是恶意欺骗用户，所以都是不可信的。通常将良性和恶意软件统称为不可信软件，这是因为没有一个客观、通用的方法度量它们的差异。在大多数情况下操作系统被认为可信，应用程序不可信。

三、主体与客体

主体是一个主动的实体，包括用户、用户组、进程等。系统中最基本的主体是用户，包括一般用户和系统管理员、系统安全员等特殊用户。每个进入系统的用户必须是唯一标识的，并经过鉴别确定为真实的。系统中的所有事件请求，几乎全由用户激发。进程是系统中最活跃的实体，用户的所有事件请求都要通过进程来处理。在这里，进程作为用户的客体，同时又是其访问对象的主体。操作系统进程一般分为用户进程和系统进程。用户进程通常运行应用程序，实现用户

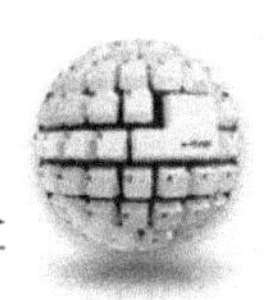

所要求的运算处理；系统进程则是操作系统完成对用户所请求的事件进行处理的必不可少的组成部分。

客体是一个被动的实体。在操作系统中，客体可以是按照一定格式存储在一定记录介质上的数据信息，通常以文件系统格式存储数据，也可以是操作系统中的进程。操作系统中的进程一般有双重身份。当一个进程运行时，它必定为某一用户服务直接或间接地处理该用户的事件请求。于是，该进程成为该用户的客体，或为另一进程的客体（这时另一进程则是该用户的客体）。操作系统中运行的任一进程，总是直接或间接为某一用户服务。依此类推，操作系统中运行的任一进程，总是直接或间接为某一用户旅务。这种服务关系可以构成一个服务链。服务者是请求者的客体，请求者是服务者的主体，而最原始的主体是用户，最终的客体是一定记录介质上的数据。

四、安全策略和安全模型

安全策略是指有关管理、保护和发布敏感信息的法律、规定和实施细则。例如，可以将安全策略定义为：系统中的用户和信息被划分为不同的层次，一些级别比另一些级别高；当且仅当主体的级别高于或等于客体的级别，主体才能读访问客体；当且仅当主体的级别低于或等于客体的级别，主体才能写访问客体。

如果一个操作系统满足某一给定的安全策略，则它是安全的。如果进行安全操作系统的设计和开发时，也要围绕一个给定的安全策略进行。安全策略由一整套严密的规则组成，这些确定授权存取的规则是决定存取控制的基础。许多系统的安全控制失败主要不是因为程序错误，而是没有明确的安全策略。

安全模型则是对安全策略所表达的安全需求的简单、抽象和无歧义的描述，它为安全策略及其实现机制的关联构建了一种框架。安全模型描述了对某个安全策略需要用哪种机制来满足，而模型的实现则描述了如何把特定的机制应用于系统中，从而实现某一特定安全策略所需的安全保护。

开发安全系统首先必须建立系统的安全模型。安全模型给出了安全系统的形式化定义，并且正确地综合系统的各类因素。这些因素包括系统的使用方式、使用环境类型、授权的定义、共享的客体（系统资源）、共享的类型和受控思想等。构成安全系统的形式化抽象描述，使得系统可以被评明是完整的、反映真实环境的、逻辑上能够实现且受控执行的。

五、安全内核

安全内核是指系统中与安全性实现有关的部分，包括引用验证机制、访问控制机制、授权机制和授权管理机制等部分。安全内核方法是一种最常用的建立安全操作系统的方法，可以避大多数情况下，安全内核是一个简单的系统，如同操作系统为应用程序提供服务一样，它为操作系统提供服务。而且正如操作系统给应用程序施加限制一样，安全内核也同样对操作系统施加限制。当安全策略完全由安全内核而不是由操作系统实现时，仍需要操作系统维持系统的正常运行并防止由于应用程序的致命错误而引发的拒绝服务。但是操作系统和应用程序的任何错误均不能破坏安全内核的安全策略。

有时建立一个安全内核并不需要在它上面再建立一个操作系统，理论上讲安全内核可以很好地实现操作系统的所有功能，而结果是，如果设计者在安全内核中融入操作系统的特点越多，安全内核就变得越大，越像一个常见的操作系统。但是一般来讲要使人们相信安全内核比操作系统更安全，安全内核必须做得尽可能小，以便于采用各种方式来有效地增强人们的安全信任度，所以在设计时必须坚决贯彻安全内核小型化这一原则：凡不是维持安全策略所必需的功能都不应置于安全内核之中。虽然在进行安全内核设计时还要考虑诸如性能、使用方便等因素，但这些与小型化要求相比，均居从属地位。

第二节　Windows 系统安全技术

Windows XP的前身是Windows NT操作系统，Windows NT是Microsoft公司于2002年开发的一个完全32位的操作系统，支持进程、多线程、均衡处理、分布式计算，是一个支持并发的单用户系统。此外，NT可以运行在不同的硬件平台上，例如Intel 386系列、MIPS和Alpha AXP。NT的结构是层次结构和客户机/服务器结构的混合体，只有与硬件直接相关的部分由汇编实现，NT主要用C语言编写。NT用对象模型管理它的资源，因此，在NT中使用对象而不是资源。Windows NT的设计目标是TCSEC标准的C2级，在TCSEC中，一个C2系统必须在用户级实现自主访问控制、必须提供对客体的访问的审计机制，此外还必须实现客体重用。

一、WindowsXP安全模型

WindowsXP操作系统提供了一组可配置的安全性服务，这些服务达到了TCSEC所规定的C2级安全的要求。以下是该级别所规定的主要安全性服务及其需要的基本特征。

（1）安全登录：要求在允许用户访问系统之前，输入唯一的登录标识符和密码来标识自己。

（2）自主访问控制：允许资源的所有者决定哪些用户可以访问资源和他们可以如何处理这些资源。所有者可以授权给某个用户或一组用户，允许他们进行各种访问。

（3）安全审计：提供检测和记录与安全性有关的任何创建、访问或删除系统资源的事件或尝试的服务。登录标识符记录所有用户的身份，这样便于跟踪任何执行非法操作的用户。

（4）内存保护：防止非法进程访问其他进程的专用虚拟内存。另外，还应保证当物理内存页面分配给某个用户进程时，这一页中绝对不含有其他进程的数据。

Windows系统通过它的安全性子系统和相关组件来达到这些需要，并引入了一系列安全性术语，例如活动目录、组织单元、用户、组、域、安全ID、访问控制列表、访问令牌、用户权限和安全审计等。

1.WindowsXP安全模型

WindowsXP操作系统将其安全模型扩展到分布式环境中，此分布式安全服务能让组织识别网络用户并控制他们对资源的访问。操作系统的安全模型使用信任域控制器身份验证、服务之间的信任委派以及基于对象的访问控制。其核心功能包括了与Actiye Directory服务的集成、支持Kerberos版本5身份验证协议（用于验证用户的身份）、验证外部用户的身份时使用公钥证书、保护本地数据的加密文件系统（EFS），以及使用IPSec来支持公共网络上的安全通信。此外，开发人员可在自定义应用程序中使用安全性元素，且组织可以将WindowsXP安全设置与其他使用基于Kerberos安全设置的操作系统集成在一起。

2.Windows的域和委托

域模型是Windows网络系统的核心，所有Windows的相关内容都是围绕着域来组织的，而且大部分Windows的网络都是基于域模型，同工作组相比，域模型在安全方面有非常突出的优势。

域是一些服务器的集合，这些服务器被归为一组并共享同一个安全策略和用户账户数据库。域的集中化用户账号数据库和安全策略使得系统管理员可以用一个简单而有效的方法来维护整个网络的安全。域由主域控制器、备份域控制器、服务器和工作站组成。建立域可以把机构中不同的部门区分开来。虽然设定

正确的域配置并不能保证人们获得一个安全的网络系统，但使管理员能控制网络用户的访问。

在域中，维护域的安全和安全账号管理数据库的服务器称为主域控制器，而其他存有域的安全数据和用户账号信息的服务器则称为备份域控制器。主域控制器和备份域控制器都能验证用户登录上网的要求。备份域控制器的作用在于，如果主域控制器崩溃，它能为网络提供一个备份并防止重要数据因此而丢失。每个域只允许有一台主域控制器。安全账号管理数据库的原件就存放在主域控制器中，并且只能在主域控制器中对数据进行维护。而在备份域控制器里不允许对数据进行任何改动。

委托是一种管理方法，它将两个域连接在一起并允许域里的用户互相访问，委托关系使用户账号和工作组能够在建立它们的域之外的域中使用。委托分为两个部分，即受托域和委托域。受托域使用户账号可以被委托域使用。这样，用户只需要一个用户名和口令就可以访问多个域。

委托关系只能被定义为单向。为了获得双向委托关系，域与域之间必须相互委托。受托域就是账号所在的域，也称为账号域；委托域含有可用的资源，也称为资源域。在Windows XP中有三种委托关系：单一域模型、主域模型和多主域模型。

在单一域模型中，由于只有一个域，因此没有管理委托关系的负担。用户账号集中管理，资源可以被整个工作组的成员访问。

在主域模型中有多个域，其中一个被设定为主域。主域被所有的资源域委托而自己却不委托任何域。资源域之间不能建立委托关系。这种模型具有集中管理多个域的优点。在主域模型中对用户账号和资源的处理是在不同的域之内进行的。资源由本地的委托域管理，而用户账号由委托的主域进行管理。

在多主域模型中，除了拥有一个以上的主域外，多主域模型和主域模型基本上是一样的。所有的主域彼此都建立了双向委托关系。所有的资源都委托所有的主域，而资源域之间彼此都不建立任何委托关系。由于主域彼此委托，因此只需要一份用户账号数据库的拷贝。

3.Windows安全性组件

实现WindowsXP安全模型的安全子系统的一些组件和数据库如下：

（1）安全引用监视器（SRM）：是WindowsXP执行体（NTOSKRNL.EXE）的一个组件，该组件负责执行对对象安全访问的检查、处理权限（用户权限）和产生任何的结果安全设计消息。

（2）本地安全认证（LSA）服务器：是一个运行映像LSASS.EXE的用户态进程，它负责本地系统安全性规则（例如允许用户登录到机器的规则、密码规则、授予用户和组的权限列表以及系统安全性审计设置）、用户身份验证以及向“事件日志”发送安全性审计消息。

（3）LSA策略数据库：是一个包含了系统安全性规则设置的数据库。该数据库被保存在注册表中的HKEY-LOCAL-MACHINE/security中。它包含了这样一些信息：哪些域被信任用于认证登录企图，哪些用户可以访问系统以及怎样访问（交互、网络和服务登录方式），谁被赋予了哪些权限，执行的安全性审计的种类。

（4）安全账号管理器服务：是一组负责管理数据库的子例程，这个数据库包含定义在本地机器上或用于域（如果系统是域控制器）的用户名和组。SAM在LSASS进程的描述表中运行。

（5）SAM数辑库：是一个包含定义用户和组，及它们的密码和属性的数据库。该数据库被保存在HKEY-LOCAL-MACHINE/SAM下的注册表中。

（6）默认身份认证包：是一个被称为msvl_0的动态链接库（DLL），在进行Windows身份验证的LSASS进程的描述表中运行。这个DLL负责检查给定的用户名和密码是否和SAM数据库中指定的相匹配，如果匹配，返回该用户的信息。

（7）登录进程：是一个运行WINLOGON.EXE的用户态进程，它负责搜寻用

户名和密码，将它们发送给LSA用以验证，并在用户会话中创建初始化进程。

（8）网络登录服务：是一个响应网络登录请求的SERVICE.EXE进程内部的用户态服务。身份验证同本地登录一样，是通过把它们发送到LSASS进程来验证。

二、Windows XP系统登录过程

登录是通过登录进程（Win Logon）、LSA、一个或多个身份认证包和SAM的相互作用发生的。身份认证包是执行身份验证检查的动态链接库。Win Logon是一个受托进程，负责管理与安全性相关的用户相互作用。它协调登录，在登录时启动用户外壳，处理注销和管理各种与安全性相关的其他操作，包括登录时输入口令、更改口令以及锁定和解锁工作站。Win Logon进程必须确保与安全性相关的操作对任何其他活动的进程是不可见的。例如，Win Logon保证非受托进程在实施这些操作中的一种时不能控制桌面并由此获得访问口令。Win Logon是从键盘截取登录请求的唯一进程。它将调用LSA来确认试图登录的用户。如果用户被确认，那么该登录进程就会代表用户激活一个登录外壳。登录进程的认证和身份验证都是在名为GINA（图形认证和身份验证）的可替换DLL中实现的。标准Windows XP GINA.DLL——MSGINA.DLL实现了默认的Windows登录接口。但是，开发者们可以使用他们自己的GINA.DLL来实现其他的认证和身份验证机制，从而取代标准的Windows用户名口令的方法。另外，Win Logon还可以加载其他网络供应商的DLL来进行二级身份验证。该功能能够使多个网络供应商在正常登录过程中时收集所有的标识和认证信息。

第三节　UNIX/Linux系统安全技术

一、标识

UNIX的各种管理功能都被限制在一个超级用户（root）中，其功能和WindowsNT的管理员（administrator）类似。作为超级用户可以控制一切，包括用户账号、文件和目录、网络资源。允许超级用户管理所有资源的各类变化，或者只管理很小范围的重大变化。例如每个账号都是具有不同用户名、不同的口令和不同的访问权限的一个单独实体。这样就允许你有权授予或拒绝任何用户、用户组合以及所有用户的访问。用户可以生成自己的文件，安装自己的程序等。为了确保次序，系统会分配好用户目录。每个用户都得到一个主目录和一块硬盘空间。这块空间与系统区域和其他用户占用的区域分割开来。这种作用可以防止一般用户的活动影响其他文件系统。进而系统还为每个用户提供一定程度的保密。作为根可以控制哪些用户能够进行访问以及他们可以把文件存放在哪里。控制用户能够访问哪些资源，用户如何进行访问等。

用户登录到系统中时，需输入用户名标识其身份。在系统内部具体实现中，当该用户的账户创建时，系统管理员便为其分配一个唯一的标识号——UID。

系统中的/etc/passwd文件含有全部系统需要知道的关于每个用户的信息（加密后的口令也可能存于/etc/shadow文件中）。/etc/passwd中包含有用户的登录名，经过加密的口令、用户号、用户组号、用户注释、用户主目录和用户所用的shell程序。其中用户号（UID）和用户组号（GID）用于UNIX系统唯一地标识用户和

同组用户及用户的访问权限。系统中超级用户（root）的UID为&每个用户可以属于一个或多个用户组，每个组由GID唯一标识。

在大型的分布式系统中，为了统一对用户管理，通常将存于每一台工作站上的口令文件信息存在网络服务器上。

二、鉴别

用户名是个标识，它告诉计算机该用户是谁，而口令是个确认证据。用户登录系统时，需要输入口令来鉴别用户身份。当用户输入口令时，UNIX使用改进的DES算法对其加密，并将结果与存储在/etc/passwd或NIS数据库中的加密用户口令比较，若二者匹配，则说明该用户的登录合法，否则拒绝用户登录。

为防止口令被非授权用户盗用，对其设置应以复杂、不可猜测为标准。一个好的口令应当至少有6个字符长，不要取用个人信息和普通的英语单词（因为易遭受字典攻击法攻击），口令中最好有一些非字母（如数字、标点符号、控制字符等）。用户应定期改变口令。通常，口令以加密的形式表示。由于/etc/passwd文件对任何用户可读，故常成为口令攻击的目标。所以系统中常用shadow文件（/etc/shadow）来存储加密口令，并使其对普通用户不可读。

三、存取控制

在UNIX文件系统中，控制文件和目录中的信息存在磁盘及其他辅助存储介质上。它控制每个用户可以访问何种信息及如何访问，表现为通过一组存取控制规则来确定一个主体是否可以存取一个指定客体。UNIX的存取控制机制通过文件系统实现。

（一）存取权限

命令Is可列出文件（或目录）对系统内的不同用户所给予的存取权限。

存取权限位共有9个比特位，分为3组，用于指出不同类型的用户对该文件的访问权限。

权限有3种：I为允许读，w为允许写，x为允许执行。

用户有3种类型：owner为该文件的属主；group为在该文件所属用户组中的用户，即同组用户；other为除以上二者外的其他用户。

用Is列目录要有读许可，在目录中增删文件要有写许可，进入目录或将该目录作路径分量时要有执行许可，因此要使用任一个文件，必须有该文件及找到该文件所在路径上所有目录分量的相应许可。仅当要打开一个文件时，文件的许可才开始起作用，而mumv只要有目录的搜索和写许可，并不需要有关文件的许可，这一点应尤其注意。

一些版本的UNIX系统支持访问控制列表（ACL），如AIX系统。它被用作标准的UNIX文件存取权限的扩展。ACL提供更完善的文件授权设置，它可将对客体（文件、目录等）的存取控制细化到单个用户，而非笼统的“同组用户”或“其他用户”，使你可以为任意组合的用户以及用户组设置文件存取权限。

在UNIX系统中，每个进程都有真实UID、真实GID、有效UID及有效GID。当进程试图访问文件时，内核将进程的有效UID、GID和文件的存取权限位中相应的用户和组相比较，决定是否赋予其相应权限。

（二）改变权限

改变文件的存取权限可使用chmod命令，并以新权限和该文件名为参数。格式为：

chmod[-Rfh]存取权限文件名

chmod也有其他方式的参数可直接对某组参数进行修改，在此不再赘述。合理的文件授权可防止偶然性地覆盖或删除文件（即使是属主自己）。改变文件的属主和组名可用chown和chgrp，但修改后原属主和组员就无法修改回来了。

umask（UNIX对用户文件模式屏蔽字的缩写）也是一个4位的8进制数，UNIX用它确定一个新建文件的授权。每一个进程都有一个从它的父进程中继承的umask。umask说明要对新建文件或新建目录的默认授权加以屏蔽的部分。

UNIX中相应有umask命令，若将此命令放入用户的profile文件，就能控制该

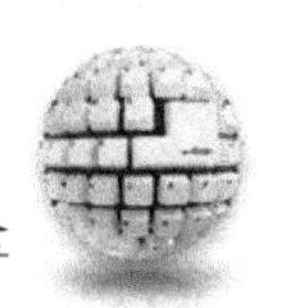

用户后续所建文件的存取许可。umask命令与chmod命令的作用正好相反，它告诉系统在创建文件时不给予什么存取许可。

第四节　数据库安全

数据库是当今信息社会中数据存储和处理的核心，其安全性对于整个信息安全极为重要。首先，数据库安全对于保护组织的信息资产非常重要。组织中绝大部分信息资产保存在数据库中，其中包括商业数据（交易数据、财务信息）、保密信息（私有技术和工程数据、商业或军事机密）等。拥有这些信息资产的组织必须保证这些信息不被外部访问以及内部非授权访问。其次，保护数据库系统所在网络系统和操作系统非常重要，但仅仅如此远不足以保证数据库系统的安全。很多有经验的安全专业人士有一种常见的误解：即一旦评估和消除了服务器上的网络服务和操作系统的脆弱性，该服务器上所有应用就都是安全的了。实际上，现代的数据库系统有很多特征可以被误用或利用来损害系统中的数据安全。此外，数据库安全的不足不仅会损害数据库本身，而且还会影响到操作系统和整个网络基础设施的安全。例如，很多现代数据库都有内置的扩展存储过程，如果不加控制，攻击者就可以利用它来访问系统中的资源。最后，数据库是电子商务、电子政务、ERP等关键应用系统的基础，它的安全也是这些应用系统的基础。

随着计算机和网络技术的进步，数据库的运行环境也在不断变化。在新的环境中数据库系统需要面对更多的安全威胁，针对数据库系统的新攻击方法也层出不穷。数据库安全主要为数据库系统建立和采取的技术与管理方面的安全保护，以保护数据库系统软件和其中的数据不因偶然和恶意的原因而遭到破坏、更改和泄露。

一、数据库安全威胁

在数据库环境中，不同的用户通过数据库管理系统访问同一组数据集合，这样减少了数据的冗余，消除了不一致的问题，同时也免去了程序对数据结构的依赖。然而，这同时也导致数据库面临更严重的安全威胁。

根据违反数据库安全性所导致的后果，安全威胁可以分为以下几类：

（1）非授权的信息泄漏。未授权的用户有意或无意得到信息。通过对授权访问的数据进行推导、分析，获取非授权的信息包含在这一类中。

（2）非授权的数据修改。包括所有通过数据处理和修改而违反信息完整性的行为。非授权修改不一定会涉及非授权的信息泄漏，因为即使不读数据也可以进行破坏。

（3）拒绝服务。包括会影响用户访问数据或使用资源的行为。

根据发生的方式，安全威胁可以分为有意和无意。非有意的安全威胁，其日常事故主要包括以下几类：

（1）自然或意外灾害。如地震、水灾、火灾等。这些事故可能会破坏系统的软硬件，导致完整性被破坏和拒绝服务。

（2）系统软硬件中的错误。这会导致应用实施错误的策略，从而导致非授权的信息泄漏、数据修改或拒绝服务。

（3）人为错误。导致无意的违反安全策略，导致的后果与软硬件错误类似。

而在有意的威胁中，威胁主体决定进行欺诈并造成损失。这里的威胁主体可以分为两类：

（1）授权用户。他们滥用自己的特权造成威胁。

（2）恶意代理。病毒、木马和后门是这类威胁中的典型代表。

二、数据库安全需求

（一）防止非法数据访问

这是数据库安全最关键的需求之一。数据库管理系统必须根据用户或应用的授权来检查访问请求，以保证仅允许授权的用户访问数据库。数据库的访问控制要比操作系统中的文件控制复杂得多。首先，控制的对象有更细的粒度，如表、记录、属性等；其次，数据库中的数据是语义相关的，所以用户可以不直接访问数据项而间接获取数据。

（二）防止推导

推导指的是用户通过授权访问的数据，经过推导得出机密信息，而按照安全策略用户是无权访问该机密信息的。在统计数据库中需要防止用户从统计聚合信息中推导得到原始个体信息，特别是统计数据库容易受到推导问题的影响。

（三）保证数据库的完整性

该需求指的是保护数据库不受非授权的修改，以及不会因为病毒、系统中的错误等导致存储数据破坏。这种保护通过访问控制、备份/恢复以及一些专用的安全机制共同实现。

备份/恢复在数据库管理系统领域得到了深入的研究，它们的主要目标是在系统发生错误时保证数据库中数据的一致性。与备份/恢复相关的理论和实现技术目前已经比较成熟，有兴趣的读者请阅读专门的文献。

（四）保证数据的操作完整性

这个需求定位于在并发事务中保证数据库中数据的逻辑一致性。一般而言，数据库管理系统中的并发管理器子系统负责实现这部分需求。

（五）保证数据的语义完整性

这个问题主要是在修改数据时保证新值在一定范围内以确保逻辑上的完整性。对数据值的约束通过完整性约束来描述。可以针对数据库定义完整性约束（定义数据库处于正确状态的条件），也可以针对变换定义完整性约束（修改数据库时需要验证的条件）。

（六）审计和日志

为了保证数据库中的数据的安全，一般要求数据库管理系统能够将所有的数据操作记录下来。这一功能要求系统保留日志文件，安全相关事件可以根据系统设置记录在日志文件中，以便事后调查和分析；追查入侵者或发现系统的安全弱点。

审计和日志是有效的威慑和事后追查、分析的工具。与数据库中多种粒度的数据对应，审计和日志需要面对粒度问题。因为记录对一个细粒度对象（如一个记录的属性）的访问可能有用，但是考虑到时间和代价，这样做可能非常不实用。

（七）标识和认证

各种计算机系统的用户管理和使用的方法非常类似。与其他系统一样，标识和认证也是数据库的第一道安全防线。标识和认证是授权、审计等的前提条件。

（八）机密数据管理

数据库中的数据可能部分是机密数据，也有可能全部是机密数据（如军队的数据库），而有些数据库中的数据全部是公开的数据。同时保存机密数据和公开数据的情况比较复杂。在很多情况下数据是机密的，数据本身是机密的；与其他数据组合时，与其他机密数据保存在同一个记录中。

对于同时保存机密和公开数据的数据库而言，访问控制主要保证机密数据的保密性，仅允许授权用户的访问。这些用户被赋予对机密数据进行一系列操作的权限，并且被禁止传播这些权限。此外，这些被授权访问机密数据的用户应该与普通用户一样可以访问公开数据，但是不能相互干扰。另一种情况是用户可以访问一组特定的机密数据，但是不能交叉访问。此外，还有一种情况是用户可以单独访问特定的机密数据集合，但是不能同时访问全部机密数据。

（九）多级保护

多级保护表示一个安全需求的集合。现实世界中很多应用要求将数据划分不同保密级别。例如军队需要将信息划分为多个保密级别，而不是仅仅划分为公开和保密两部分。同一记录中的不同字段可能划分为不同的保密级别，甚至于同一字段的不同值都会是不同的级别。在多级保护体系中，对不同数据项赋予不同的保密级别，然后根据数据项的密级给访问该数据项的操作赋予不同的级别。

在多级保护体系中，进一步的要求是研究如何赋予多数据项组成的集合一个恰当的密级。数据的完整性和保密性是通过给予用户权限来实现的，用户只能访问它拥有的权限所对应级别的数据。

第五节　Oracle 数据库安全技术

一、组和安全性

在操作系统下建立用户组是保证数据库安全性的一种有效方法。Oracle程序为了安全性目的一般分为两类：一类所有的用户都可执行，另一类只有数据库管理员组DBA可执行。在UNIX环境下组设置的配置文件是/etc/group，UNIX的有关手册对于如何配置这个文件进行了详细的介绍。

保证安全性的方法有以下几种：

在安装Oracle Server前，创建数据库管理员组（DBA）并且分配root和Oracle软件拥有者的用户ID给这个组。在安装过程中系统权限命令被自动分配给DBA组。

允许一部分UNIX用户有限制地访问Oracle服务器系统，确保给Oracle服务器实用例程Oracle组ID，公用的可执行程序（例如SQL_Plus、SQL_Forms等）应该可被这个组执行。然后设定这个实用例程的权限，允许同组的用户执行，而其他用户不能。改变那些不会影响数据库安全性的程序的权限。

为了保护Oracle服务器不被非法用户使用，可以采取如下几条措施：

确保ORACLE_HOME/bin目录下的所有程序的拥有权归Oracle软件拥有者所有。

给所有用户实用例程（sqiplus、sqiforms、exp、imp等）特定权限，使服务器上所有的用户都可访问Oracle服务器。

给所有的DBA实用例程（比如SQL-DBA）特定权限。当Oracle服务器和UNIX组访问本地的服务器时，用户可以通过在操作系统下把Oracle服务器的角色映射到UNIX组的方式来使用UNIX管理服务器的安全性。这种方法适应于本地访问。

Oracle软件的拥有者应该设置数据库文件的使用权限，使得文件的拥有者可读可写，同组的和其他组的用户没有写的权限。Oracle软件的拥有者应该拥有包含数据库文件的目录，为了增加安全性，建议收回同组和其他组用户对这些文件的可读权限。

二、建立安全策略

系统安全策略主要考虑以下三点：

（1）管理数据库用户是访问Oracle数据库信息的途径，因此应该很好地维护管理数据库用户的安全性。按照数据库系统的大小和管理数据库用户所需的工作量，数据库安全性管理者可能只是拥有create、alter、drop数据库用户的一个特殊用户，或者是拥有这些权限的一组用户。应当注意的是，只有那些值得信任的人才有管理数据库用户的权限。

（2）身份确认数据库用户可以通过操作系统、网络服务或数据库进行身份确认。通过主机操作系统进行用户身份认证有三个优点。

①用户能更快、更方便地连入数据库。

②通过操作系统对用户身份确认进行集中控制，如果操作系统与数据库用户信息一致，那么Oracle无须存储和管理用户名和密码。

③用户进入数据库和操作系统审计信息一致。

（3）为保证操作系统安全性，数据库管理员必须有create和delete文件的操作系统权限，而一般数据库用户不应该有create或delete与数据库相关文件的操作系统权限。如果操作系统能为数据库用户分配角色，那么安全性管理者必须有修改操作系统账户安全性区域的操作系统权限。

数据的安全策略的考虑应基于数据的重要性。如果数据不是很重要，那么数据的安全性策略可以稍稍放松一些；如果数据很重要，那么应该有一个谨慎的安全策略，用它来维护对数据对象访问的有效控制。用户安全策略主要包括以下几种：

1.一般用户的安全性

（1）密码的安全性。如果用户通过数据库进行用户身份的确认，那么建议使用密码加密的方式与数据库进行连接。

（2）权限管理。对于那些用户很多，应用程序和数据对象很丰富的数据库，应充分利用角色机制所带的方便性对权限进行有效管理。对于复杂的系统环境，角色能大大地简化权限的管理。

2.终端用户的安全性

用户必须针对终端用户制订安全策略。例如，对于一个有很多用户的大规模数据库，安全性管理者可以决定用户组分类，为这些用户组创建用户角色，把所需的权限和应用程序角色授予每一个用户角色，以及为用户分配相应的用户角色。当处理特殊的应用要求时，安全性管理者也必须明确地把一些特定的权限要求授予给用户，用户可以使用角色对终端用户进行权限管理。

三、数据库管理者安全策略

（1）要保护sys和system用户的连接，当数据库创建好以后应当立即更改有管理权限的sys和system用户的密码，防止非法用户访问数据库。当作为sys和system用户连入数据库后，用户有强大的权限用各种方式改动数据库。

（2）保护管理者与数据库的连接，应该只有数据库管理者能用管理权限连入数据库。

（3）使用角色对管理者权限进行管理。

四、应用程序开发者的安全策略

（1）应用程序开发者和他们的权限数据库应用程序开发者是唯一一类需要特殊权限组完成自己工作的数据库用户。开发者需要一些系统权限。然而，为了限制开发者对数据库的操作，只应该把一些特定的系统权限授予开发者。

（2）考虑到应用程序开发者的环境，程序开发者不应与终端用户竞争数据库资源，同时程序开发者不能损害数据库其他应用产品。

（3）应用程序开发者有free development与controlled development两种权限。在前一种情况下，应用程序开发者允许创建新的模式对象，它允许应用程序开发者开发独立于其他对象的应用程序。而在后一种情况下，应用程序开发者不允许创建新的模式对象，而是由数据库管理者创建，它保证了数据库管理者能完全控制数据空间的使用和访问数据库信息的途径。但在实践中，有时应用程序开发者也需要这两种权限的混合。

（4）数据库安全性管理者能创建角色来管理典型的应用程序开发者的权限要求。作为数据库安全性管理者，用户应该特别地为每个应用程序开发者设置一些限制，在有许多数据库应用程序的数据库系统中，用户可能需要一位应用程序管理者，应用程序管理者应负责为每一个应用程序创建角色以及管理每一个应用程序的角色、创建和管理数据库应用程序使用的数据对象以及维护和更新应用程序代码和Orade的存储过程和程序包。

第十一章　数据信息的表示与编码

第一节　数据信息处理的逻辑基础

计算机硬件实际上是数字系统的物理构成，数字系统是用数字逻辑设计的，其物理实现是由成千上万的电子器件来完成的。电子器件用实现逻辑运算的方式，经由计算机内部0与1的变化，控制着电路中电流的流向。

一、数字信号与数字电路

在电子设备中，通常把电路分为模拟电路和数字电路两类，前者涉及模拟信号，即连续变化的物理量；后者涉及数字信号，即离散的物理量。对模拟信号进行传输、处理的电子线路称为模拟电路。对数字信号进行传输、控制或变换数字信号的电子电路称为数字电路。

数字电路工作时通常只有两种状态：高电位（又称高电平）或低电位（又称低电平）。通常把高电位用代码“1”表示，称为逻辑“1”；低电位用代码“0”表示，称为逻辑“0”（按正逻辑定义的）。

注意：有关产品手册中常用“H”代表“0”。讨论数字电路问题时，也常用代码“0”和“1”表示某些器件工作时的两种状态，例如，“0”代表开关断开状态，“1”代表接通状态。

（一）数字电路的特点

（1）工作信号是二进制的数字信号，在时间上和数值上是离散的（不连续），反映在电路上就是低电平和高电平两种状态（即0和1两个逻辑值）。

（2）在数字电路中，研究的主要问题是电路的逻辑功能，即输入信号的状态和输出信号的状态之间的关系。

（3）在数字电路中使用的主要方法是逻辑分析和逻辑设计，主要工具是逻辑代数。

（4）组成数字电路的元器件的精度要求不高，只要在工作时能够可靠地区分0和1两种状态即可。

实际的数字电路中，到底要求多高或多低的电位才能表示“1”或“0”，要由具体的数字电路来定。例如，一些TTL数字电路的输出电压等于或小于0.2V，均可认为是逻辑“0”；等于或者大于3V，均可认为是逻辑“1”（即电路技术指标）。CMOS数字电路的逻辑“0”或“1”的电位值是与工作电压有关的。

（二）数字电路分类

（1）按集成度不同，数字电路可分为小规模（SSI，每片数十器件）、中规模（MSI，每片数百器件）、大规模（LSI，每片数千器件）和超大规模（VLSI，每片器件数目大于1万）数字集成电路。集成电路从应用的角度又可分为通用型和专用型两大类型。

（2）按所用器件制作工艺的不同，可分为双极型（TTL型）和单极型（MOS型）两类。

（3）按照电路的结构和工作原理的不同，可分为组合逻辑电路和时序逻辑电路两类。组合逻辑电路没有记忆功能，其输出信号只与当时的输入信号有关，而与电路以前的状态无关。时序逻辑电路具有记忆功能，其输出信号不仅和当时的输入信号有关，而且与电路以前的状态有关。

二、逻辑代数基础

逻辑代数是按一定的逻辑关系进行运算的代数，是分析和设计数字电路的

数学工具。在逻辑代数中，只有0和1两种逻辑值，有与、或、非三种基本逻辑运算，还有与或、与非、与或非、异或几种导出逻辑运算。

逻辑是指事物的因果关系，或者说条件和结果的关系，这些因果关系可以用逻辑运算来表示，也就是用逻辑代数来描述。事物往往存在两种对立的状态，在逻辑代数中可以抽象地表示为0和1，称为逻辑0状态和逻辑1状态。

逻辑代数中的变量称为逻辑变量，用大写字母表示。逻辑变量的取值只有两种，即逻辑0和逻辑1，0和1称为逻辑常量，并不表示数量的大小，而是表示两种对立的逻辑状态。

第二节 数据信息处理的运算基础

一、数制及其相互转换

数制的全称就是数据制式，是指数据的进位计数规则，所以又称为进位计数制，简称进制。在日常生活中经常要用到数制，我们日常所使用的数都是十进制的。除了十进制计数以外，还有许多非十进制的计数方法。在计算机中常见的还有二进制、八进制、十六进制等制式。其实数据制式远不止这么几种，如我们常以60分钟为1小时，60秒为1分钟，用的就是六十进制计数法；一天之中有24小时，用的是二十四进制计数法；而一星期有7天，用的是七进制计数法；一年中有12个月，用的是十二进制计数法等。

虽然数据制式有很多种，但在计算机通信遇到的仍是以上提到的二进制、八进制、十进制和十六进制。既然有不同的数制，那么在计算机程序中给出一个数时就必须指明它属于哪一种数制，否则计算机程序就不知道该把它看成哪种数了。不同数制中的数可以用下标或后缀来标识。

二、几种常见的计数制

（一）十进制

十进制计数法的特点如下：

（1）有10个不同的计数符号：0，1，2，…，9。每一位数只能用这10个计数符号之一来表示，称这些计数符号为数码。

（2）十进制数数码的个数为十进制数的基数，则十进制数的基数为10。

（3）十进制数的权为10’。

（4）十进制数采用逢十进一的原则计数，或者说高位数是低位的十倍。小数点前面自右向左，分别为个位、十位、百位、千位等，相应的，小数点后面自左向右，分别为十分位、百分位、千分位等。各个数码所在的位置称为数位。

十进制数的标志为D，如（1250）D，表示这个数是十进制数，也可用下标“10”来表示。

（二）二进制

二进制计数法的特点如下：

（1）二进制的数码为0和1。

（2）二进制的基数为2。

（3）二进制数的权为2’。

（4）二进制用B作为后缀，如01000101B。采用逢二进一的原则计数，即高一位的权是低一位的2倍。

（三）八进制

八进制计数法的两个特点如下：

（1）采用8个不同的计数符号，即数码0～7。

（2）采用逢八进一的进位原则。在不同的数位，数码所表示的值等于数码的值乘上相应数位的“权”。

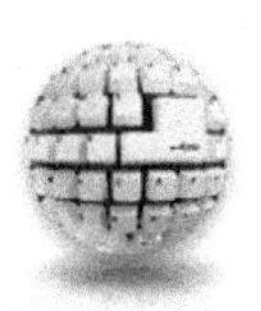

（四）十六进制

十六进制记数法有如下两个特点。

（1）采用16个不同的计数符号，即数码0～9及A、B、C、D、E、F。其中A表示十进制数10，B表示11，C表示12，D表示13，E表示14，F表示15。

（2）用H作为后缀，如23BDH，采用逢十六进一的进位原则，各位数的“权”是以16为底数的幂。

三、十进制数转换成任意（J）进制

十进制转换成J进制时，整数部分与小数部分转换的方法不一样，可分别进行转换，然后再组合起来。

十进制的整数转换成J进制的整数采用除J取余法，即将十进制数除以J，得到一个商数和余数，再将商数除以J，又得到一个商数和余数，直到商等于零为止。所得各次余数，就是所求J进制数的各位数字，并且最后的余数为J进制数的最高位数字，即“用J除后取余，逆序排列”。

十进制小数转换成J进制小数采用乘J取整法，即将十进制小数乘以J，然后取出所得乘积的整数部分，再将纯小数部分乘以J，又取出所得乘积的整数部分，直到小数部分为零或满足精度为止，并且最先取出的整数为二进制数的最高位数字。注意，有时所得乘积的整数部分为零，取出的整数也是零，即“用乘后取整，顺序排列”。

第三节　数据信息的表示

如今的计算机主要用于信息处理，对计算机处理的各种信息进行抽象后，可以分为数字、字符、图形图像和声音等几种主要的类型。在计算机内部，各种信息都必须经过数字化编码后才能被传送、存储和处理。编码就是采用少量的基本符号，选用一定的组合原则，来表示大量复杂多样的信息的过程。基本符号的种类和这些符号的组合规则是一切信息编码的两大要素。例如，用10个阿拉伯数码表示数字，用26个英文字母表示英文词汇等，都是编码的典型例子。

计算机的内部信息分为两大类型：控制信息和数据信息。控制信息也称为指令信息，指计算机进行的一系列操作；数据信息是计算机加工处理的对象，包括数值型数据和非数值型数据。数值型数据能表示大小，可以在数轴上找到确定的点；非数值型数据没有确定的数值，如字符、汉字、图形、图像和声音等，又称为符号数据。

一、数值型数据在计算机系统内的表示

计算机中的所有信息全由二进制数来表示。各种数据在计算机中表示的形式称为机器数，其特点是采用二进制计数制，数的符号用0、1表示，小数点则隐含表示而不占位置。简单地说，机器数是在计算机中使用的连同数据符号一起数码化的数。机器数对应的实际数值称为数的真值。

机器数有无符号数和带符号数之分。无符号数表示正数，在机器数中没有符号位。对于无符号数，若约定小数点的位置在机器数的最低位之后，则是纯整数；若约定小数点的位置在机器数的最高位之前，则是纯小数。

对于带符号数，机器数的最高位是表示正、负的符号位，其余位则表示数值。若约定小数点的位置在机器数的最低数值位之后，则是纯整数；若约定小数点的位置在机器数的最高数值位之前（符号位之后），则是纯小数。

（一）数值型数据的机器码表示

二进制数与十进制数一样有正负之分。在计算机中，常采用数的符号和数值一起编码的方法来表示数据。常用的有原码、反码、补码、移码等。这几种表示法都将数据的符号数码化。为了区分一般书写时表示的数和机器中编码表示的数，我们称前者为真值，后者为机器数或机器码。

1.原码表示法

数值X的原码记为$[X]_w$，如果机器字长为n（即采用n个二进制位表示数据），则最高位是符号位，0表示正号，1表示负号，其余的n-1位表示数值的绝对值，数值部分按一般二进制形式表示。

2.反码表示法

数值X的反码记作$[X]_s$，如果机器字长为n，则最高位是符号位，0表示正号，1表示负号，反码表示法规定：正数的反码与原码相同；负数的反码是对该数的原码除符号位外的各位求反，即0变1、1变0。

3.补码表示法

数值X的补码记作[X]*，如果机器字长为72，则最高位是符号位，0表示正号，1表示负号，补码表示法规定：主数的补码和原码相同；负数的补码是该数的反码末位加1。0的补码表示方法也是唯一的，即00000000。

补码表示法中，不但0的表示是唯一的，而且在进行数学运算时，不需要事先进行符号位判断，而是让符号位与数值一起参与运算。有了补码可以把减法运算转化为加法运算，可以提高计算机的运算速度。因此，补码是计算机中最为实用的数的表示方法。

4.移码表示法

移码表示法是在数X上增加一个偏移量来定义的，常用于表示浮点数中的阶码。只要将补码的符号位取反便可获得相应的移码表示。

（二）定点数与浮点数

计算机处理的数值数据多数带有小数，小数点在计算机中通常有两种表示方法，一种是约定所有数值数据的小数点隐含在某一个固定位置上，称为定点表示法，简称定点数；另一种是小数点位置可以浮动，称为浮点表示法，简称浮点数。

1.定点数表示法

定点数即约定计算机中所有数据的小数点位置是固定不变的数。定点数有两种：定点小数和定点整数。定点小数将小数点位置固定在最高数据位的左边，因此，它只能表示小于1的纯小数。定点整数将小数点位置固定在最低数据位的右边，因此，定点整数表示的也只是纯整数。

当数据小于定点数能表示的最小值时，计算机将它们当作0处理，称为下溢；大于定点数能表示的最大值时，计算机将无法表示，称为上溢，上溢和下溢，统称为溢出。

计算机采用定点数表示时，对于既有整数又有小数的原始数据，需要设定一个比例因子，数据按其缩小成定点小数或扩大成定点整数再参加运算，运算结果，根据比例因子，还原成实际数值。若比例因子选择不当，往往会使运算结果产生溢出或降低数据的有效精度。

2.浮点数表示法

当机器字长为n时，定点数的补码和移码可表示2^n个数，而其原码和反码只能表示2^n-1个数，因此，定点数所能表示的数值范围比较小，运算中很容易因结果超出范围而溢出。因此引入浮点数，浮点数是小数点位置不固定的数，它能表示更大范围的数。

浮点数由两部分组成，即尾数部分与阶码部分。其中，尾数部分表示浮点数的有效数字，是一个有符号的纯小数；阶码部分则指明了浮点数实际小数点的位置与尾数约定的小数点位置之间的位移量P（阶码）。P是一个有符号的整数，当阶码为+P时，表示浮点数的实际小数点应为尾数中约定小数点向右移动P位；当阶码为-P时，表示浮点数的实际小数点应为尾数中约定小数点左移动P位。

尾数部分的符号位确定浮点数的正负。阶码的符号位确定小数点移动的方向，为正时向右移，为负时向左移。另外尾数部分与阶码部分分别占若干个二进制位，究竟需要占多少个二进制位，可以根据实际需要及数值的范围确定。以下各例中，均假设机器字长为16位，其中阶码部分占6位，尾数部分占10位。

由此可见，浮点数表示的数值范围远远大于定点数表示的数值范围。浮点数中，尾数S表示浮点数的全部有效数字，采用的位数越多，表示的数值精确度也越高；阶码P则指明了浮点数小数点的实际位置，采用的位数越多，可表示的数值范围就越大。因此，当字长一定的条件下，必须合理地分配阶码和尾数的位数，以满足应用的需要。

为了得到较高的精度和较大的数据表示范围，在很多机器中都设置单精度浮点数和双精度浮点数等不同的浮点数格式。单精度浮点数就是用一个字长表示一个浮点数。双精度浮点数是用两个字长表示一个浮点数。

与定点数相比，浮点数表示范围大，但运算复杂、实现设备多、成本高。计算机中采用浮点数还是定点数，必须根据实际要求来进行设计。通常，微型机或单片机多采用定点数制，而大型机、巨型机及高档型微机中多采用浮点数制。

3.浮点数的规格化表示

为了使计算机在运算过程中，尽量减少有效数字的丢失，提高运算精度，一般都采用规格化的浮点数。所谓规格化，就是指浮点数的尾数S的绝对值小于1且大于或等于1/2，即小数点后面的第一位数必须是“1”。例如，

$M=0.11010X2-^{11}$是一个规格化的浮点数，而不是一个规格化的浮点数，但实际JV，和JV_2的值相等。浮点数采用规格化表示方法，一是为了提高运算精度，充分利用尾数的有效数位，尽可能占满位数，以保留更多的有效数字；二是为了浮点数表示的唯一性。

二、机器数运算

（一）机器数的加减运算

当引入了补码概念后，加减法运算就可以用加法来实现了。在计算机中，可以只设置加法器，将减法运算转换为加法运算来实现。

1.原码加法和减法

当两个相同符号的原码数相加时，只需将数值部分直接相加，运算结果的符号与两个加数的符号相同。若两个加数的符号相异，则应进行减法运算。其方法是：先比较两个数绝对值的大小，然后用绝对值大的绝对值减去绝对值小的绝对值，结果的符号取绝对值大的符号。因此，原码表示的机器数进行减法运算是很麻烦的，所以在计算机中很少被采用。

2.补码加法和减法

（1）补码加法的运算法则是：和的补码等于补码求和。

（2）补码减法的方法是：差的补码等于被减数的补码加上减数取负后的补码。因此，在补码表示中，可将减法运算转换为加法运算。

由此可得到两数加减步骤：先求两数的补码，再求补码之和，最后求和的补码，即得到结果。

（二）机器数的乘除运算

在计算机中实现乘除法运算，通常有如下三种方式。

（1）纯软件方案，在只有加法器的低档计算机中，没有乘、除法指令，乘除运算是用程序来完成的。这种方案的硬件结构简单，但做乘除运算时速度很慢。

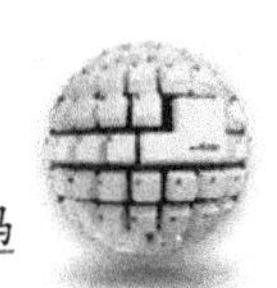

（2）在现有的能够完成加减运算的算术逻辑单元的基础上，通过增加少量的实现左、右移位的逻辑电路，来实现乘除运算。与纯软件方案相比，这种方案增加硬件不多，而乘除运算的速度有了较大提高。

（3）设置专用的硬件阵列乘法器（或除法器），完成乘（除）法运算。该方案需付出较高的硬件代价，可获得最快的执行速度。

第十二章　计算机硬件系统

第一节　计算机系统的结构

计算机，准确地应称为计算机系统，是指按人的要求接收和存储信息，按程序自动进行处理和计算，并输出结果信息的机器系统。计算机系统是由硬件系统和软件系统两部分组成的，而人们平时只能看到计算机的硬件，软件是在计算机系统内部运行的程序，其实现过程是无法看到的。

计算机系统结构的概念是从软件设计者的角度对计算机硬件系统的观察和分析。结构是指各部分之间的关系。计算机的系统结构通常是指程序设计人员所见到的计算机系统的属性，是硬件子系统的结构及其功能特性。这些属性是机器语言程序设计者为其所设计的程序能在机器上正确运行所需遵循的计算机属性，包含概念性结构和功能特性结构两个方面。

随着计算机技术的发展，计算机体系结构所包含的内容也在不断变化和发展。目前使用的是广义的计算机体系结构的概念，它既包括经典计算机体系结构的概念，又包括对计算机组成和计算机实现技术的研究。

一、冯 · 诺依曼体系结构

阿兰 · 图灵首次提出：所有的可计算问题都可以在一种特殊的机器上执行。这就是现在所说的图灵机。基于图灵机构造的计算机都是在存储器中存储数据的。冯 · 诺依曼指出，鉴于程序和数据在逻辑上是相同的，所以程序也能存储在解释的存储器中。他提出抛弃十进制，采用二进制作为数字计算机的数制基础。同时提出预先编制计算机程序，然后由计算机来按照事先制定的计算机顺序来执行数值计算工作的思想。这奠定了冯·诺依曼结构的理论基础，也就是著名的“存储程序控制原理”。

（一）冯·诺依曼体系结构的特点及其组成

冯·诺依曼在“电子计算机逻辑设计初探”的报告中正式提出了以二进制、程序存储和程序控制为核心的一系列思想，对ENIAC的缺陷进行了有效的改进，从而奠定了冯·诺依曼计算机的体系结构基础。

1.冯·诺依曼理论要点

（1）指令像数据那样存放在存储器中，并可以像数据那样进行处理。

（2）指令格式使用二进制机器码表示。

（3）使用程序存储控制方式工作。

EDVIC是最早采用冯·诺依曼体系结构的计算机。半个多世纪过去了，直到今天，商品化的计算机还基本遵循着冯·诺依曼提出的理论。

2.冯·诺依曼结构的特点

从冯·诺依曼理论的角度看，一台完整的计算机系统必须具有如下功能：运算、自我控制、存储、输入/输出和用户界面。其中，运算、自我控制、存储、输入/输出功能由相应功能模块实现，各模块之间通过连接线路传输信息，我们称为计算机硬件系统；用户界面主要由软件来实现，我们称其为软件系统。冯·诺依曼结构主要有以下特点：

（1）指令与数据均是用二进制代码形式表现，电子线路采用二进制。

（2）存储器中的指令与数据形式一致，机器对它们同等对待，不加区分。

（3）指令在存储器中按执行顺序存储，并使用一个指令计数器来控制指令执行的方向，实现顺序执行或转移。

（4）存储器的结构是按地址访问的顺序线性编址的一维结构。

（5）计算机由五大部分组成：运算器、控制器、存储器、输入设备、输出设备。

（6）一个字长的各位同时进行处理，即在运算器中是并行的字处理。

（7）运算器的基础是加法器。

（8）指令由操作码和地址码两个部分组成。操作码确定操作的类型，地址码指明操作数据存储的地址。

3.冯·诺依曼结构组成

目前的各种微型计算机系统，无论是简单的单片机、单一型机系统，还是较复杂的个人计算机（PC机）系统，甚至超级微机和微巨型机系统，从硬件体系结构来看，采用的基本上是计算机的经典结构——冯·诺依曼结构，整个结构以运算器为中心，数据流动必须经过运算器，并由控制器进行控制。其基本工作原理是存储程序和程序控制。

冯·诺依曼结构计算机由五大部分构成，各部分的功能如下：

（1）运算器。它是计算机中进行算术运算和逻辑运算的主要部件，是计算机的主体。在控制器的控制下，运算器接收待运算的数据，完成程序指令指定的基于二进制数的算术数据线、控制线和状态线运算或逻辑运算。

（2）控制器。它是计算机的指挥控制中心。控制器从存储器中逐条取出指令、分析指令，然后根据指令要求完成相应操作，产生一系列控制命令，使计算机各部分自动、连续并协调动作，成为一个有机的整体，实现程序的输入、数据的输入、运算并输出结果。

（3）存储器。存储器是用来保存程序和数据，以及运算的中间结果和最后结果的记忆装置。计算机的存储系统分为内部存储器（简称内存或主存储器）和外部存储器（简称外存或辅助存储器）。主存储器中存放将要执行的指令和运算数据，容量较小，但存取速度快。外存容量大、成本低、存取速度慢，用于存放需要长期保存的程序和数据。当存放在外存中的程序和数据需要处理时，必须先将它们读到内存中，才能进行处理。

（4）输入设备。它是用来完成输入功能的部件，即向计算机输入程序、数据及各种信息的设备。常用的输入设备有键盘、鼠标、扫描仪、磁盘驱动器和触摸屏等。

（5）输出设备。它是用来将计算机工作的中间结果及处理后的结果进行表现的设备。常用的输出设备有显示器、打印机、绘图仪和磁盘驱动器等。

（二）冯·诺依曼体系结构的演变

冯·诺依曼体系结构是一种最为简单且容易实现的计算机结构，在当时元器件可靠性较低的情况下，也是一种很合适的结构。以后，在计算机技术发展的很长一段时期内，基本上没有离开这一结构模式。这种结构存在的主要缺点如下：

（1）存在有两个主要的瓶颈。一是在CPU和存储器之间存在频繁的信息交换，而处理器的速度要远远高于存储器的处理速度；二是处理器执行指令是串行的，即每次只能顺序地执行一条指令，指令执行的低效率不能充分发挥处理器的功效。

（2）低级的机器语言和高级的程序设计语言之间存在着巨大的语义差距，此差距往往要靠大量复杂的软件程序来填补。

（3）复杂的数据结构对象无法直接存放到一维线性地址空间的存储器中，必须经过地址映像。

半个世纪以来，对冯·诺依曼型计算机结构已做了许多改进。归纳起来采用了两种方法。一种是“改良”方法，即基本上仍保留原来的工作方式，但做了许多重大改进以提高计算机系统性能，并称为改进的冯·诺依曼型计算机结构。另一种是“革命”方法，即彻底推翻冯·诺依曼计算机系统结构，重新设计更完整、更合理的系统。

随着电子技术的发展和实际使用的需要，现代计算机在结构设计上比起

冯 · 诺依曼型结构有了进一步的演变，特别是在微观结构方面，主要表现在以下方面：

（1）将运算器和控制器集成于一块芯片，称为处理器，并作为中央处理器件，有时甚至将部分存储器和输入/输出接口都集中到微处理器上，称为单片机。

（2）采用先行控制技术和流水线技术，提高系统作业的吞吐率。引入流水线技术，将传统的串行执行方式转变为并行方式，充分利用处理器内部的功能部件，采用精简指令系统，单周期执行一条或多条指令以提高程序的执行效率。

（3）采用多体交叉存储器，增加存储带宽。采用多体交叉存储器，可以在一个存储器访问周期中同时对多个存储单元进行访问，可以进行多字的一次性存取，从而增加存储带宽。

（4）采用总线结构。总线的作用是将计算机的各个部件连接起来，并实现正确的数据传输。总线包括单总线、双总线和多总线。

总线结构的优点如下：

①简化了系统结构，便于系统设计制造。

②大大减少了连线数目，便于布线，减小体积，提高系统的可靠性。

③便于接口设计，所有与总线连接的设备均采用类似接口。

④便于系统的扩充、更新与灵活配置，易于实现系统的模块化。

⑤便于设备的软件设计，所有接口的软件就是对不同的口地址进行操作。

⑥便于故障诊断和维修，同时也降低了成本。

（5）以存储器为核心，使I/O设备和处理器可并行工作。传统的冯 · 诺依曼结构以运算器为核心，存储器、输入/输出设备都直接对应运算器，从而使得各种I/O设备无法与处理器并行工作。而采用以存储器为核心的结构，可以提高I/O设备和处理器并行工作能力。

二、体系结构的实现——计算机组成

体系结构的实现是依据计算机体系结构的，在确定并且分配了硬件系统的概念结构和功能特性的基础上，设计计算机各个组成部件的具体组成和它们之间的连接关系，实现机器指令级的各种功能和特性。同时，为实现指令的控制功能，还需要设计相应的软件系统来构成整个完整的运算系统。

（一）系列机

同一个计算机体系结构可以对应多个不同的计算机组成，最典型的例子就是系列机。系列机的出现被认为是计算机发展史上的一个重要的里程碑。直到现在，各计算机厂商仍按系列机的思想发展自己的计算机产品。现代计算机不但系统系列化，其构成部件也系列化，如处理器、硬盘等。

系列机是指在同一厂家内生产的具有相同系统结构，但具有不同组成和实现的一系列的机器。它要求预先确定好一种系统结构（软硬件界面）。然后，软件设计者依此进行系统软件设计，硬件设计者则根据不同性能、价格要求，采用各种不同的组成和物理实现技术，向用户提供不同档次的机器。如Intel公司推出了80×86微机系列，IBM370系列有370/115、125、135、145、158、168等从低速到高速的各种型号。它们各有不同的性能和价格，采用不同的组成和实现技术。但在中央处理器中，它们都执行相同的指令集，在低档机上可以采用指令分析和指令执行顺序进行的方式，而在高档机上则采用重叠、流水和其他并行处理方式等。

采用这样的方法后，由于机器语言程序员或者编译程序设计者所看到的这些机器的概念性结构和功能属性都是一样的，即机器语言都是一样的。因此，按这个属性（体系结构）编制的机器语言程序及编译程序都能通用于各档机器，我们称这种情况下的各种机器是软件兼容的，即同一个软件可以不加修改地运行于体系结构相同的各档机器上，而且它们所获得的结果一样，差别只在于运行的时间不同。

（二）兼容机

长期以来，软件工作者希望有一个稳定的环境，使他们编制处理的程序能得到广泛的应用，机器设计者又希望根据硬件技术和器件技术的进展不断推出新的机器，而采用系列机的方法较好地解决了硬件技术更新发展快而软件编写开发周期比较长之间的矛盾。由于系列机中的系统结构在相当长的时期内不会改变，改变的只是组成和实现技术，从而使得软件开发有一个较长的相对稳定的周期，有利于计算机系统随着硬件器件技术的不断发展而升级换代，对计算机的发展起到了很大的推动作用。但是，这种兼容性仅限于某一厂商所生产的某一系列机内部，用户不能在不同厂商的产品中进行选择。系列机的思想后来在不同厂家间生产的机器上也得到了体现，出现了兼容机。我们把不同厂家生产的具有相同体系结构的计算机称为兼容机。兼容机一方面由于采用新的计算机组成和实现技术，因此具有较高的性能价格比；另一方面又可能对原有的体系结构进行某种扩充，使它具有更强的功能，因此在市场上具有较强的竞争力。

系列机方法较好地解决了软件移植的问题，但由于这种方法要求系统结构不能改变，这也就在较大程度上限制了计算机系统结构发展，而且所有的软件兼容也是有一定条件约束的。

软件兼容按性能上的高低和时间上推出的先后还可分为向上、向下、向前、向后四种兼容。

向上（下）兼容是指按某档机器编制的软件，不加修改就能运行于比它高（低）档的机器上。同一系列内的软件一般应做到向上兼容，向下兼容就不一定，特别是与机器速度有关的实时性软件向下兼容就难以做到。

向前（后）兼容是指在按某个时期投入市场的该型号机器上编制的软件，不用修改就能运行于在它之前（后）投入市场的机器上。同一系列机内的软件必须保证做到向后兼容，不一定非要向前兼容。

第二节　CPU

以微处理器（CPU）为核心，加上由大规模集成电路实现的存储器、输入/输出接口及系统总线所组成的计算机称为微型计算机。微型计算机的结构与普通电子计算机基本相同。它由CPU、一定容量的存储器（包括ROM、RAM）、接口电路（包括输入接口、输出接口）和外部设备（输入设备和输出设备）几个部分组成。各功能部件之间通过总线有机地连接在一起，其中微处理器是整个微型计算机的核心部件。在冯·诺依曼描述的系统结构中并没有明确地提出总线的概念，各部分之间主要通过专用的电路连接。

一、CPU的基本功能及组成

CPU也叫中央处理单元，是计算机的核心部件。从体系结构上看，CPU包含了运算器和控制器，以及为保证它们高速运行所需的寄存器。寄存器是CPU内部用于临时存放数据的少量高速专用存储器。CPU从存储器中取出指令和数据，将它们放入CPU的内部寄存器。在控制器中，根据微码或专用译码电路，把指令分解成一系列的操作步骤，然后发出各种控制命令，完成一条指令的执行。指令是计算机规定执行操作的类型和操作数的基本命令。

CPU的基本功能如下：

（1）指令控制。CPU通过执行指令来控制程序的执行顺序，这是CPU的重要职能。

（2）操作控制。一条指令功能的实现需要若干操作信号来完成，CPU产生每条指令的操作信号并将操作信号送往不同的部件，控制相应的部件按指令的功能要求进行操作。

（3）时序控制。CPU通过时序电路产生的时钟信号进行定时，以控制各种操作按照指定的时序进行。

（4）数据处理。完成对数据的加工处理是CPU最根本的任务。

（一）运算器

运算器在硬件实现时称为算术逻辑运算部件，它是计算机中执行各种算术和逻辑运算操作的部件。运算器的基本操作包括加、减、乘、除四则运算，与、或、非、异或等逻辑操作，以及移位、比较、传送等操作。

1.运算器与计算机其他部件的关系

运算器与控制器的关系是：运算器接收控制器发来的各种运算控制命令进行运算，运算过程中产生的各种信息，包括运算结果特征标志和状态信息，再反馈给控制器。运算器与存储器的关系是：存储器可以把参加运算的数据传送给运算器，运算器也可以把运算结果传送给存储器，同时运算器提供存储器的地址。

2.运算器的功能

运算器的首要功能是完成数据的算术运算和逻辑运算，实现对数据的加工与处理，由其内部的ALU承担，它在给出运算结果的同时，还给出结果的某些特征，如是否溢出，有无进位，结果是否为零、为负等，这些结果信息通常保持在几个特定的触发器中。要保证ALU正常运行，必须向它指明应该执行的某种运算功能。

运算器的第二项功能是暂存参加运算的数据和之间的结果，由其内部的一组寄存器承担。因为这些寄存器可以被汇编程序员直接访问与使用，故称为通用寄存器，以区别于那些计算机内部设置的专用寄存器。为了向ALU提供正确的数据来源，必须指明通用寄存器组中的哪个寄存器。

3.运算器组成

对于不同的计算机，运算器的结构也不同，最基本的结构包括加法器、移位器、多路选择器、通用寄存器组和一些控制电路。其中，通用寄存器组包括累加寄存器、数据缓冲寄存器和状态条件寄存器。运算器是数据加工处理部件，它在控制器的指挥控制下，完成指定的运算处理功能。运算器通常包括定点运算器和浮点运算器两种类型。定点运算器主要完成对整数类型的数据和逻辑类型的数据的算术和逻辑运算以及浮点数的算术运算。

通用寄存器组用于存放参加运算的数据。输入端的多路选择器用于从寄存器组中选出一路数据输入加法器中参加运算。输出端的多路选择器对输出结果有移位输出的功能。由加法器和各种控制电路组成的逻辑电路可以完成加、减、乘、除及逻辑运算的功能。

4.运算器的各种原理

运算器是计算机继续算术和逻辑运算的重要部件。运算器的逻辑结构取决于机器指令系统、数据表示方法、运算方法、电路等。运算方法的基本思想是：各种复杂的运算处理最终可分解为四则运算与基本的逻辑运算，而四则运算的核心是加法运算。可以通过补码运算化减为加，加减运算与移位的有机配合可以实现乘除运算，阶码与尾数的运算组合可以实现浮点运算。

运算器要合理、准确地完成运算功能，需要明确以下几个问题：

首先，需要明确参加运算的数据来源和运算结果的去向。运算器能直接运算的数据，通常来自于运算器本身的寄存器。这里有三个概念：一是寄存器的数量为几个至几百个不等，它们要能最快速地提供参与运算的数据，需要能够指定使用哪个寄存器中的数据参加运算；二是这些寄存器能接收数据运算的结果，需要有办法指定让哪个寄存器来接收数据运算的结果；三是在时间关系上，什么时刻输出数据参加运算，什么时刻能正确地接收数据运算结果。

其次，需要明确将要执行的运算功能，是对数值数据的算术运算功能吗？是哪一种算术运算？还是对逻辑数据的逻辑运算功能？是哪一种逻辑运算？另外一个问题是，运算器完成一次数据运算过程由多个时间段组成。

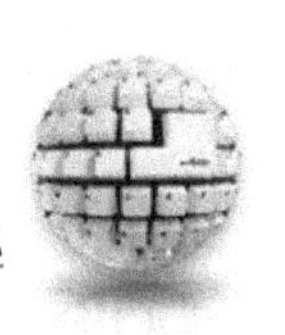

最后，运算器部件只有和计算机的其他部件连接起来才能协同完成指令的执行过程，也就是说，运算器需要有办法接收其他部件（如内存储器或者计算机的输入设备）送来的数据，才能源源不断地得到参加运算的数据来源；运算器还需要有办法输出它的运算结果到其他部件（如内存储器或者计算机的输出设备），才能体现出它的运算处理效能和使用价值。运算器接受数据输入和输出运算结果都是经过计算机的总线实现的，总线属于组合逻辑电路，不能记忆数据。

（二）控制器

控制器是整个系统的控制指挥中心，在控制器的控制之下，运算器、存储器和输入/输出设备等部件构成了一个有机的整体。

1.控制器的功能

控制器的基本功能是负责指令的读出，进行识别和解释，并指挥协调各功能部件执行指令。也就是正确地分步完成每一条指令规定的功能，正确且自动地连续执行指令。其具体功能如下：

（1）程序控制。保证机器按一定的顺序执行程序是控制器的首要任务。

（2）操作控制。根据指令操作码和时序信号产生各种操作控制信号，完成对取指令和执行指令过程的控制。

（3）时间控制。对各种操作实施时间上的控制，各种指令的操作信号均受到时间的严格控制，一条指令的整个执行过程也受到时间的严格控制。

2.控制器组成

（1）指令部件。是由程序计数器、指令寄存器、指令译码器、状态字寄存器和地址形成部件。

（2）时序部件。它用来产生各部件所需要的定时控制信号的部件。时序信号一般由工作周期、工作节拍和工作时标脉冲三级时序信号构成。

（3）微操作控制逻辑。微操作是指计算机中最基本的操作，微操作控制逻辑用来产生机器所需的全部微操作信号，微操作控制逻辑的作用是把操作码译码器输出的控制电位、时序信号及各种控制条件进行组合，按一定时间顺序产生并发出一系列微操作控制信号，以完成指令规定的全部操作。

（4）中断控制逻辑。它用来控制中断处理的硬件逻辑。

3.指令执行过程

控制器的作用是控制整个计算机的各个部件有条不紊地工作，它的基本功能就是从内存取指令和执行指令。

执行指令的过程分为如下几个步骤：

（1）取指令。控制器首先按程序计数器所指出的指令地址从内存中取出一条指令。

（2）指令译码。将指令的操作码部分送到指令译码器进行分析，然后根据指令的功能向有关部件发出控制命令。

（3）按指令操作码执行。根据指令译码器分析指令产生的操作控制命令及程序状态字寄存器的状态，控制微操作形成部件产生一系列CPU内部的控制信号和输出到CPU外部控制信号。在这一系列控制信号的控制下，实现指令的具体功能。

（4）形成下一条指令地址。若非转移类指令，则修改程序计数器的内容；若是转移类指令，则根据转移条件修改程序计数器的内容。

通过上述步骤逐一执行一系列指令，就能够使计算机按照这一系列指令组成的程序的要求自动完成各项任务。

（三）寄存器组

寄存器是CPU中的一个重要组成部分，它是CPU内部的临时存储单元。寄存器既可以用来存放数据和地址，也可以存放控制信息或CPU工作时的状态。在CPU中增加寄存器的数量，可以使CPU把执行程序时所需的数据尽可能地放在寄存器中，从而减少访问内存的次数，提高其运行速度。但是，寄存器的数目也不能太多，除了增加成本外，寄存器地址的编码增加还会增加指令的长度。CPU中

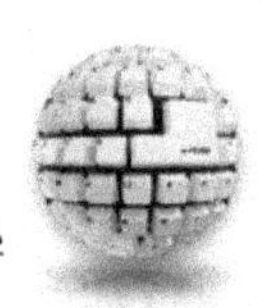

的寄存器通常分为存放数据的寄存器、存放地址的寄存器、存放控制信息的寄存器、存放状态信息的寄存器和其他寄存器等类型。

累加器是一个数据寄存器，在运算过程中暂时存放被操作数和中间运算结果，不能用于长时间地保存一个数据。

通用寄存器组是CPU中的一组工作寄存器，运算时用于暂存操作数或地址。在汇编程序中使用通用寄存器可以减少访问内存的次数，提高运算速度。

标志寄存器也称为状态字寄存器，用于记录运算中产生的标志信息。状态字寄存器中的每一位单独使用，称为标志位。标志位的取值反映了ALU当前的工作状态，可以作为条件转移指令的转移条件。

指令寄存器用于存放正在执行的指令，指令从内存取出后输入指令寄存器。其操作码部分经指令译码器送微操作信号发生器，其地址码部分指明参加运算的操作数的地址形成方式。在指令执行过程中，指令寄存器中的内容保持不变。

数据缓冲寄存器用来暂时存放由内存储器读出的一条指令或一个数据字；反之，当向内存存入一条指令或一个数据字时，也暂时将它们存放在数据缓冲寄存器中。

地址寄存器用来保存当前CPU所访问的内存单元的地址。由于在内存和CPU之间存在着操作速度上的差别，所以必须使用地址寄存器来保持地址信息，直到内存的读/写操作完成为止。

根据CPU的结构特点还有一些其他寄存器，如堆栈指示器、变址寄存器和段地址寄存器等。

二、CPU的主要性能指标

CPU是计算机的核心，其重要性好比大脑对于人一样，因为它负责处理、运算计算机内部的所有数据，CPU的种类决定了所使用的操作系统和相应的软件。

（一）CPU的主频、外频、倍频

主频指CPU内核工作的时钟频率，简单地说，就是CPU的工作频率，单位是MHz，用来表示CPU的运算速度。一般来说，一个时钟周期完成的指令数是固定的，所以同类型CPU主频越高，速度也就越快。CPU的运算速度还要看CPU的流水线的各方面的性能指标、缓存的大小、核心的类型等。但在同类型产品中，如Intel奔腾双核E5400（频率2700MHz）肯定比E5201C（频率2500MHz）的运行速度快。

外频是指CPU的外部时钟频率，是CPU与主板之间同步运行的速度。外频是CPU的基准频率，单位也是MHz。CPU的外频决定着整块主板的运行速度。一个CPU默认的外频只有一个，主板必须能支持这个外频。此外，超频时经常需要超外频。外频改变后系统很多其他频率也会改变，除了CPU主频外，前端总线频率、PCI等各种接口频率，包括硬盘接口的频率都会改变，都可能造成系统无法正常运行。随着计算机技术的发展，人们发现前端总线频率需要高于外频，因此，采用了QDR技术，或者其他类似的技术实现这个目的。外频与前端总线频率的区别：外频是CPU与主板之间同步运行的速度，而前端总线的速度指的是数据传输的速度。

在486之前，CPU的主频还处于一个较低的阶段，CPU的主频一般都等于外频。而在486出现以后，由于CPU工作频率不断提高，而PC机的一些其他设备（如插卡、硬盘等）却受到工艺的限制，不能承受更高的频率，从而限制了CPU频率的进一步提高，因此出现了倍频技术。该技术能够使CPU内部工作频率变为外部频率的倍数，从而通过提升倍频而达到提升主频的目的。倍频技术就是使外部设备可以工作在一个较低外频上，而CPU主频是外频的倍数。主频=外频×倍频。

（二）CPU前端总线

CPU前端总线是将CPU连接到主板北桥芯片的总线。CPU就是通过前端总线

连接到北桥芯片，进而通过北桥芯片和内存、显卡交换数据。前端总线是CPU和外界交换数据的最主要通道，因此，前端总线的数据传输能力对计算机整体性能作用很大，如果没足够快的前端总线，再强的CPU也不能明显提高计算机的整体速度。数据传输最大带宽取决于所有同时传输的数据的宽度和传输频率，即数据带宽=（总线频率×数据位宽）÷8。目前PC机上所能达到的前端总线频率有266MHz、333MHz、400MHz、533MHz、800MHz、1066MHz、1600MHz、2010MHz几种，前端总线频率越大，代表着CPU与北桥芯片之间的数据传输能力越大，更能充分发挥出CPU的功能。显然同等条件下，前端总线越快，系统性能越好。

（三）CPU的封装及接口

封装也可以说是指安装半导体集成电路芯片用的外壳，它不仅起着安放、固定、密封、保护芯片和增强导热性能的作用，而且还是沟通芯片内部世界与外部电路的桥梁——芯片上的接点用导线连接到封装外壳的引脚上，这些引脚又通过印刷电路板上的导线与其他器件建立连接。目前采用的CPU封装多是用绝缘的塑料或陶瓷材料包装起来，能起着密封和提高芯片电热性能的作用。由于现在处理器芯片的内频越来越高，功能越来越强，引脚数越来越多，封装的外形也不断在改变。封装时主要考虑的因素：芯片面积与封装面积之比，为提高封装效率，尽量接近1：1；引脚要尽量短以减少延迟，引脚间的距离尽量远，以保证互不干扰，提高性能；基于散热的要求，封装越薄越好。

CPU需要通过某个接口与主板连接才能进行工作。CPU经过这么多年的发展，采用的接口方式有引脚式、卡式、触点式、针脚式等。CPU接口类型不同，其插孔数、体积、形状都有变化，所以不能互相接插。

第三节　存储器

存储器是计算机的基本组成部分，用于存放计算机工作必需的数据和程序。在程序执行过程中，CPU所需要的指令从存储器中读取，运算器执行指令所需要的操作数也要从存储器中读取，运算结果要写到存储器中。各种输入/输出设备也要直接与存储器交换数据。因此，在计算机执行程序的整个过程中，存储器是各种信息存储和交换的中心，处理器实际运行的大部分周期用于对存储器的读写或访问，所以存储器的性能在很大程度上决定计算机性能的优劣。

一、存储器的基本概念

计算机系统的一个重要特征是具有极强的“记忆”能力，能够把大量计算机程序和数据存储起来。存储器是计算机系统内最主要的记忆设备，既能接收计算机内的信息（数据和程序），又能保存信息，还可以根据命令读取已保存的信息。计算机中所有的信息都存储在存储器中，为了解决存储器的容量、速度和价格三者之间的矛盾，计算机的存储体系采用多级结构，使计算机存储器的性价比更趋于合理。

（一）存储器的功能

存储器是计算机的记忆设备，进入计算机的程序、数据等都存放在存储器中。程序运行时，输入设备在CPU的控制下把程序和数据输入存储器，CPU从存储器中存取程序和数据，而经过处理的结果数据则在CPU的控制下通过输出设备输出到计算机之外。由此可见，存储器也是计算机程序和数据的收发集散地。

存储系统指存储器硬件设备及管理它们的软件和硬件。由于计算机对存储

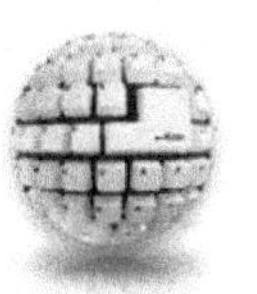

器提出的基本要求是大容量、高速度、低成本，单一的存储器很难满足以上要求，因此，需要将不同的存储器合理、有机地组织起来，才能构成计算机的存储体系。

（二）存储器分类

存储器有多种分类方法。

（1）根据存储器是位于主机内部还是外部，可以分为内存储器和外存储器。

内存储器（主存）位于主机内部，主要用于存放当前执行的程序和数据，与外存储器相比，其存储容量较小，但存储速度较快。

外存储器（辅存）位于主机外部，主要用于存放当前不参加运行的程序和数据。当需要时，辅存可以以批处理的方式与内存交换信息，但不能由CPU直接访问。其特点是存储容量大，但存储速度较慢，典型的外存储器有磁盘、磁带、光盘等。

（2）根据所使用的材料，可分为磁存储器、半导体存储器和光存储器。

磁存储器是用磁性介质做成的，如磁芯、磁泡、磁膜、磁鼓、磁带及磁盘等。

半导体存储器根据所用元件又可分为双极型和MOS型；根据数据是否需要刷新，又可分为静态和动态两类。

光存储器，如光盘存储器。

（3）根据工作方式，又可分为读写存储器和只读存储器。

读写存储器是既能读取数据也能存入数据的存储器。这类存储器的特点是它存储信息的易失性，即一旦去掉存储器的供电电源，则存储器所存信息也随之丢失。

只读存储器所存的信息是非易失的，也就是它存储的信息去掉供电电源后不会丢失，当电源恢复后它所存储的信息依然存在。根据数据的写入方式，这种存储器又可细分为ROM、PROM、EPROM和EEPROM等类型。

固定只读存储器是在厂家生产时就写好数据的，其内容只能读出，不能改变，故这种存储器又称为掩膜ROM。这类存储器一般用于存放系统程序BIOS和用于微程序控制。

可编程的只读存储器的内容可以由用户一次性写入，写入后不能再修改。

可擦除可编程只读存储器的内容既可以读出，也可以由用户写入，写入后还可以修改。改写的方法是，写入之前先用紫外线照射15～20分钟以擦去所有信息，然后再用特殊的电子设备写入信息。

电擦除的可编程只读存储器与EPROM相似，其中的内容既可以读出，也可以进行改写。只不过这种存储器是用电擦除的方法进行数据的改写。

闪速存储器简称闪存，其特性介于EPROM和EEPROM之间，类似于EEPROM，闪存也可使用电信号进行信息的擦除操作。整块闪存可以在数秒内删除，速度远快于EPROM。

（4）按访问方式可分为按地址访问的存储器和按内容访问的存储器。

（5）按寻址方式分类可分为随机存储器、顺序存储器和直接存储器。

随机存储器可对任何存储单元存入或读取数据，访问任何一个存储单元所需的时间是相同的。

顺序存储器访问数据所需要的时间与数据所在的存储位置相关，磁带是典型的顺序存储器。

直接存储器是介于随机存取和顺序存取之间的一种寻址方式。磁盘是一种直接存取存储器，它对磁道的寻址是随机的，而在一个磁道内，则是顺序寻址。

二、主存

主存是指CPU能够直接访问的存储器，又称为主存储器（内存）。外部存储器（如硬盘、软盘、磁带、CD-ROM等）由于速度较慢，CPU一般都要通过内存对其进行间接访问。由于内存直接与CPU进行数据交换，因此，内存都采用速度

较快的半导体存储器作为存储介质。如今内存已成为继CPU之后，直接体现微型机整机性能和档次的关键部件。如果内存没有更快的工作频率和存取速度、更大的容量及内部数据带宽，即使CPU功能再强大也不能发挥作用，更不能使整机性能得到提升。

（一）主存的类型

主存是一组或多组具有数据输入/输出和数据存储功能的集成电路。内存根据其存储信息的特点，主要有两种基本类型：一种是只读存储器（ROM），只读存储器具有只读性，存放一次性写入的程序和数据，只能读出，不能写入；另一种是随机存储器（RAM），允许程序通过指令随机地读或写其中的数据。在微型机系统中，主存储器和高速缓冲存储器主要都采用随机存取存储器。人们常见的内存条就是随机存取存储器中的动态RAM。

1.RAM

RAM主要用来存放系统中正在运行的程序、数据和中间结果，以及用于与外部设备交换的信息。它的存储单元根据需要可以读出，也可以写入，但只能用于暂时存放信息，一旦关闭电源或发生断电，其中的数据就会丢失。RAM多采用MOS型半导体电路，它分为静态RAM（SRAM）和动态RAM（DRAM）两大类。静态RAM是靠双稳态触发器来记忆信息的，动态RAM是靠MOS电路中的栅极电容来记忆信息的。动态是指当把数据写入DRAM后，由于栅极电容上的电荷会产生泄漏，经过一段时间，数据就会丢失，因此，需要设置一个刷新电路，定时给予刷新，以此来保持数据的连续性。由于设置了刷新操作，动态RAM的存取速度比静态RAM要慢得多。但是，动态RAM比静态RAM集成度高、功耗低，从而成本也低，适于做大容量存储器，所以主存通常采用动态RAM，而高速缓存则普遍使用静态RAM。

2.SDRAM

SDRAM是PC100和PC133规范所广泛使用的内存类型，其接口为168线的

DIMM类型（这种类型接口内存插板的两边都有数据接口触片），最高速度可达5ns，工作电压3.3V。SDRAM与系统时钟同步，以相同的速度同步工作，即在一个CPU周期内来完成数据的访问和刷新，因此数据可在脉冲周期开始传输。SDRAM也采用了多体存储器结构和突发模式，能传输一整块而不是一段数据，大大提高了数据传输率，最大可达133MHz。

3.DDRSDRAM

DDRSDRAM，指双倍数据传输率同步动态随机存储器，最早的DDRSDRAM是SDRAM的升级版本。SDRAM只在时钟周期的上升沿传输指令、地址和数据；而DDRSDRAM的数据线有特殊的电路，可以让它在时钟的上下沿都传输数据。DDRSDRAM与普通SDRAM的另一个比较明显的不同点在于额定电压，普通SDRAM的额定电压为3.3V，而DDRSDRAM则为2.5V，更低的额定电压意味着更低的功耗和更小的发热量。

4.DDR2

DDR2能够在100MHz的发信频率的基础上提供每插脚最少400Mb/s的带宽，而且其接口将运行于1.8V电压上，从而进一步降低发热量，以便提高频率。此外，DDR2将融入CAS、OCD、DT等新性能指标和中断指令，提升内存带宽的利用率。从JEDEC组织者阐述的DDR2标准来看，针对PC等市场的DDR2内存将拥有400MHz、533MHz、667MHz等不同的时钟频率。高端的DDR2内存将拥有800MHz、l000MHz两种频率。DDR2内存采用201针脚、220针脚、240针脚的FBGA封装形式。最初的DDR2内存采用0.13pm的生产工艺，内存颗粒的电压为1.8V，容量密度为512MB。

（二）内存的性能指标

1.存储容量

存储容量是内存的一项重要指标，因为它将直接制约系统的整体性能。内存条通常有256MB、512MB、1GB、2GB、4GB等容量级别，其中4GB内存已成为

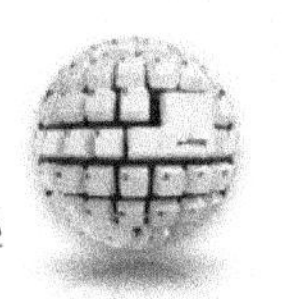

当前的主流配置，而较高配置的微型机的内存容量已高达8GB、16GB。

2.存储时间

存储时间是指存储器从接到读或写的命令起，到读写操作完成为止所需要的时间。将存储时间细分为取数时间和存取周期。取数时间是指存储器从接收读出命令到被读出信息稳定在数据寄存器的输出端为止的时间间隔。存取周期是指两次独立的存取操作之间所需的最短时间。

第四节 输入/输出系统

输入/输出系统是计算机系统的一个重要组成部分，是计算机与外界交互的接口，在计算机系统中，通常把处理机和主存储器之外的部分统称为输入/输出系统，它包括输入/输出设备、输入/输出接口和输入/输出软件等，其主要功能就是完成主机（处理机和主存储器）与外部系统的信息交换。

一、输入/输出系统的特点

随着计算机系统的不断发展和应用领域的进一步扩大，要求输入/输出的数据量在迅速增大，对数据传送的速度要求在明显地增长，外部设备的种类和数量也在日益增多，而且，现在的外部设备的品种繁多，性能、结构差异很大，它们输入/输出的方式又不一样，面对这些复杂的外部设备、不同的输入/输出方式和人们对输入/输出的要求不尽相同，只有找出输入/输出的共同特点，才能更好地分析和设计输入/输出系统。

输入/输出系统的特点归纳起来主要有如下三个方面：

（一）异步性

外部设备相对于处理机通常是异步工作的。外部设备由于品种、功能、结构、工作原理等诸方面不同，速度差异是很大的，而且外部设备的工作速度和CPU的相差更大。如键盘操作速度取决于人的手指按键的速度，按键速度又因人而异；不同类型的打印机通常按照自身的速度，每分钟打印一定行数的字符数；高速的磁盘机，也因其输入/输出的速度受电机转速的限制，与CPU的速度相比仍相差很远。这些都说明外部设备的操作在很大程度上独立于CPU，不能使用统一的工作节拍，各个设备按照自己的时钟工作。另外，外部设备要与处理机交换数据.什么时候准备好数据，什么时候请求传送，对CPU来说是随机的，为了能使处理机和外部设备充分提高工作效率，保证处理机与外部设备之间、外部设备与外部设备之间能够并行工作，要求输入/输出操作异步于CPU，把它们之间的相互牵制降到最低限度。

（二）实时性

外部设备和处理机进行信息交换时，由于设备类型不同，信息传输的速率差异很大，传送方式也不一样，有的一次只传送一个字符，如打印机和键盘，有的以数据块或文件为单位传送，如磁盘和磁带等，这就要求处理机必须能按不同设备的传输速率、传送方式及时为设备服务，否则信息就可能丢失或造成外部设备工作错误。

实时性的要求在计算机控制领域更重要，如用于现场测试或控制的场合，信号的出现是即时的，若不及时接收和处理，就有丢失的危险，有的甚至造成巨大的损失。对于处理机本身在运行时发生的硬件或软件错误，如电源故障、页面失效、溢出等，处理机也必须及时地给予处理。

为了能够为各种不同类型的设备提供服务，处理机必须具有与各种设备相配合的多种工作方式，这就是输入/输出系统的实时性要求。

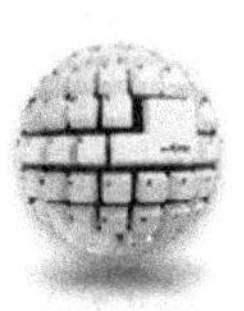

（三）独立性

各种外部设备发送和接收信息的方法不同，数据格式及物理参数差异也较大，而处理机与它们之间的控制和状态信号是有限的，接收和发送数据的格式是固定的，处理机的输入/输出不可能针对某一个具体的设备来设计，应该有统一的规则，所以规定了一些独立于具体设备的标准接口。这样，输入/输出与具体设备无关，具有独立性，只有这样，才能摆脱各种设备不同的要求。

各种外部设备必须根据自己的特点和要求，选择一种标准接口与处理机连接，设备之间的差异由设备本身的控制器通过硬件和软件来填补，具体的输入/输出处理和设备调度由操作系统来分配和进行。这样，用户的高级语言源程序中出现的读写输入/输出语句到读写操作全部完成，需要通过编译程序、操作系统软件和输入/输出总线、设备控制器、设备等硬件来共同完成。输入/输出系统硬件的功能对用户来讲是透明的，输入/输出的功能只反映在高级语言和操作系统界面上。操作系统的工作主要是根据高级语言、控制语言的输入/输出语句要求形成相应的输入/输出机器指令，安排好让输入/输出操作与CPU操作的并行执行，分配好输入/输出操作所要用到的主存空间，对输入/输出系统发出的控制信息进行处理，进行设备和文件管理，给应用程序员提供方便、简单进行输入/输出的使用界面等。所以，大多数计算机输入/输出系统的设计应是面向操作系统，考虑怎样在操作系统与输入/输出系统之间进行合理的软、硬件功能分配。

输入/输出系统的这三个特点是现代计算机系统必须具备的共同特性。根据各种外部设备的不同特点要处理好这三个方面的关系，这是输入/输出系统组织的基本内容。

二、输入/输出系统的基本工作方式

处理机与外部设备之间的信息交换应随外部设备性质的不同而采用不同的控制方式，输入/输出系统的发展经历了三个阶段，对应于三种不同的控制方式，即程序控制方式、直接存储器访问方式和I/O处理机方式。

（一）程序控制方式

程序控制方式分为两种，即程序查询方式和程序中断控制方式。程序查询方式是通过CPU对寄存器设标志决定I/O设备要执行的操作，由CPU执行驱动程序，启动外设，周期性地测试外部设备的状态位，以确定是否可以进行下一个I/O操作的简单接口方式。这种方式不需专门的硬件，简单的计算机系统都采用这种方式，但由于CPU速度比I/O设备速度快很多，查询方式会浪费许多CPU时间，使系统的性能大大降低，这种方式已很少采用。

为解决这个问题，程序中断控制方式得以出现。

中断驱动I/O已被许多系统所采纳，这种方式允许CPU在等待I/O设备时处理其他事务，在需要为I/O服务时，才中断CPU处理的事务，转去进行相应的输入/输出操作。在一般的应用中，中断驱动I/O是实现多任务操作系统和获得快速响应时间的关键技术。

程序中断控制方式虽不像在查询方式下那样被一台外设独占，它可以同时与多台设备进行数据传送，但这种方式仍属于程序控制的输入/输出方式，因在信息传送阶段，CPU仍要执行一段程序控制，CPU还没有完全摆脱对输入/输出操作的具体管理，而且操作系统花费在每次中断事件上的代价太高。对于实时应用来讲，每秒有上百个I/O事件，这种代价是无法容忍的。对实时系统的解决方案是利用时钟周期性地中断CPU，CPU此时查询每一个I/O事件。

（二）直接存储器访问方式

程序中断控制方式把CPU从等待每个I/O事件中解脱出来，使设备和CPU在一定程度上并行工作。但是，这种方式下，仍有许多CPU周期花费在数据传输上，特别是对于那些配置有高速外部设备，如磁盘、磁带的计算机系统，这将使CPU处于频繁的中断工作状态，影响全机的效率。且像磁盘这样的外部设备，一般都是进行成块的数据传输。现在许多计算机系统都配置了直接存储器访问（DMA）硬件，使得数据的传输不再需要CPU的介入。

第十三章　计算机软件系统

第一节　计算机软件概述

计算机软件由程序和有关的文档组成。程序由一系列的指令按一定的结构组成。文档是软件开发过程中建立的技术资料。程序是软件的主体，一般保存在存储介质中，如硬盘或光盘中，以便在计算机上使用。

软件与硬件一样，是整个计算机系统的重要组成部分，硬件是软件运行的基础，软件是对硬件功能的扩充和完善，软件的运行最终都被转换为对硬件设备的操作。软件和硬件是计算机系统不可分割的两部分。现在人们使用的计算机都配备了各式各样的软件，软件的功能越强，使用起来越方便。

一、计算机软件的发展与特征

从软件生产采用的关键技术和手段来划分，计算机软件的发展可以分为如下四个阶段：

（1）程序设计时代（1946—1956年），使用机器语言、汇编语言。这个阶段的软件还没有以产品的形式出现，一般是程序设计者编写所需要的软件，由本人进行维护，当时的软件实质上就是程序。

（2）程序系统时代（1956—1968年），使用高级语言，小集团合作生产，提出结构化方法。为了适应大容量的数据存储，数据库技术蓬勃发展，多用户和实时性在开发中作为新的要求被提出，计算机软件平稳发展，确立了软件在市场上的重要地位，软件作为商品逐渐为人们接受和吸收。不过当时的软件规模还很小，软件技术的发展远远不能满足用户需要，出现了“软件危机”。

（3）软件工程时代——结构化方法（1968—1999年），软件工程学科的基本学科体系得到建立并基本趋向成熟。此阶段是软件发展过程中最重要的时期。图形用户界面（GUI）的普及与流行，成为20世纪80年代计算机领域最突出的科技成就。软件规模增大，软件的工作范围横跨整个软件生存期，软件的质量得到一定的保障。软件生产进入以过程为中心的开发阶段。

（4）软件工程时代——面向对象方法（1999年至今），网络及分布式开发、面向对象的开发技术成为主流，并行计算、神经网络、专家系统等新技术应用在软件开发中。CASE技术提高了整个软件开发工程的效率。

进入20世纪90年代，Internet和WWW技术的蓬勃发展使软件工程进入一个新的技术发展时期。以软件组件复用为代表，基于组件的软件工程技术正在使软件开发方式发生巨大改变。早年软件危机中提出的严重问题，有望从此开始找到切实可行的解决途径。

虽然软件工程技术已经上升到一个新阶段，但这个阶段尚未结束。软件技术发展日新月异，Internet的发展促使计算机技术和通信技术相结合，更使软件技术发展呈五彩缤纷局面，软件工程技术的发展将永无止境。

从计算机软件的发展历程来看，其具备以下特征：

（1）软件是一种逻辑实体，具有抽象性。

（2）软件没有明显的制造过程。

（3）软件在使用过程中，没有磨损、老化的问题。

（4）软件对硬件和环境有着不同程度的依赖性。

（5）软件的开发至今尚未完全摆脱手工作坊式的开发方式，生产效率低。

（6）软件是复杂的，而且以后会更加复杂。

（7）软件的成本相当昂贵。

（8）软件还必须具备可维护性、独立性、效率性和可用性四个属性。

二、计算机软件分类

根据用途，计算机软件可分为两大类：一类是系统软件，另一类是应用软件。也有人将软件分为三大类，即系统软件、支撑软件和应用软件。这种分法将软件开发工具和环境从应用软件中分出来，将支持其他软件开发与维护的软件称为支撑软件。

系统软件是管理、监控和维护计算机资源的软件，是用来扩大计算机的功能、提高计算机的工作效率、方便用户使用计算机的软件。系统软件是计算机正常运转所不可缺少的，是用户、应用软件和计算机硬件之间的接口。系统软件为用户与计算机系统之间提供了良好的界面，用于管理、控制和维护计算机系统，并且支持应用软件的开发和运行。一般情况下系统软件分为四类：操作系统、语言处理系统、数据库管理系统和服务程序。

（一）操作系统

操作系统负责管理计算机的所有资源，包括硬件资源和软件资源。它确保整个计算机系统高效地运转，并为用户提供良好的使用环境。

（二）语言处理系统

随着计算机技术的发展，计算机经历了由低级向高级发展的历程，不同风格的计算机语言不断出现，逐步形成了计算机语言体系。用计算机解决问题时，人们必须首先将解决该问题的方法和步骤按一定序列和规则用计算机语言描述出来，形成计算机程序，然后输入计算机，计算机就可按人们事先设定的步骤自动地执行。

语言处理系统包括机器语言、汇编语言和高级语言。这些语言处理程序除个别常驻在ROM中可独立运行外，其余都必须在操作系统支持下运行。

（三）数据库管理系统

数据库是将具有相互关联的数据以一定的组织方式存储起来，形成相关系列数据的集合。数据库管理系统就是在具体计算机上实现数据库技术的系统软件。随着计算机在信息管理领域中日益广泛、深入的应用，产生和发展了数据库技术，之后出现了各种数据库管理系统。

DBMS是计算机实现数据库技术的系统软件，它是用户和数据库之间的接口，是帮助用户建立、管理、维护和使用数据库进行数据管理的一个软件系统。

（四）服务程序

现代计算机系统提供多种服务程序，它们是面向用户的软件，可供用户共享，方便用户使用计算机和管理人员维护管理计算机。

常用的服务程序有编辑程序、连接装配程序、测试程序、诊断程序、调试程序等。

（1）编辑程序（editor）。该程序能使用户通过简单的操作就可以建立、修改程序或其他文件，并提供方便的编辑环境。

（2）连接装配程序（linker）。用该程序可以把几个分别编译的目标程序连接成一个目标程序，并且要与系统提供的库程序相连接，才得到一个可执行程序。

（3）测试程序（checking program）。该程序能检查出程序中的某些错误，方便用户对错误的排除。

（4）诊断程序（diagnostic program）。该程序能方便用户对计算机维护，检测计算机硬件故障并对故障定位。

（5）调试程序（debug）。该程序能帮助用户在程序执行的状态下检查源程序的错误，并提供在程序中设置断点、单步跟踪等手段。

第二节　操作系统

一、基本概念

对大多数使用过计算机的人来说，操作系统既熟悉又陌生。熟悉的是当启动机器后，首先运行的就是操作系统，我们所有的工作都是在操作系统上运行的。但大多数人却又说不清什么是操作系统。

一般认为操作系统是管理计算机系统资源、控制程序执行、改善人机界面、提供各种服务、合理组织计算机工作流程和为用户提供良好运行环境的一类系统软件。

操作系统的主要作用有以下3个。

一是提高系统资源的利用。通过对计算机系统的软、硬件资源进行合理的调度与分配，改善资源的共享和利用状况，最大限度地发挥计算机系统工作效率，即提高计算机系统在单位时间内处理任务的能力（称为系统吞吐量）。

二是提供方便友好的用户界面。通过友好的工作环境，改善用户与计算机的交互界面。有了操作系统，用户才可能方便、有效地同计算机打交道。

三是提供软件开发的运行环境。在开发软件时需使用操作系统管理下的计算机系统，调用有关工具软件及其他软件资源。因为任何一种软件并不是在任何一种系统上都可以运行的，所以操作系统也称为软件平台。操作系统的性能在很大程度上决定了计算机系统性能的优劣。具有一定规模的计算机系统都可以配备一个或几个操作系统。

如果没有操作系统，用户直接使用计算机是非常困难的。用户不仅要熟悉计算机硬件系统，而且要了解各种外部设备的物理特性。对普通的计算机用户来说，这几乎是不可能的。操作系统是对计算机硬件系统的第一次扩充，其他系统软件和应用软件都是建立在操作系统的基础之上的。它们都必须在操作系统的支持下才能运行。计算机启动后，总是先把操作系统装入内存，启动操作系统，然后才能运行其他的软件。配备了操作系统，用户就可以利用软件方便地执行各种操作，从而大大提高工作效率。

二、操作系统的引导过程

启动计算机就是把操作系统装入内存，这个过程又称为引导系统。在计算机电源关闭的情况下，打开电源开关启动计算机，称为冷启动；在电源打开的情况下，重新启动计算机，称为热启动。

每当启动计算机时，操作系统的核心程序及其他需要经常使用的指令就从硬盘被装入内存。操作系统的核心部分的功能就是管理存储器和其他设备，维持计算机的时钟，调配计算机的资源。操作系统的核心部分是常驻内存的，而其他部分不常驻内存，它们通常存放在硬盘上，当需要时才调入内存。无论计算机规模如何，其引导过程都是相似的。Windows操作系统的启动过程如下。

（1）机器加电（或者按下Reset键），电源会给主板及其他系统设备发出电信号。

（2）电脉冲使处理器芯片复位，并查找含有BIOS的ROM芯片。BIOS是一段含有计算机启动指令的系统程序，它存放在一个ROM芯片中，所以也称为ROM-BIOS。

（3）BIOS执行加电自检，即检测各种系统部件，如总线、系统时钟、扩展卡、RAM芯片、键盘及驱动器等，以确保硬件连接合理及操作正确。自检的同时显示器会显示检测得到的系统信息。

（4）系统自动将自检结果与主板上的CMOS芯片中的数据进行比较。CMOS芯片是一种特殊的只读存储器，其中存储了计算机的配置信息，包括内存容量、

键盘及显示器的类型、软盘和硬盘的容量及类型，以及当前的日期和时间等。自检还检测任何连接到计算机的新设备。如果发现了问题，计算机可能会发出“嘟嘟”声，显示器会显示出错信息，问题严重的话，计算机还可能停止工作。

（5）如果加电自检成功了，BIOS就会到外存中去查找一些专门的系统文件（也称为引导程序）。一旦找到了，这些系统文件就被装入内存并执行。接下来，由这些系统文件把操作系统的核心部分引导进入内存。然后，操作系统就接管控制了计算机。并把操作系统的其他部分装入计算机。

（6）操作系统把系统配置信息从注册表装入内存。在Windows中，注册表由几个包含系统配置信息的文件组成。在计算机的操作过程中，经常需要访问注册表以存取信息。例如已安装的硬件和软件、个人用户的口令、对鼠标速度的选取等信息。

当上述步骤完成后，显示器屏幕上就会出现Windows的桌面和图标。接着操作系统自动执行“启动文件夹”中的程序。至此，计算机就启动好了，用户可以开始用计算机做自己的事情了。

第三节　常见的操作系统

操作系统是对计算机的硬件资源、软件资源进行统一调度、统一分配、统一管理的系统软件，它是联系人和计算机的桥梁和纽带。无论具备什么规模和性能的计算机，都必须配备操作系统才能对其进行操作。本节将介绍几种常见的应用于个人计算机的操作系统，即桌面操作系统。另外，随着智能手机在移动终端市场上大行其道，智能手机操作系统也打响了它们的市场争夺战，本节对于手机操作系统也会略作提及。

目前个人计算机支持的操作系统有Windows系列操作系统、UNIX操作系统、Linux操作系统、Mac操作系统。

一、Windows系列操作系统

Windows系列操作系统是微软在MS-DOS基础上设计的图形操作系统。

微软公司从1993年开始研制Windows系统，最初的研制目标是在MS-DOS的基础上提供一个多任务的图形用户界面。第一个版本的Windows1.0于1995年问世，它是一个具有图形用户界面的系统软件。2000年推出的Windows3.0是一个重要的里程碑，它以压倒性的商业成功确定了Windows系统在PC领域的垄断地位。现今流行的Windows窗口界面的基本形式也是从Windows3.0开始基本确定的。

（一）Windows 2010

Windows 2010是一个由微软公司发行于2009年12月19日的32位图形商业性质的操作系统。

Windows 2010有四个版本：Professional、Server、Advanced Server和Datacenter Server。Professional版的前一个版本是Windows NT 4.0 Workstation，适合移动家庭用户使用，可以用于升级Windows9x和Windows NT 4.0。它以Windows NT 4.0的技术为核心，采用标准化的安全技术，稳定性高，最大的优点是不会再像Windows 9x那样频繁地出现非法程序的提示而死机。

Windows Server 2010是服务器版本，它的前一个版本是Windows NT Server 4.0。Windows Server 2010可面向一些中小型的企业内部网络服务器，同样可以应付企业、公司等大型网络中的各种应用程序的需要。Windows Server 2010在Windows NT Server 4.0的基础上做了大量的改进，在各种功能方面有了更大的提高。

Windows Advanced Server是Windows Server 2010的企业版，它的前一个版本是Windows NT Server 4.0企业版。与Windows Server 2010版不同的是，Windows

Advanced Server具有更为强大的特性和功能。它对SMP（对称多处理器）的支持比Windows Server 2010更好，支持的数目可以达到四路。

所有版本的Windows Server 2010都有一些共同的新特征，即新的NTFS文件系统、EFS、允许对磁盘上的所有文件进行加密、增强对硬件的支持。

（二）Windows XP

Windows XP是微软公司发布的一款视窗操作系统。它发行于2011年8月25日，原来的名称是Whistler。微软最初发行了两个版本：家庭版（Home）和专业版（Professional）。家庭版的消费对象是家庭用户，专业版则在家庭版的基础上添加了新的为面向商业的设计的网络认证、双处理器等特性。家庭版只支持一个处理器，专业版则支持两个。字母XP表示英文单词的“体验”（experience）。

Windows XP是基于Windows Server 2010代码的产品，同时拥有一个新的用户图形界面。它包括了简化了的Windows Server 2010的用户安全特性，并整合了防火墙，以用来确保长期以来以着困扰微软的安全问题。

由于微软把很多以前是由第三方提供的&件整合到操作系统中，Windows XP受到了猛烈的批评。这些软件包括防火墙、媒体播放器（Windows Media Player），即时通信软件（Windows Messenger），以及它与Microsoft Passport网络服务的紧密结合，这都被很多计算机专家认为是安全风险及对个人隐私的潜在威胁。这些特性的增加被认为是微软对其传统的垄断行为的持续。

（三）Windows Server 2013

Windows Server 2013是微软推出的使用最广泛的服务器操作系统之一。它于2013年3月28日发布，并在同年4月底上市。此版本在活动目录、组策略和磁盘管理方面都做出了相应改进。

Windows Server 2013共有五个版本：Windows Server 2013 Web版、Windows Server 2013标准版、Windows Server 2013企业版、Windows Server 2013数据中心版、Windows Server 2013 Web版。每个版本都适合不同的商业需求。

（四）Windows Server 2015

Microsoft Windows Server 2015代表了新一代服务器操作系统。使用Windows Server 2015，IT专业人员对其服务器和网络基础结构的控制能力更强，从而可重点关注关键业务需求。Windows Server 2015通过加强操作系统和保护网络环境而提高了安全性，还提供了直观管理工具，为IT专业人员提供了很大的灵活性。

二、UNIX操作系统

UNIX操作系统是美国AT&T公司于1971年在PDP-11上运行的操作系统。UNIX具有多用户、多任务的特点，支持多种处理器架构，最早由肯·汤普逊、丹尼斯·里奇和道格拉斯·麦克罗伊于1969年在AT&T的贝尔实验室开发。UNIX家族的三大派生版本分别为SystemV、Berkl$_e$y和Hybrid。在这些派生版本中，又有大量的变种，其中比较著名的有Sun Solaris、HP-UX、FreeBSD、Minix等。

（一）Sun Solaris

Sun Solaris是Sun公司研制的类UNIX操作系统。Solaris起源于BSDUnix，但是随着时间的推移，Solaris在接口上正在逐渐向SystemV靠拢。目前Solaris属于私有软件。

Sun的操作系统最初叫作SunOS。Solaris运行在两个平台上：Intelx86及SPARC/Ultra SPARC。后者是升阳工作站使用的处理器。因此Solaris在SPARC上拥有强大的处理能力和硬件支援，同时，在Intelx86上的性能也正在得到改善。对两个平台，Solaris屏蔽了底层平台差异，为用户提供了尽可能一样的使用体验。

（二）HP-UX

HP-UX是HP公司以SystemV为基础研发成的类UNIX操作系统。HP-UX可以在HP的PA-RISC处理器、Intel的Itanium处理器上运行，过去也能用于后期的阿波罗电脑（Apollo/Domain）系统上。较早版本的HP-UX也能用于HP9000系列201型、300型、400型计算机系统（使用Motorola的68000处理器），以及HP9000系列500型计算机系统（使用HP专属的FOCUS处理器架构上）。

（三）FreeBSD

FreeBSD是一种类UNIX操作系统，它是由经过BSD、386BSD和4.4BSD发展而来的UNIX的一个重要的分支，支持x86兼容、AMD64兼容、Alpha/AXP、IA-64、PC98及UltraSPARC等架构的计算机。它运行在Intelx86Family兼容处理器、DECAlpha、Sun微系统的UltraSPARC、Itanium（IA-64）和AMD64处理器上。

FreeBSD是以一个完善的操作系统的定位来做开发的。其内核、驱动程序及所有的用户层均由同一源代码版本控制系统保存。

（四）Minix

Minix的名字取自英语MiniUNIX，是一个迷你版本的类UNIX操作系统（约300MB）。它是重新发展的，没有使用任何AT&T的程序码。

全套Minix除了启动的部分以汇编语言编写以外，其他部分都是纯粹用C语言编写的，分为内核、内存管理及档案管理三部分。

三、Linux操作系统

Linux操作系统是自由软件和开放源代码发展中最著名的例子。Linux由芬兰的一个大学生于2001年首次开发，其标志是一只可爱的小企鹅。它具有UNIX的一切特性：真正的多重处理、虚拟存储、共享程序库、命令加载、写入时复制、正确的内存管理及支持TCP/IP网络协议。

Linux的主要优点表现在以下几个方面：

（一）完全免费

Linux是一个完全免费的操作系统，用户可以通过网络或其他途径免费获得源代码并对其进行修改。正是这一开放式的共享特点，吸引了无数的程序员加入对系统的不断完善与改进的行列，从而也推动了Linux的发展。

（二）多用户、多任务

Linux支持多用户和多任务，各用户对于自己的文件设备有各自的权限，保证了用户间的相互独立，同时又可使多个程序同时并行。

（三）性能高，安全性强

Linux上包含了大量网络管理、网络服务等方面的工具，利用这些工具，用户可顺利地建立起高效、稳定的防火墙、路由器、工作站、Internet服务器及WWW服务器。Linux还包括了大量系统管理软件、网络分析软件、网络安全软件等。

主流的Linux发行版本有Ubuntu、DebianGNU/Linux、CentOS、RedHat等。中国内地的Linux发行版本主要有红旗Linux（Red-flagLinux）、蓝点Linux等。

四、Mac操作系统

Mac操作系统（MacOS）是苹果机的专用系统，正常情况下在普通PC上是无法安装的。MacOS是首个在商用领域成功的图形用户界面。现行的最新的系统版本是MacOSX10.8.x版。

新的MacOSX结合BSDUnix和MacOS9的元素。它的最底层基于UNIX基础，其代码被称为Darwin，实行的是部分开放源代码。Mac系统大大改进了内存管理，允许同时运行更多软件，而且实质上消除了一个程序崩溃导致其他程序崩溃的可能性。但是，这些新特征需要更多的系统资源。

五、智能手机操作系统

智能手机是一种在手机内安装了相应开放式操作系统的手机。目前，全球多数手机厂商都有智能手机产品。

智能手机通常使用的操作系统有Symbian、Windows Mobile、iOS、Linux（含Android、Maemo、MeeGo和WebOS）、PalmOS和Black Berry OS。它们之间的应用软件互不兼容。因为可以安装第三方软件，所以智能手机具有丰富的功能。

（一）Symbian

Symbian是一个实时性、多任务的纯32位操作系统，具有功耗低、内存占用少等特点，非常适合手机等移动设备使用，经过不断完善，虽然在智能型手机市场取得了无比的成功，并长期居于首位，但是SymbianS60系统近几年也遭遇到显著的发展瓶颈。

（二）Android

Android是基于Linux平台开发的手机操作系统，该平台由操作系统、中间件、用户界面和应用软件组成，号称是首个为移动终端打造的真正开放和完整的移动软件。目前在市场上可谓如日中天，越来越受到玩家的青睐。在Android系统发展的过程中，摩托罗拉付出的是核心代码，Google付出的是公关和品牌效应。其支持厂商众多，包括摩托罗拉、三星、LG、索尼、联想、华为、中兴、魅族等。

（三）Windows Phone

作为软件巨头，微软的掌上版本操作系统在与桌面PC和Office办公的兼容性方面具有先天的优势，而且Windows Phone具有强大的多媒体性能，办公、娱乐两不误，是最有潜力的操作系统之一。支持厂商有HTC、三星、LG、i-mate等。

第四节 计算机应用软件

利用计算机的软/硬件资源为某一应用领域解决某个实际问题而专门开发的软件称为应用软件。用户使用各种应用软件可产生相应的文档，这些文档可被修改。

应用软件一般可以分为两大类：通用应用软件和专用应用软件。

通用应用软件支持最基本的应用，广泛地应用于几乎所有的专业领域，如办公软件包、数据库管理系统软件（有的把该软件归入系统软件的范畴）、计算机辅助设计软件、各种图形图像处理软件、财务处理软件、工资管理软件等。

专用应用软件是专门为某一个专业领域、行业、单位特定需求而开发的软件，如某企业的信息管理系统等。

一、办公自动化软件

办公自动化软件主要包括文字处理软件、电子表格软件、数据库软件及演示图形制作软件等。目前我国最广泛使用的办公软件是微软公司推出的Office2013中文版。

Office 2013主要包括Word 2013（文字处理软件）、Excel 2013（电子表格软件）、Power Point 2013（演示文稿制作软件）、Outlook 2013（桌面管理软件）、Access 2013（数据库管理软件）、Front Page 2013（网页制作软件），还有Publisher 2013（出版软件）、Microsoft IME（输入法）和Photo Draw（图形图像处理软件）等应用程序或称组件。

这些软件具有Windows应用程序的共同特点，如易学易用、操作方便、有形象的图形界面和方便的联机帮助功能，提供实用的模板、支持对象连接与嵌入（OLE）技术等。Office 2013为适应全球网络化的需要，它融合了最先进的Internet技术，具有更强大的网络功能。

二、图形图像处理软件

图形软件的功能是帮助用户建立、编辑和操作图片。这些图片可以是用户计划插入一本永久性小册子的照片、一个随意的画像、一个详细的房屋设计图或是一个卡通动画。

选择什么样的图形软件决定于所要制作的图片类型。

目前最畅销的图形软件有Adobe公司的Photoshop，微软Office套件中的Photo Draw，Corel公司的Painter、Photo-Pain和Corel Draw，ACD公司的ACD See及微软公司的Photo Editor，这些图像处理软件功能各有侧重，适用于不同的用户。

当用户知道自己需要的是哪一种类型的图片时，就会根据软件描述和评论找到正确的图形软件。

三、视频处理软件

现在DV爱好者越来越多，他们更热衷于通过数码相机、摄像机摄录下自己的生活片段，再用视频编辑软件将影像制作成碟片，在电视上来播放，体验自己制作、编辑电影的乐趣。

目前，市场上有不少视频编辑软件可供大家选择，Movie Maker是Windows XP的附件，可以通过数码相机等设备获取素材，创建并观看自定义的视频影片，创建自己的家庭录像，添加自定义的音频曲目、解说和过渡效果，制作电影片段和视频光盘，还可以从CD、电视、录像机等连接到计算机的设备上复制音乐，并存储到计算机中。

Adobe Premiere Pro是目前最流行的非线性编辑软件，是数码视频编辑的强大工具，它作为功能强大的多媒体视频、音频编辑软件，应用范围不胜枚举，制作效果美不胜收，足以协助用户更加高效地工作。

第十四章　计算机程序设计

第一节　程序设计的基本概念

计算机是一个大容量、高速运转但没有思维的机器，它看起来聪明是因为它能够精确、快速地执行算术运算。只要为计算机编写了解决某个问题的程序，计算机就能针对不同的情况、不同的数据，快速、反复地执行这个程序，把人们从枯燥、重复的任务中解放出来。

程序是能够实现特定功能的指令序列的集合，用来描述对某一问题的求解步骤。其中，指令可以是机器指令、汇编语言的语句，也可以是高级语言的语句，甚至可以是用自然语言描述的指令。通常把用高级语言编写的程序称为源程序，把用机器语言或汇编语言编写的程序称为目标程序，把用二进制代码表示的程序称为机器代码。

程序设计是指设计、编制、调试程序的方法和过程。它是目标明确的智力活动。程序设计往往以某种程序设计语言为工具，给出这种语言下的程序。专业的程序设计人员称为程序员。

一、程序设计语言的发展

计算机语言在计算机学科中占有特殊的地位，它是计算机学科中最富有智慧的成果之一。它深刻地影响着计算机学科各个领域的发展，不仅如此，计算机语言还是程序员与计算机交流的主要工具。因此可以说，不了解计算机语言就谈不上对计算机学科的真正了解。计算机语言经过多年的发展，已经从机器语言进化到高级语言。

（一）机器语言

机器语言是计算机的指令系统，是由0和1组成的二进制数。

机器语言中的每一条指令实际上是一条二进制形式的指令代码。

操作码指出进行什么样的操作，操作数指出参与操作的数或该数的内存地址。

机器语言程序全部用二进制（八进制、十六进制）代码编制，不易于记忆和理解，也难以修改和维护。在一种类型计算机上编写的机器语言程序，在另一种类型的计算机上可能不能运行，必须另编程序，这是因为不同类型计算机的指令系统（机器语言）互不相同。由于机器语言程序使用的是针对特定型号计算机的语言，因此运算效率是所有语言中最高的。

（二）汇编语言

汇编语言用助记符来替代机器指令的操作码和操作数，如用ADD表示加法，用SUB表示减法，用MOV表示传送数据等。

汇编语言克服了用机器语言编写代码的困难，指令的编码更容易记忆，人们很容易读懂并理解程序的功能，纠错及维护也都变得方便了。

由于计算机硬件只能理解和执行用二进制代码表示的机器语言，因此，用汇编语言编写的程序必须经过“翻译”，生成机器语言程序，机器才能执行并算出结果。“翻译”工作是由预先装入计算机中的“汇编程序”完成的，它是计算机必不可少的软件，翻译的过程称为“汇编”。

汇编语言语句与特定的机器指令有一一对应的关系，汇编语言也是一种面向机器的程序设计语言，十分依赖机器硬件，移植性不好，但效率仍十分高，汇编语言程序能准确地发挥计算机硬件的功能和特长，程序精练，至今仍是一种常用而强有力的软件开发语言，目前大多数外部设备的驱动程序都是用汇编语言编

写的。

（三）高级语言

由于汇编语言依赖于硬件体系，且助记符量大难记，于是人们又发明了更加易用的高级语言。高级语言是较接近自然语言和数学公式的编程语言，基本脱离了机器的硬件系统，用人们更易理解的方式编写程序，其语法和结构更类似普通英文，且由于远离对硬件的直接操作，使一般人经过学习之后都可以编程。

高级语言的优点如下：

（1）高级语言接近算法语言，易学、易掌握，一般工程技术人员只要几周时间的培训就可以胜任程序员的工作。

（2）高级语言为程序员提供了结构化程序设计的环境和工具，使得设计出来的程序可读性好、可维护性强、可靠性高。

（3）高级语言远离机器语言，与具体的计算机硬件关系不大，因而所写出来的程序可移植性好、重用率高。

（4）由于把繁杂琐碎的事务交给了编译程序去做，所以高级语言自动化程度高、开发周期短，且程序员得到解脱，可以集中时间和精力去从事对于他们来说更为重要的创造性劳动，以提高程序的质量。

高级语言适用于许多不同的计算机，使程序员能够将精力集中在应用上，而不是集中在计算机的复杂性上。但用高级语言编写的程序如同汇编语言程序一样，计算机是不能直接执行的，必须经过“翻译”生成目标程序才能执行。高级语言程序是由预先存放在机器中的“解释程序”或“编译程序”来完成这一“翻译”工作的。

二、程序设计语言的语法元素及功能划分

程序设计语言的语法元素和功能往往决定了一种语言的编程风格。而在实际编程中，程序员都必须遵循由此形成的特定的编程规范。

程序设计语言的语法元素主要有字符集、表达式、语句、标识符、操作符符号、保留字、空白（空格）、界定符（分界符）、注释等组成。

（一）字符集

字符集的选择是语言设计的第一件事。字符集决定了在语言中可以使用的符号，只有字符集里有的符号才能在语言中出现。

在计算机科学中有一些标准字符集，如ASCII码，程序设计语言通常选择一个标准字符集，但也有不标准的，如C的字符集可用于大多数外围设备，而PAL的字符集则不能直接用于大多数外围设备。

（二）标识符

标识符是程序设计时设计人员用来命名事物的符号，通常为字符和数字组成的串。不同的语言中，对标识符的命名规则不同，通常以字母开头，标识符中也可以使用特殊字符，如用下划线或连接符来增加易读性。

标识符的命名规则通常很简单，主要是为了防止出现系统的误操作，在程序设计阶段，标识符实际上是写给程序员看的。人们在实践中总结出一套比较实用的命名方法：匈牙利命名法。其基本原则是：标识符=属性+类型+对象描述，其中每一对象的名称都要求有明确的含义，可以取对象名字全称或名字的一部分。命名要基于容易记忆、容易理解的原则。匈牙利命名法非常便于记忆，而且使变量名非常清晰易懂，这样就增强了代码的可读性，方便了各程序员之间相互交流代码。

（三）操作符

操作符是用来代表运算操作的符号，每个操作符表示一种运算操作。通常编程语言中具备赋值操作符、算术操作符、比较操作符、逻辑操作符、位操作符等几类，如用+、一、*、/表示基本的数学算术操作。比较操作符通常包括大于、小于、大于等于、小于等于、不等于等。逻辑操作符也叫布尔操作符，通常用来表示与、或、非、异或等逻辑运算。有些语言中有些特殊的运算，也就有相应的特殊操作符，比如C语言中的自增和自减操作。

（四）保留字

保留字也叫关键字，是指在语言中已经定义过的字，使用者不能再用这些字来命名其他事物。每种程序设计语言都规定了自己的一套保留字。保留字通常是语言自身的一些命令、特殊的符号等。

例如，BASIC语言规定不能使用LIST作为变量名或过程名，因为LIST是一个BASIC语言专用于显示内存程序。一般来说，高级语言的保留字会有上百个之多。语言中的保留字大多与含义相同的英文单词类似，比如几乎所有的语言中都将AND、OR、NOT、IF等作为保留字来表示逻辑运算的与、或、非和选择语句的标识。

（五）空白（空格）

语言中常使用空白规则，通常都是作为分隔符，也有的语言中空格有其他用途。

（六）界定符（分界符）和括号

用于标记语法单位的开始和结束，例如，C语言的一对大括号“{}”表示函数的开始和结束。括号“（”和“）”是一对分界符，通常用于确定运算的优先级。

（七）表达式

表达式是用来表示运算的语言描述形式。将同类型的数据（如常量、变量、函数等），用运算符号按一定的规则连接起来的、有意义的式子称为表达式。例如，算术表达式、逻辑表达式、字符表达式等。运算是对数据进行加工处理的过程，得到运算结果的数学公式或其他式子统称为表达式。表达式可以是常量也可以是变量或算式。表达式又可分为算术表达式、逻辑表达式和字符串表达式。

（八）语句

语句是程序设计语言中最主要的语法成分。语句的语法对语言整体的正则性、易读性和易写性有着关键影响。有的语言采用单一语句格式，强调正则性；而其他语言对不同语句类型使用不同的语法，着重于易读性。语句结构中的结构性（或嵌套）语句和简单语句有重要的差异，即一般简单语句能够在一行中完成，而结构性语句则使用多行的组合语句完成。

（九）注释

注释是程序的重要组成部分，用来说明程序中某些部分的设计，如变量的作用、某个程序段的设计思想或一些需要注意的事项等。注释一般使用自然语言表述。也会忘记当时的一些设计细节，如果完全没有注释，自己以前编写的程序读起来也会很费力。

注释有如下方式：

注释段：用于规定注释的区域，在这个区域中，所有行都是注释的内容。

注释行：用于表示只有当前行是注释，其后的行仍为一般的程序语句。

注释区：在程序语句行中，通常是附在语句后面。

在有些语言中，将注释作为一种特殊的语句看待。

第二节　程序的生成和运行

一、程序设计的基本过程

程序设计一般由分析问题、确定问题解决方案、选择算法、抽象数学模型、选择合适算法、编写程序和调试、得到计算结果等阶段构成。

（一）分析问题，建立数学模型

对要解决的问题进行分析，找出它们的运算操作与变化规律，经归纳建立数学模型。

（二）选择算法

根据特定的数学模型，选择适合计算机解决问题的方法，可将处理思路用流程图表示出来。

（三）根据语法规则，编写实现程序

把算法处理步骤用符合语言规定的语句集合加以表示，需要正确使用语言规则，准确描述算法。

（四）调试运行程序，得到计算结果

调试程序就是将编制的程序投入实际运行前，用手工或编译程序等方法进行测试，修正语法错误和逻辑错误的过程。

二、编译和解释

如今的程序通常是用高级语言来编写的。为了在计算机上运行程序，高级语言程序需要被翻译成机器语言。通常把用高级语言编写的程序称为“源程序”，把机器语言程序称为“目标程序”。这种具有翻译功能的语言处理程序可以分为两大类，即编译程序（又称为编译器）和解释程序（又称为解释器）。

（一）编译程序

编译是使用编译器将高级语言编写的源程序转换成计算机可以执行的程序的过程，也可以理解为用编译器产生可执行程序的动作。编译是指在应用源程序执行之前，就将程序源代码“翻译”成目标代码，因此，其目标程序可以脱离其语言环境独立执行。

编译工作是一个自动化的过程，主要工作由编译程序这个工具完成。编译程序是一个或一套专门设计的软件，也称编译器。编译程序把一个源程序转换成可执行程序的编译工作过程分为五个阶段，即词法分析、语法分析、生成中间代码、代码优化、生成目标代码。编译程序主要进行词法分析和语法分析，又称为源程序分析，分析过程中如果发现语法错误，将给出提示信息。

1.词法分析

词法分析的任务是对由字符组成的单词进行处理，从左至右逐个字符地对源程序进行扫描，产生一个个的单词符号，把作为字符串的源程序改造成单词符号串的中间程序。执行词法分析的程序称为词法分析程序或扫描器。

2.语法分析

在语法分析，输入单词符号，并分析单词符号串是否形成符合语法规则的语法单位，如表达式、赋值、循环等，最后看是否构成一个符合要求的程序，按该程序语言使用的语法规则检查每条语句是否有正确的逻辑结构，程序是最终的一个语法单位。

语法分析的方法分为两种：自上而下分析法和自下而上分析法。前者是从文法的开始符号出发，向下推导，推出句子。后者采用的是移进规约法，基本思想是：用一个寄存符号的先进后出栈，把输入符号一个一个地移进栈里，当栈顶形成某个产生式的一个候选式时，即把栈顶的这一部分规约成该产生式的左邻符号。

3.生成中间代码

中间代码是源程序的一种内部表示，其作用是可使编译程序的结构在逻辑上更为简单、明确，特别是可使目标代码的优化比较容易实现。中间代码的复杂性介于源程序语言和机器语言之间。

4.代码优化

代码优化是指对程序进行多种等价变换，使得从变换后的程序出发，能生产更有效的目标代码。其中，等价是指不改变程序的运行结果，有效是指目标代码运行时间较短、所占用的存储空间较小。

编译过程中有两类代码优化：一类是对语法分析后的中间代码进行优化，它不依赖于具体的计算机；另一类是在生成目标代码时进行优化，它在很大程度上依赖于具体的计算机。对于前一类优化，根据所涉及的程序范围可分为局部优化、循环优化和全局优化三个不同的级别。

5.生成目标代码

目标代码生成是编译的最后一个阶段。目标代码生成器把语法分析后或优化后的中间代码变换成目标代码。目标代码有如下三种形式：一是可以立即执行的机器语言代码，所有地址都重定位；二是待装配的机器语言模块，当需要执行时，由链接程序把它们和某些运行程序链接起来，转换成能执行的机器代码；三是汇编语言代码，在经过汇编后称为可执行的机器语言代码。

上面介绍的是一般过程，其中三、四阶段是可以选择的，可以根据需要进行省略或加强。特别是代码优化阶段，有些编译程序为了提高生成可执行程序的运行效率，分别设计了多个代码优化阶段，针对源代码、中间代码和目标代码分别进行优化。对源代码、中间代码的优化可以与具体机器硬件无关，对目标代码的优化通常与使用的意见平台有关，这样可以充分发挥意见的特有性能，使得执行效率最优。

（二）解释程序

解释是另一种将高级语言转换为可执行程序的方式。与编译不同，解释性语言的程序不需要编译，省了道工序，解释性语言在运行程序的时候才翻译，如BASIC语言，专门有一个程序（又称解释器）能够直接执行BASIC程序，每个语句都是执行的时候才翻译。

采用编译模式时，只需要有可执行程序就可以完成用户的工作，而解释性语言需要源程序和解释器同时工作时才能执行。

解释方式的优点是修改方便。通常在解释过程中，如果发现问题，可以直接对源程序进行修改并且可以直接看到修改后的执行情况。

解释方式的缺点是效率比较低，而且不能生成可独立执行的可执行文件，应用程序不能脱离其解释器。

第三节　数据结构

一、基本概念

（一）数据与信息

数据是指能被计算机存储、加工的对象。信息则是经计算机加工后生产的有意义的数据。若不是特别说明，数据与信息经常通用。

（二）数据的表示

数据的表示分为机外表示和机内表示两种。机外表示指数据在实际问题中的表现形式；机内表示则指数据在计算机存储器中的存在形式。通常意义上的数据表示即指数据从机外表示转化为机内表示。

（三）数据元素与数据项

数据元素（又可称为元素、节点、记录等）是数据的基本单位，在程序中作为一个整体加以考虑和处理。数据元素由若干个数据项构成，数据项（也称字段、域）是数据不可分割的最小单位。

数据、数据元素和数据项反映了数据组织的三个层次。数据可由若干个数据元素构成，而数据元素又可由若干个数据项构成。

（四）数据的结构

在实际问题中，数据元素都不可能是孤立存在的，它们之间必然存在着某种联系（或称关系），这种联系称为结构。数据的结构可分为数据的逻辑结构和数据的物理结构。

1.数据的逻辑结构

数据的逻辑结构就是数据的组织形式，即数据元素之间逻辑关系的整体。数据的逻辑关系又称数据的邻接关系，是指数据元素之间的关联方式。

逻辑结构一般可分为四种：

（1）集合。任何两个节点（即数据元素）之间都没有逻辑关系，是一种松散的组织形式。

（2）线性结构。线性结构中的节点按逻辑关系一次排列，具有一对一的关系。

（3）树形结构。具有分支、层次特性，是一对多的关系（如族谱）。

（4）图形结构。各数据元素的关系比较复杂，是多对多的关系（如交通网）。

2.集合

对于逻辑结构，需要注意以下几点：

（1）逻辑结构与其所含节点个数、数据元素本身的形式、内容及元素的相对位置无关。

（2）在逻辑结构上所进行的操作成为运算。按操作的效果来分，运算可分为加工型（操作改变了逻辑结构，如插入、删除、排序等）和引用型（操作未改变原逻辑结构，如查找）。

（3）常见的数据运算有插入、删除、更新、排序、查找等。

（4）在不会引起混淆的情况下，通常将数据的逻辑结构简称为数据结构。

3.数据的物理结构

数据的物理结构又称数据的存储结构，是指将具有某种逻辑结构的数据存于计算机内，这些机内表示的数据所体现的结构称为存储结构。换而言之，数据的物理结构是指数据的逻辑结构在计算机中的表示，也称映像，它包含数据元素的映像和关系的映像。

数据的存储结构一般可分为以下四种方式：

（1）顺序存储方式。用一组连续的地址空间依次存放所有的节点，每个存储节点只含一个数据元素，数据元素之间的逻辑关系是用存储节点间的位置关系来表示的，即逻辑上相邻，物理上也相邻。

（2）链式存储方式。每个存储节点包含数据域和指针域，指向与本节点有逻辑关系的节点。

（3）索引存储方式。每个存储节点只含一个数据元素且所有存储节点连续存放，另外再建立一个用于指示逻辑记录和物理记录之间一一对应关系的索引表。

（4）散列存储方式。每个节点包含一个数据元素，各节点根据散列函数的指示存储在相应的存储单元中。

二、线性结构

（一）线性表

线性表是最基本、最简单，也是最常用的一种数据结构，数据元素之间的关系是一对一的关系，即除了第一个没有直接前驱，最后一个数据元素没有直接后继之外，其他数据元素都有唯一的直接前驱和直接后继。

线性表在计算机内有两种存储方式，最简单、常用的就是顺序存储，即用一组地址连续的存储单元依次存放线性表的元素。采用顺序存储方式的线性表称为顺序表。

线性表的顺序存储结构的特点是逻辑关系上相邻的两个元素在物理位置上也相邻，因此，可以随机、快速地存取表中的任一元素。然而，这种存储结构对插入和删除操作是非常困难的，往往引起大量的数据移动而且表的容量扩充时也比较烦琐。线性表的另一种表示方法——链式存储结构，可以解决顺序表所遇到的这些困难。

线性表的链式存储结构的特点是用一组任意的存储单元（可连续，也可不

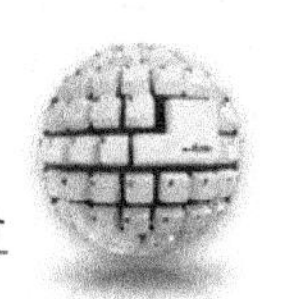

连续）存储线性表中的数据元素。每个存储节点均由两个域构成：数据域，存储数据元素的信息；指针域，存储其后继存储地址的信息，即用来描述相邻的数据元素之间的逻辑关系。指针域中存储的信息称为指针或链。由于每个节点只有一个指针域，故称这样的线性表为线性单链表或单向链表。

（二）栈和队列

栈和队列的逻辑结构、基本运算都与线性表很相似，是两种特殊的线性表。

1.栈

栈是插入和删除操作只能在表的同一端进行的线性表。允许插入和删除的这一端称为栈顶，另一端称为栈底。

栈在日常生活中的应用很广，如洗碗时，通常将碗一个个地从下往上叠放起来，而取栈时则从上往下取走。再如，一次只能允许一个人进出的死胡同，其胡同口相当于栈顶，而胡同的另一端则为栈底。栈的显著特点是“先进后出”（或“后进先出”）。

2.队列

队列是插入和删除分别在两端进行的线性表。允许插入的一端称为队尾，允许删除的一端称为队首。在队尾插入新元素称为入队，从队首删除元素称为出队。在食堂排队买饭或在图书馆排队借书都是队列的很好实例。队列的显著特点是“先进先出”。

第四节　算法

一、算法概述

通俗地讲，算法是解决问题的方法，严格地说，算法是对特定问题求解步骤的一种描述，它是指令的有限序列。

尽管算法的设计可以避开具体的程序设计语言，但在描述算法时则必须要借助某种描述形式，常用的描述算法的方法有自然语言、程序流程图、程序设计语言和伪代码。

（一）算法的特性

算法是问题求解过程的精确描述，它为解决某一特定类型的问题规定了一个运算过程，并且具有下列特性：

（1）有穷性。必须在执行有限步之后结束，且每一步都可以在有限时间内完成。

（2）确定性。算法中每一条指令必须有确切的含义，不能有二义性，并且，在任何条件下，算法只有唯一的一条执行路径，即对相同的输入只能得出相同的输出。

（3）可行性。算法应该是可行的，这意味着算法中所有要进行的运算都能够由相应的计算装置所理解和实现，并可通过有穷次运算完成。

（4）输入。一个算法有零个或多个输入，它们是算法所需的初始量或被加工的对象的表示。这些输入取自特定的对象集合。

（5）输出。一个算法有一个或多个输出，它们是与输入有特定关系的量。

（二）算法的评价标准

算法实质上是特定问题的可行的求解方法、规则和步骤。一个算法的优劣可从以下几个方面考查：

（1）正确性。它也称为有效性，是指算法能满足具体问题的要求，即对任何合法的输入，算法都能得到正确的结果。

（2）易读性。它是指算法被理解的难易程度。人们常把算法的可读性放在比较重要的位置，因为晦涩难懂的算法不易交流和推广使用，也难以修改和扩展。因此，设计的算法应尽可能简单易懂，易于阅读和理解，方便调试、修改和扩充。

（3）健壮性。当遇到非法数据时，算法应该能够加以识别和处理（如能给出一个表示出错的信息并返回到适当的地方重新执行），而不会产生误动作或陷入瘫痪。

（4）高效率。具有较好的时空性能，即有较高的执行效率和较低的空间代价。对算法的理想要求是运行时间短、占用空间小。

在上述四个方面中，正确性是最重要的。算法不能过分追求高效率，应该在保证正确性、易读性和健壮性的前提下，尽可能提高其执行效率。

（三）算法与数据结构

算法与数据结构密切相关，数据结构是算法设计的基础，算法总是建立在一定的数据结构基础之上。

计算机程序从根本上看包括两方面内容：一是对数据的描述，二是对操作（运算）的描述。概括来讲，在程序中需要指定数据的类型和数据的组织形式就是定义数据结构，描述的操作步骤就构成了算法。因此，从某种意义上可以说“数据结构+算法=程序”。

当然，设计程序时还需选择不同的程序设计方法、程序语言及工具。但是，数据结构和算法仍然是程序中最为核心的内容。用计算机求解问题时，一般应先设计初步的数据结构，然后再考虑相关的算法及其实现。设计数据结构时应当考虑可扩展性，修改数据结构会影响算法的实现方案。

二、算法分析

算法分析指的是对算法所需要的时间和空间进行估算，所需要的资源越多，该算法的复杂度就越高。

算法的时间复杂度和空间复杂度合起来称为算法的时空性。简单地说，时间复杂度是指算法所包含的计算量，空间复杂度则是指算法所需要的存储量。

（一）算法的时间复杂度

算法的时间复杂度是算法的输入规模的函数。算法的输入规模也称为问题的规模，通常为该算法输入数据的个数。

另外，在分析时间复杂度时，还选取原操作作为参考。原操作是在算法执行过程中执行次数最多的操作（大多选择最深层循环内的语句）。

（二）算法的空间复杂度

在执行一个算法时，除了需要存储空间来保存问题本身的数据外，可能还需要一些额外的空间来存储一些为实现算法所需信息的辅助空间，称为附加空间，附加空间的大小就是空间复杂度。空间复杂度一般也是问题规模的函数。

一般而言，时间和空间是相互矛盾的，在评估算法时人们的注意力主要集中在时间复杂度上。

第十五章 数据库系统

第一节 数据库系统概述

数据库技术是计算机软件领域的一个重要分支，它是因计算机信息系统与应用系统的需求而发展起来的。程序员应了解数据库的基本内容，理解数据库系统的总体框架，了解数据库系统在计算机系统中的地位及数据库系统的功能。

一、基本概念

数据、数据库、数据库管理系统、数据库系统是与数据库技术密切相关的四个基本概念。

（一）数据

数据（data）实际上就是描述事物的符号记录，是数据库中存储的基本对象。数据具有多种表现形式，文本、图形、图像、音频、视频、职工的文档记录、货物的运输情况等都是数据，它们可以经过数字化后存入计算机。

（二）数据库

数据库（database，DB）是按照一定的格式存放在计算机存储设备上的数据集合，它具有永久存储、有组织和可共享三个基本特点。

（三）数据库管理系统

数据库管理系统是位于用户和操作系统之间的数据管理软件，是和操作系统一样的计算机基础软件，用来科学地组织和存储数据，高效地获取和维护数据。它的主要功能包括：数据定义功能，数据组织、存储与管理功能，数据操作功能，数据库的事务管理和运行管理功能，数据库的建立和维护功能，通信功能。

（四）数据库系统

数据库系统一般由数据库、数据库管理系统（及其开发工具）、应用系统、数据库管理员组成。要指出的是，数据库的建立、使用和维护等工作只靠DBMS远远不够，还要有专门的人员来完成，这些人员被称为数据库管理员。

在一般不引起混淆的情况下常把数据库系统简称为数据库。

二、数据管理技术的发展

数据库技术是应数据管理任务的需要而产生的。

数据处理是对各种数据进行收集、存储、加工和传播的一系列活动。数据管理是指对数据进行分类、组织、编码、存储、检索和维护，它是数据处理的中心问题。

在应用需求的推动下，在计算机硬件、软件发展的基础上，数据管理技术发展经历了人工管理、文件系统、数据库系统三个阶段。

（一）人工管理阶段

早期的数据处理都是通过手工进行的，当时的计算机上没有专门管理数据的软件，也没有诸如磁盘之类的设备来存储数据。这种数据处理具有以下几个特点：

1.数据量较少。数据和程序一一对应，即一组数据对应一个程序，数据面向应用，独立性很差。由于不同应用程序所处理的数据之间可能会有一定的关系，因此会有大量的重复数据。

2.数据不保存。因为在该阶段计算机主要用于科学计算，数据一般不需要长期保存，需要时输入即可。

3.没有软件系统对数据进行管理。程序员不仅要规定数据的逻辑结构，而且在程序中还要使用其物理结构，包括存储结构的存取方法、输入/输出方式等。也就是说，数据对程序不具有独立性，一旦数据在存储器上改变物理地址，就需要改变相应的用户程序。

手工处理数据有两个特点：一是应用程序对数据的依赖性太强；二是数据组和数据组之间可能有许多重复的数据，造成数据冗余。

（二）文件系统阶段

20世纪50年代中期以后，计算机的硬件和软件技术飞速发展，除了科学计算任务外，计算机逐渐用于非数值数据的处理。由于大容量的磁盘等辅助存储设备的出现，使得专门管理辅助存储设备上的数据的文件系统应运而生。文件系统是操作系统中的一个子系统，它按一定的规则将数据组织成为一个文件，应用程序通过文件系统对文件中的数据进行存取和加工。文件系统对数据的管理，实际上是通过应用程序和数据之间的一种接口实现的。

1.文件系统的特点

文件系统的最大特点是解决了应用程序和数据之间的一个公共接口问题，使得应用程序采用统一的存取方法来操作数据。在文件系统阶段中，数据管理的特点如下：

（1）数据可以长期保留，数据的逻辑结构和物理结构有了区别，程序可以按名访问，不必关心数据的物理位置，由文件系统提供存取方法。

（2）数据不属于某个特定的应用，即应用程序和数据之间不再是直接的对应关系，可以重复使用。但是，文件系统只是简单地存取数据，相互之间并没有有机的联系，即数据存取依赖于应用程序的使用方法，不同的应用程序仍然很难共享同一数据文件。

（3）文件组织形式的多样化，有索引文件、链接文件和Hash文件等。但文件之间没有联系，相互独立，数据间的联系要通过程序去构造。

2.文件系统的不足

文件系统具有数据冗余度大、数据不一致和数据联系弱等缺点。

（1）数据冗余度大。文件与应用程序密切相关，相同的数据集合在不同的应用程序中使用时，经常需要重复定义、重复存储。例如，学生学籍管理系统中的学生情况，学生成绩管理系统的学生选课情况，教师教学管理的任课情况，所用到的数据很多都是重复的。这样，相同的数据不能被共享，必然导致数据的冗余。

（2）数据不一致性。由于相同数据重复存储、单独管理，给数据的修改和维护带来难度，容易造成数据的不一致。例如，人事处修改了某个职工的信息，但生产科该职工相应的信息却没有修改，造成同一个职工的信息在不同部门的结果不一样。

（3）数据联系弱。文件系统中数据组织成记录，记录由字段组成，记录内部有了一定的结构。但是，文件之间是孤立的，从整体上看没有反映现实世界事物之间的内在联系，因此，很难对数据进行合理的组织以适应不同应用的需要。

（三）数据库系统阶段

数据库系统是由计算机软件、硬件资源组成的系统，它实现了大量关联数据有组织、动态的存储，方便多用户访问。它与文件系统的重要区别是数据的充分共享、交叉访问、与应用程序高度独立。

数据库系统阶段，数据管理的特点如下：

（1）采用复杂的数据模型表示数据结构。数据模型不仅描述数据本身的特点，还描述数据之间的联系。数据不再面向某个应用，而是面向整个应用系统。数据冗余明显减少，实现了数据共享。

（2）有较高的数据独立性。数据库也是以文件方式存储数据的，但它是数据的一种更高级的组织形式。在应用程序和数据库之间由DBMS负责数据的存取，DBMS对数据的处理方式和文件系统不同，它把所有应用程序中使用的数据及数据间的联系汇集在一起，以便于应用程序查询和使用。

在数据库系统中，数据库对数据的存储按照统一结构进行，不同的应用程序都可以直接操作这些数据（即对应用程序的高度独立性）。数据库系统对数据的完整性、唯一性和安全性都提供一套有效的管理手段（即数据的充分共享性）。数据库系统还提供管理和控制数据的各种简单操作命令，使用户编写程序时容易掌握（即操作方便性）。

第二节　数据库设计

数据库设计是指对于一个给定的应用环境，构造最优的数据库模式，建立数据库及其应用系统，使之能有效地存储数据，满足各种用户的需求（信息要求和处理要求）。

一、数据库设计的要求及阶段

数据库设计的核心是确定一个合适的数据模型，这个模型应当满足以下三个要求。

（1）符合用户的要求。它既能包含用户需要处理的所有数据，又能支持用户提供的多种处理功能的实现。

（2）能被某个现有的数据库管理系统所接受，如Visual Fox Pro、Oracle、Sybase、SQL Server等。

（3）具有较高的质量，如易于理解、便于维护、没有数据冲突、完整性好、效益高等。

数据库设计过程参照软件系统生命周期的划分方式，把数据库应用系统的生命周期分为数据库规划、需求描述与分析、数据库与应用程序设计、数据库系统实现、测试、运行维护六个阶段。

（1）数据库规划。数据库规划是创建数据库应用系统的起点，是数据库应用系统的任务陈述和任务目标。任务陈述定义了数据库应用系统的主要目标，而每个任务目标定义了系统必须支持的特定任务。数据库规划过程还必然包括对工作量的估计、使用的资源和需要的经费等。同时，还应当定义系统的范围和边界及它与公司信息系统的其他部分的接口。

（2）需求描述与分析。需求描述与分析是以用户的角度，从系统中的数据和业务规则入手，收集和整理用户的信息，以特定的方式加以描述，是下一步工作的基础。

（3）数据库与应用程序设计。数据库设计是对用户数据的组织和存储设计；应用程序设计是在数据库设计基础上对数据操作及业务实现的设计，包括事务设计和用户界面设计。

（4）数据库系统实现。数据库系统实现是依照设计，使用DBMS支持的数据定义语言实现数据库的建立，用高级语言（Basic、Delphi、C、C++和Power Builder等）编写应用程序。

（5）测试。测试阶段是在数据系统投入使用之前，通过精心制订的测试计划和测试数据来测试系统的性能是否满足设计要求，发现问题。

（6）运行维护。数据库应用系统经过测试、试运行后即可正式投入运行。运行维护是系统投入使用后，必须不断地对其进行评价、调整与修改，直至系统消亡。

在任一设计阶段，一旦发现不能满足用户数据需求，均需返回前面的适当阶段，进行必要的修正。经过如此的迭代求精过程，直到能满足用户的需求为止。在进行数据库结构设计时，应考虑满足数据库中数据处理的要求，将数据和功能两方面的需求分析、设计和实现在各个阶段同时进行，相互参照和补充。

在数据库设计中，对每一个阶段的设计成果都应该通过评审。评审的目的是确认某一阶段的任务是否全部完成，从而避免出现重大的错误或疏漏，保证设计质量。评审后还需要根据评审意见修改所提交的设计成果，有时甚至要回溯到前面的某一阶段，进行部分重新设计乃至全部重新设计，然后再进行评审，直至达到系统的预期目标为止。

二、数据库设计步骤

在确定了数据库设计的策略以后，就需要相应的设计方法和步骤。多年来，人们提出了多种数据库设计方法、多种设计准则和规范。

（一）数据库设计的基本步骤

于1978年10月召开的新奥尔良会议提出的关于数据库设计的步骤，简称新奥尔良法，是目前得到公认的较为完整和权威的数据库设计方法，它把数据库设计分为如下四个主要阶段：

1.用户需求分析

进行数据库设计首先必须准确了解与分析用户需求（包括数据与处理）。它是这个设计过程的基础，需求分析是否做得充分与准确决定了在其上构建数据库的速度与质量。做得不好，甚至会导致整个数据库设计返工重做。

需求分析阶段生成的结果主要包括数据和处理两个方面。

（1）数据。数据字典、全系统中的数据项、数据流和数据存储的描述。

（2）处理。数据流图和判定表、数据字典中处理过程的描述。

2.概念结构设计

在需求分析阶段得到的数据流图、数据字典的基础上，结合有关数据规范化理论，用一个概念数据模型将用户的数据要求明确地表达出来，这是数据库设计过程中的关键。

概念数据结构是各种数据模型的共同基础，它比数据模型更独立于机器，更抽象，从而更加稳定。描述概念模型常用的工具是E–R图。E–R图的设计要对需求分析阶段所得到的数据进行分类、聚集和概括，确定实体、属性和联系。概念结构的具体工作步骤包括选择局部应用，逐一设计分E-R图，进行E-R图合并形成基本的E-R图。

E-R方法也称为E-R模型，有三种基本成分，即实体、属性和联系。

实体。用矩形表示，矩形框内写明实体名。实体是现实世界中可以区别于其他对象的“事件”或“物体”。例如，企业中的每个人都是一个实体。每个实体有一组特性（属性）来表示，其中的某一部分属性可是唯一标识实体，如职工号。实体集是具有相同属性的实体集合。例如，学校所有教师具有相同的属性，因此，教师的集合可以定义为一个实体集；学生具有相同的属性，因此学生的集合可以定义为另一个实体集。

属性。用椭圆形表示，并用无向边将其与相应德尔实体性链接起来。属性是实体某方面的特性。例如，职工实体集具有职工号、姓名、年龄、参加工作时间和通信地址等属性。每个属性都有其取值范围，在同一实体集中，每个实体的属性及值域是相同的，但可能取不同的值。

其中实体是一个数据的使用者，其代表软件系统中客观存在的生活中的实物，如人、动物，物体、列表、部门、项目等.而同一类实体就构成了一个实体集。实体的内涵用实体类型来表示。实体类型是对实体集中实体的定义。实体中的所有特性称为属性.如用户有姓名、性别、住址、电话等.“实体标识符”是在一个实体中，能够唯一表示实体的属性和属性集的标示符.但针对于一个实体只能使用一个”实体标识符”来标明。实体标识符也就是实体的主键.在ER图中，实体所对应的属性用椭圆型的符号现况表示出来，添加了下划线的名字就是我们所说的标识符。在我们生活的世界中，实体不会是单独存在的，实体和其他的实体之间是有着千丝万缕的联系的.举例某一个人在公司的某个部门工作，其中的实体有”某个人”和”公司的某个部门”，他们之间的有着很多的联系联系。

3.逻辑结构设计

逻辑结构设计的目的是把概念设计阶段的概念模型（如基本E-R图）转换成与选用的具体机器上的DBMS所支持的逻辑模型，即将抽象的概念模型转化为与选用的DBMS产品所支持的数据模型（如关系模型）相符合的逻辑模型，它是物理设计的基础。包括模式初始设计、子模式设计、应用程序设计、模式评价及模式求精。

逻辑设计可分为如下三步：

（1）将概念模型（E-R图）转换为一般的关系、网状、层次模型。

（2）将关系、网状、层次模型向特定的DBMS支持下的数据模型转换。

（3）对数据模型进行优化。

4.物理结构设计

物理结构设计是指逻辑模型在计算机中的具体实现方案。数据库在物理设备上的存储结构与存取方法称为数据库的物理结构，对于一个给定的逻辑数据模式选取一个最适合应用环境的物理结构的过程，称为数据库的物理设计。通常对于关系数据库物理设计的主要内容包括为关系模式选择存取方法，设计关系、索引等数据库文件的物理结构。

数据库的物理结构设计通常分为如下两步：

（1）定数据库的物理结构，在关系数据库中主要指存取方法和存取结构。

（2）数据结构进行评价，重点是时间和空间效率。

当各阶段发现不能满足用户需求时，均需返回到前面适当的阶段，进行必要的修正。经过如此不断的迭代和求精，直到各种性能均能满足用户的需求为止。

（二）数据库的实施与维护

数据库设计结束进入数据库的实施与维护阶段。在该阶段中主要有如下工作：

（1）数据库实现阶段的工作。具体是：建立实际数据库结构，试运行，装入数据。

（2）其他有关的设计工作。具体是：数据库的重新组织设计，故障恢复方案设计，安全性考虑，事务控制。

（3）运行与维护阶段的工作。具体是：数据库的日常维护（安全性、完整性控制，数据库的转储和恢复），性能的监督、分析与改进，扩充新功能，修改错误。

第三节　DBMS

一、DBMS的功能和特征

（一）DBMS的功能

DBMS主要实现共享数据有效地组织、管理和存取，因此DBMS应具有如下几个方面的功能：

1.数据定义功能

DBMS提供数据定义语言（DDU，使用它，用户可以对数据库的结构进行描述，包括：外模式、模式和内模式的定义；数据库的完整性定义；安全保密定义，如口令、级别和存取权限等。这些定义存储在数据字典中，是DBMS运行的基本依据。

2.数据组织、存储与管理

DBMS要分类组织、存储和管理各种数据，包括数据字典、用户数据、存取路径等，需确定以何种文件结构和存取方式在存储级上组织这些数据，如何实现数据之间的联系。数据组织和存储的基本目标是提高存储空间利用率，选择合适的存取方法（如索引查找、Hash查找、顺序查找等）提高存取效率。

3.数据操作功能

用户可使用DBMS提供的数据操作语言（DML）实现对数据的追加、删除、更新、查询等基本操作。

4.数据库的事务管理和运行管理

数据库在运行期间多用户环境下的并发控制、安全性检查和存取控制、完整性检查和执行、运行日志的组织管理、事务管理和自动恢复等是DBMS的重要组成部分。这些功能可以保证数据库系统的正常运行。

5.数据库的建立和维护功能

包括数据库的初始建立、数据的转换功能、数据库的转储、恢复功能、数据库的重组织功能和性能监视、分析功能等。这些功能是由一些使用程序或管理工具完成的。

6.通信功能

DBMS具有与操作系统的联机处理、分时系统及远程作业输入的相关接口，负责处理数据的传送。对网络环境下的数据库系统，还应该包括DBMS与网络中其他软件系统的通信功能以及数据库之间的互操作功能。

（二）DBMS的特征

通过DBMS管理数据具有如下特点：

1.数据结构化且统一管理

数据库中的数据由DBMS统一管理。由于数据库系统采用复杂的数据模型表示数据结构，数据模型不仅描述数据本身的特点，还描述数据之间的联系。数据不再面向某个应用，而是面向整个应用系统。数据易维护、易扩展，数据冗余明显减少，真正实现了数据的共享。

2.有较高的数据独立性

数据的独立性是指数据与程序独立，将数据的定义从程序中分离出去，由DBMS负责数据的存储，应用程序关心的只是数据的逻辑结构，无须了解数据在磁盘上的数据库中的存储形式，从而简化了应用程序，大大减少了应用程序编制的工作量。数据的独立性包括数据的物理独立性和数据的逻辑独立性。

3.数据控制功能

DBMS提供了数据控制功能，以适应共享数据的环境。数据控制功能包括对数据库中数据的安全性、完整性、并发和恢复的控制。

（1）数据库的安全性保护。数据库的安全性是指保护数据库以防止不合法的使用所造成的数据泄露、更改或破坏。这样，用户只能按规定对数据进行处理，例如，划分了不同的权限，有的用户只能有读数据的权限，有的用户有修改数据的权限，用户只能在规定的权限范围内操纵数据库。

（2）数据的完整性。数据库的完整性是指数据库的正确性和相容性，是防止合法用户使用数据库时向数据库加入不符合语义的数据。保证数据库中数据是正确的，避免非法的更新。

（3）并发控制。在多用户共享的系统中，许多用户可能同时对同一数据进行操作。DBMS的并发控制子系统负责协调并发事务的执行，保证数据库的完整性不受破坏，避免用户得到不正确的数据。

（4）故障恢复。数据库中的四类故障是事务内部故障、系统故障、介质故障及计算机病毒。故障恢复主要是指恢复数据库本身，即在故障引起数据库当前状态不一致后，将数据库恢复到某个正确状态或一致状态。恢复的原理非常简单，就是要建立冗余数据。换句话说，确定数据库是否可恢复的方法就是其包含的每一条信息是否都可以利用冗余地存储在别处的信息重构。冗余是物理级的，通常认为逻辑级是没有冗余的。

二、数据库管理系统分类

根据不同的分类标准，可以将DBMS分为不同的类别。

（一）根据使用性能分

在我国，当前流行的数据库管理系统一般可分为三类。

（1）以PC机、微型机系统为运行环境的数据库管理系统。这类系统主要作为支持一般办公需要的数据库环境，强调使用的方便性和操作的简单性，因此有人称之为桌面型数据库管理系统。

（2）以Oracle为代表的数据库管理系统。此类系统还有Sybase、IBMDB2和Informix等，这些系统更强调系统工程理论上和实践上的完备性，具有更巨大的数据存储和管理能力，提供了比桌面型系统更全面的数据库保护和恢复功能，它更有利于支持全局性和关键性的数据管理工作，也被称之为主流数据库管理系统。

（3）以Microsoft SQL Sever为代表的界于以上两种数据库管理系统之间的系统。

（二）根据支持的数据模型分

DBMS通常可分为如下三类：

（1）关系数据库系统。RDBS是支持关系模型的数据库系统。在关系模型中，实体及实体间的联系都是用关系来表示。在一个给定的现实世界领域中，相应于所有实体及实体之间联系的关系的集合构成一个关系数据库，也有型和值之分。关系数据库的型也称为关系数据库模式，是对关系数据库的描述，是关系模式的集合。关系数据库的值也称为关系数据库，是关系的集合。关系数据库模式与关系数据库通常统称为关系数据库。在微型计算机方式下常见的FoxPro和Access等DBMS，严格地讲，不能算是真正的关系型数据库，对许多关系类型的概念并不支持，但它却因为简单实用、价格低廉，目前拥有很大的用户市场。

（2）面向对象的数据库系统。OODBS是支持以对象形式对数据建模的数据库管理系统，包括对对象的类、类属性的继承，对子类的支持。面向对象数据库系统主要有两个特点：面向对象数据模型能完整地描述现实世界的数据结构，能表达数据间嵌套、递归的联系；具有面向对象技术的封装性和继承性，提高了软件的可重用性。

（3）对象关系数据库系统。ORDBS是在传统的关系数据模型基础上，提供元组、数组、集合一类更为丰富的数据类型及处理新的数据类型操作的能力，这样形成的数据模型被称为“对象关系数据模型”。基于对象关系数据模型的DBS称为对象关系数据库系统。

第十六章　软件工程

第一节　软件开发

一、软件工程产生的背景

自计算机诞生以来，硬件技术不断发展创新，不仅性能有了很大的改进，而且质量稳步提高。然而，计算机软件成本不断上升，质量却不能保证，软件开发的生产率远远不能满足计算机应用的要求。显而易见，软件技术没能跟上计算机硬件技术发展的速度，软件已经成为限制计算机系统进一步发展的关键因素。

更为严重的是，计算机系统发展的早期形成的一系列错误概念和做法，已经严重阻碍了计算机软件的开发，导致有的大型软件无法维护，只能提前报废，造成大量人力、物力的浪费。当时人们称此为“软件危机”。如何解决日益严重的软件危机，让计算机软件开发成为可控制、可管理的，成为一个十分重要的课题。

这一切创造了一门新的学科——软件工程学。与此同时，20世纪60年代后期出现的面向对象的程序设计技术，为软件技术的发展带来了一次重大革命，它将软件技术大大向前推进了一步。

（一）软件危机

软件危机是指软件开发和维护过程中遇到的一系列严重问题。

1.软件危机的主要特征

（1）产品不符合用户的实际需要。因为软件开发人员对用户需求没有深入、准确的了解，甚至对所要解决的问题还没有正确认识，就开始编写程序，导致用户对产品不满意。

（2）软件开发周期大大超过规定日期，其生产率提高的速度远远不能满足客观需要。

（3）软件产品的质量差。软件质量保证技术没有贯穿到软件开发的全过程中。

（4）软件价格在整个项目投入中的比例不断升高，软件开发成本严重超标。实际成本比估量成本高出许多，这种现象降低了软件开发者的信誉，引起了用户的不满。

（5）软件修改、维护困难。不能根据用户的需要在原有程序中增加一些新的功能。没有实现软件的可重用。

2.软件危机产生的原因

（1）正确理解和表达应用需求是艰巨的任务，但常常被忽略。

（2）软件是逻辑产品。软件开发过程是思考过程，很难进行质量管理和进度控制。

（3）随着问题复杂度的增加，处理问题的效率随之下降，而所需时间和费用则随之增加。

（二）软件工程的定义

为了解决软件危机，软件业界提出了软件工程的思想。

1968年，德国人Bauer在北大西洋公约组织会议上正式提出并使用了“软件工程”这个术语，并将其定义为：“建立并使用完善的工程化原则，以较经济的手段获得能在实际机器上有效运行的可靠软件的一系列方法。”

1993年，IEEE将软件工程定义为“开发、运行、维护和修复软件的系统方法”，2003年，IEEE又给出了一个更加综合的定义：“软件工程是将系统化的、规范的、可度量的方法应用于软件的开发、运行和维护的过程，即将工程化应用于软件中。”

尽管后来又有一些人或协会提出了许多更为完善的定义，但软件工程的主要思想都是强调在软件开发过程中需要应用工程化原则的重要性。

（三）软件工程研究的内容

软件工程是计算机领域的一个较大的研究方向，其内容十分丰富，包括理论、结构、方法、工具、环境、管理、经济、规范等。

2011年5月ISCVIECJTC.1发布了《SWEBOK指南VO.95》，SWEBOK把软件工程学科的主体知识分为十个知识领域。这十个领域包括软件需求、软件设计、软件构造、软件测试、软件维护、软件配置管理、软件工程管理、软件工程过程、软件工程工具和方法、软件质量。

二、软件生存周期

如同人的一生要经历婴儿、少年、青年、老年直至死亡这样一个过程，任何一个软件产品也有一个孕育、诞生、成长、成熟、衰亡的生存过程。软件生存周期就是从提出软件产品开始，直到该软件产品被淘汰的全过程。软件工程采用的生存周期方法就是从时间角度对软件的开发和维护进行分解，将软件生存漫长的时期分成若干阶段，每个阶段都有其相对独立的任务，然后逐步完成各个阶段的任务。

目前对软件生存周期各阶段的划分尚不明确，有的分的粗些，有的分得细些。综合来讲，软件生存周期一般由软件计划、软件开发和软件运行维护三个时期组成。这里介绍的软件生存周期分为六个阶段，即制订计划、需求分析、设计、编码、测试、程序运行和维护。

（一）制订计划

确定要开发软件系统的总目标，研究完成该项软件任务的可行性，探讨解决问题的可能方案；制订完成开发任务的实施计划，连同可行性研究报告，提交管理部门审查。

软件项目计划阶段的参加人员有用户、项目负责人、系统分析师。该阶段产生的文档有可行性分析报告、项目计划书等。

（二）需求分析

确定待开发系统的功能、性能、数据、界面及接口方面的要求，从而确定系统的逻辑模型。在这一步骤中，软件开发人员必须与用户密切配合，开发者要详细了解用户的工作方式和使用需求，与用户共同决定哪些需求是可以满足的，并对其加以确切的描述，然后编写出软件需求说明书或系统功能说明书及初步的用户手册，提交管理机构评审。

在需求分析阶段，系统分析师是软件开发方的主要成员，但程序员必须与系统分析师和用户共同合作，这有助于程序员从用户的角度来了解程序的用途。

调查用户需求以确定系统功能这一步骤非常重要，如果这步工作做得不好，不仅会造成人力、物力的浪费，甚至可能导致整个开发工作的完全失败。

（三）设计

设计是软件工程的技术核心。其主要任务是给出实现系统的实施蓝图，在各种技术和实施方法中权衡利弊，精心设计，合理使用各种资源，最终勾画出系统的详细设计方案。

软件设计可以分为概要设计和详细设计。概要设计阶段参加的人员有系统分析师和软件设计师，详细设计阶段参加的人员有软件设计师和程序员。设计阶段产生的文档有设计规格说明书，根据需要还可产生数据说明书和模块开发卷宗。

（四）编码

编码是使用程序设计语言为模块编写源程序，即把在设计阶段用流程图或伪代码描述的算法变成高级语言源程序。前期分析和设计做得是否全面、合理，是决定程序质量的关键因素。程序设计人员的素质和经验、编码的风格和使用的语言对程序质量也有重要的影响。

编码阶段参加的人员有软件设计师和程序员，产生的文档是源程序清单。

在编码中要考虑以下几个问题：

（1）程序能按使用要求正确运行，这是最基本的要求。

（2）程序易于调试，即调试周期短。

（3）程序可读性好，易于修改和维护。

（4）在计算机容量和速度均可满足的条件下，不要费尽心机地去钻研难以理解的编程技巧，因为过多的技巧延长了编程周期，同时使可读性变差。

为了提高程序的可读性和可维护性，需要做到以下几点：

（1）使用见名知义的标识符。例如，用sum表示求和，用max表示最大值等。

（2）采用标准的书写格式。每行只写一条语句，不同程序段之间适当留出空行，采用分层缩进格式来表示三种基本结构及其嵌套的层次。分层缩进格式指一个模块的开始和结束语句都靠着程序纸的左边界书写，模块内的语句向边界内部缩进一些，选择结构和循环结构内的语句再向内缩进一些。这样逐层缩进，程序书写格式一致，富有层次，清晰易读，能清晰地区别出控制结构的开始、结束及控制结构的嵌套。

（3）在程序中适当地添加注释。程序应该具有其内部的文档，这就是注释。程序的注释应包含全局性注释和局部性注释。全局性注释用来说明程序的功能、程序名、作者名及编写日期，也可能包括对程序变量的说明及关于异常处理的说明等。一般来说，全局性注释置于程序的开头部分。相反，局部性注释可以出现在程序体的任何需要的地方（如难懂的语句行或程序段）。局部性注释主要用来说明程序内部代码语句的用途。

（五）测试

测试是保证软件质量的重要环节，它是对需求分析、设计和编码的最后复审，通过测试可以发现和纠正软件中的错误，以保证软件的可靠性。严格的测试是至关重要的。

测试阶段的参加人员通常由另一部门的软件设计师或系统分析师承担，该阶段产生的文档有软件测试计划和软件测试报告。

（六）程序运行和维护

已交付的软件投入正式使用，便进入运行阶段。这一阶段可能持续若干年甚至几十年。软件在运行中可能由于多方面的原因，需要进行修改。其可能的原因有：软件在运行中发现了错误需要修正；为了适应变化了的软件工作环境，需要适当变更；为了增强软件的功能需做变更等。

人们称在软件运行/维护阶段对软件产品所进行的修改就是维护。按维护的性质不同，软件维护可分为改正性维护、适应性维护、完善性维护和预防性维护。

前面提到，软件测试不可能发现系统中所有的错误，所以，这些程序在使用过程中还可能发生错误，诊断和改正这些错误的过程称为改正性维护。

计算机发展迅速，每年都有新的硬件产品出现，同时新的操作系统也不断推出，外部设备或其他的系统部件也经常更新或升级。另外，应用软件的使用寿命一般都在10年以上，这大大超过了开发这些软件的环境的寿命。为了适应新的变化而进行的修改活动，称为适应性维护。

一个软件在使用过程中用户可能会不断提出增加新功能，修改现有功能及一般性的改进要求和建议等。为了满足这些要求，需要进行完善性维护，这类活动占维护活动的50%～60%，是软件维护工作的主要部分。

为了改进软件未来的可维护性或可靠性，或者为了给未来的改进提供更好的基础而对软件进行修改，这类活动通常叫作预防性维护。这类维护比上面三类要少得多。

需要注意的是，软件维护不仅仅是对软件代码来说的，维护软件文档同样重要。

第二节　软件开发过程

一、需求分析

需求分析是软件生存周期中相当重要的一个阶段。由于开发人员熟悉计算机但不熟悉应用领域的业务，用户熟悉应用领域的业务但不熟悉计算机，因此对于同一个问题，开发人员和用户之间可能存在认识上的差异。在需求分析阶段，通过开发人员与用户之间的广泛交流，不断澄清一些模糊的概念，最终形成一个完整的、清晰的、一致的需求说明。可以说，需求分析的好坏将直接影响到所开发软件的成败。

（一）需求分析的任务

简单来说，需求分析的基本任务是回答“系统必须做什么”的问题，具体来讲有以下几点：

（1）确定对系统的综合需求。包括系统功能要求、系统性能要求、运行要求、安全性要求、保密性要求。

（2）分析系统的数据要求。包括基本数据元素、数据元素之间的逻辑关系等。可采用建立“概念模型”的方法，并辅助图形工具，如层次方框图、实体–关系模型等。

（3）导出系统的逻辑模型。可采用数据流图或类模型来描述。

（4）修正系统开发计划。在明确了用户的真正需求后，可以更准确地估算软件的成本和进度，从而修正项目开发计划。

（5）开发原型系统。对一些需求不够明确的软件，可以先开发一个原型系统，以验证用户的需求。

（二）需求分析的步骤

软件需求涉及的方面有很多。在功能方面，需求包括系统要做什么，相对于原系统目标系统需要进行哪些修改，目标用户有哪些，以及不同用户需要通过系统完成何种操作等；在性能方面，需求包括用户对于系统执行速度、响应时间、吞吐量和并发度等指标的要求；在运行环境方面，需求包括目标系统对于网络设置、硬件设备、温度和湿度等周围环境的要求，以及对操作系统、数据库和浏览器等软件配置的要求；在界面方面，需求涉及数据的输入/输出格式的限制及方式、数据的存储介质和显示器的分辨率要求等问题。

遵循科学的需求分析步骤可以使需求分析工作更高效。

1.获取需求，识别问题

开发人员从功能、性能、界面和运行环境等多个方面识别目标系统要解决哪些问题，要满足哪些限制条件，这个过程就是对需求的获取。开发人员通过调查研究，要理解当前系统的工作模型和用户对新系统的设想与要求。

此外，在获取需求时，还要明确用户对系统的安全性、可移植性和容错能力等其他要求。比如，多长时间需要对系统做一次备份，系统对运行的操作系统平台有何要求，发生错误后重启系统允许的最长时间是多少等。

获取需求是需求分析的基础。为了能有效地获取需求，开发人员应该采取科学的需求获取方法。在实践中，获取需求的方法有很多种，如问卷调查、访谈、实地操作、建立原型和研究资料等。

问卷调查法是采用调查问卷的形式来进行需求分析的一种方法。通过对用户填写的调查问卷进行汇总、统计和分析，开发人员便可以得到一些有用的信

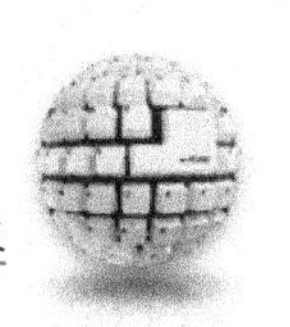

息。采用这种方法时，调查问卷的设计很重要。一般在设计调查问卷时，要合理地控制开放式问题和封闭式问题的比例。

开放式问题的回答不受限制，自由地能够激发用户的思维，使他们能尽可能地阐述自己的真实想法。但是，对开放式问题进行汇总和分析的工作会比较复杂。

封闭式问题的答案是预先设定的，用户从若干答案中进行选择。封闭式问题便于对问卷信息进行归纳与整理，但是会限制用户的思维。

通过开发人员与特定的用户代表进行座谈，进而了解到用户的意见，是最直接的需求获取方法。为了使访谈有效，在进行访谈之前，开发人员要首先确定访谈的目的，进而准备一个问题列表，预先准备好希望通过访谈解决的问题。在访谈的过程中，开发人员要注意态度诚恳，并保持虚心求教的姿态，同时还要对重点问题进行深入的讨论。由于被访谈的用户身份可能多种多样，开发人员要根据用户的身份特点进行提问、给予启发。当然，进行详细的记录也是访谈过程中必不可少的工作。访谈完成后，开发人员要对访谈的收获进行总结，澄清已解决的和有待进一步解决的问题。

为了深入地了解用户需求，有时候开发人员还会以用户的身份直接参与到现有系统的使用过程中，在亲身实践的基础上，更直接地体会现有系统的弊端及新系统应该解决的问题，这种需求获取方法就是实地操作。通过实地操作得到的信息会更加准确和真实，但是这种方法会比较费时间。

当用户本身对需求的了解不太清晰的时候，开发人员通常采用建立原型系统的方法对用户需求进行挖掘。原型系统就是目标系统的一个可操作的模型。在初步获取需求后，开发人员会快速地开发一个原型系统。通过对原型系统进行模拟操作，开发人员能及时获得用户的意见，从而对需求进行明确。

2.分析需求，建立目标系统的逻辑模型

在获得需求后，开发人员应该对问题进行分析抽象，并在此基础上从高层建立目标系统的逻辑模型。模型是对事物高层次的抽象，通常由一组符号和组织这些符号的规则组成。常用的模型图有数据流图、E-R图、用例图和状态转换图等，不同的模型从不同的角度或不同的侧重点描述目标系统。绘制模型图的过程，既是开发人员进行逻辑思考的过程，也是开发人员更进一步认识目标系统的过程。

3.将需求文档化

获得需求后要将其描述出来，即将需求文档化。对于大型的软件系统，需求阶段一般会输出三个文档，即系统定义文档（用户需求报告）、系统需求文档（系统需求规格说明书）和软件需求文档（软件需求规格说明书）。

对于简单的软件系统而言，需求阶段只需要输出软件需求文档（即软件需求规格说明书）就可以了。软件需求规格说明书主要描述软件的需求，从开发人员的角度对目标系统的业务模型、功能模型和数据模型等内容进行描述。作为后续的软件设计和测试的重要依据，需求阶段的输出文档应该具有清晰性、无二义性和准确性，并且能够全面和确切地描述用户的需求。

4.需求验证

需求验证是对需求分析的成果进行评估和验证的过程。为了确保需求分析的正确性、一致性、完整性和有效性，提高软件开发的效率，为后续的软件开发做好准备，需求验证的工作非常必要。

在需求验证的过程中，可以对需求阶段的输出文档进行多种检查，比如，一致性检查、完整性检查和有效性检查等。同时，需求评审也是在这个阶段进行的。

二、系统设计

系统设计是信息系统开发过程中的另一个重要阶段。如果说需求分析阶段是为了解决系统“做什么”的问题，那么系统设计阶段的目的就是为了解决系统“怎样做”。

（一）系统设计的任务和步骤

系统设计阶段的主要依据是系统分析报告。

系统设计基本上可以分为两个步骤，即概要设计和详细设计。

概要设计的主要任务是体系结构设计和模块分解，确定软件的结构、模块的功能和模块间的接口，以及全局数据结构的设计。良好的体系结构意味着普适、高效和稳定。在开发中常使用层次结构或客户机/服务器结构。

在设计好软件的体系结构后，就已经在宏观上明确了各个模块应具有什么功能，应放在体系结构的哪个位置。从功能上划分模块，保持“功能独立”是模块化设计的基本原则。因为“功能独立”的模块可以降低开发、测试、维护等阶段的代价。但是“功能独立”并不意味着模块之间保持绝对的孤立。一个系统要完成某项任务，需要各个模块相互配合才能实现，此时模块之间就要进行信息交流。

详细设计的主要任务是设计每个模块的实现细节和局部数据结构，以及界面设计。在进行数据结构和算法设计时，应考虑其实施的代价。软件系统漂亮的界面能消除用户由感觉引起的乏味、紧张和疲劳（情绪低落），大大提高用户的工作效率。

需要注意的是，系统设计的结果是一系列的系统设计文件，这些文件是物理实现一个信息系统的重要基础。

（二）系统设计的原则

在进行系统设计时，遵循一定的原则可以起到事半功倍的效果。

1.抽象

抽象是一种设计技术，是指重点说明一个实体的本质方面，而忽略或者掩盖不很重要的方面。软件工程中从软件定义到软件开发要经历多个阶段。在这个过程中每前进一步都可看成对软件解法的抽象层次的一次细化。抽象的最低层就是实现该软件的源代码。在进行模块化设计时也可以有多个抽象层次，最高抽象层次的模块用概括的方式叙述问题的解法；较低抽象层次的模块是对较高抽象层次模块对问题解法描述的细化。

2.模块化

模块化是指将一个待开发的软件分解成若干个小的简单部分——模块。每个模块可独立开发、测试，最后组装成完整的程序。

具有四种属性的一组程序语句称为一个模块。这四种属性分别是输入/输出（是指同一个调用者）、逻辑功能（是指模块能够做什么事，表达了模块把输入转换成输出的功能）、运行程序（是指模块如何用程序实现其逻辑功能）和内部数据（指属于模块自己的数据）。

前两个属性又称为外部属性，后两个属性又称为内部属性。在系统设计中。人们主要关心的是模块的外部属性，至于内部属性，将在系统实施工作中完成。

模块有大有小，它可以是一个程序，也可以是程序中的一个程序段或者一个子程序。

第三节　软件工程方法

自从1968年提出“软件工程”这个术语以来，软件研究人员也在不断探索新的软件开发方法，至今已形成了八类软件开发方法。这里介绍最常用的两种方法：结构化方法和面向对象的方法。

一、结构化方法

结构化方法是使用广泛的一种系统化的软件开发方法，出现于20世纪70年

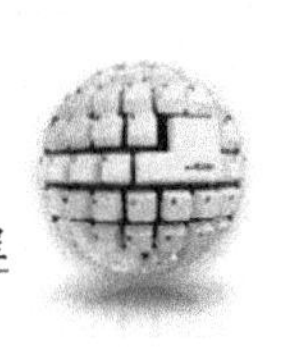

代。它简单实用，适用于开发大型的数据处理系统。所谓结构，是指系统内各组成要素之间的相互联系、相互作用的框架，结构化方法强调结构的合理性和所开发软件结构的合理性。它的基本思想是把一个复杂问题的求解过程分阶段进行，每个阶段处理的问题都控制在人们容易理解和处理的范围内。生物学有个观点叫作“结构决定功能”，对于软件开发同样适用。结构化方法采用“抽象”和“分解”两个基本手段。抽象是从众多的事物中抽取出共同的、本质性的特征，而舍弃其非本质的特征，暂时不考虑它们的细节。抽象主要是为了降低复杂度。

用抽象模型的概念，按照软件内部数据传递、交换的信息，自顶向下逐层分解，直到找到满足功能需要的所有可实现的软件元素为止，分解后的单元称为模块。

在分解软件结构时，每一个模块的实现细节对于其他模块来说都是隐蔽的，也就是说，模块中所包括的信息不允许其他不需要这些信息的模块调用，这称为信息隐藏。隐蔽表明有效的模块化可以通过定义一组独立的模块而实现，这些独立的模块间仅交换为完成系统功能而必须交换的信息。

模块间的通信仅使用有助于实现软件功能的必要信息，通过抽象，可以确定组成软件的过程实体；而通过信息隐藏，可以实施对模块的过程细节和局部数据结构的存取限制。局部化的概念和信息隐蔽概念密切相关。局部化是指把一些关系密切的软件元素物理地放得彼此靠近。在模块中使用局部数据元素就是局部化的一个例子。显然，局部化有助于实现信息隐藏。

如果在测试期间和以后的软件维护期间需要修改软件，那么使用信息隐藏原理作为模块化系统设计的标准就会带来极大的好处。因为绝大多数数据和过程对于软件的其他部分而言是隐蔽的，也就是看不见的，在修改期间由于疏忽而引入的错误传播到软件的其他部分的机会就很少。

结构化方法包括结构化分析、结构化设计、结构化编程三个方面。结构化分析作为一种分析方法通常用于需求分析阶段。结构化设计方法是以模块化设计为中心，将待开发的软件系统划分为若干个相互独立的模块，每一个模块的功能简单、任务明确，为组合成较大的软件奠定基础。若模块划分良好，在改变一个模块的内部时便不会影响到其他模块。模块的独立性还为扩充已有的系统、建立新系统提供了方便，可以充分利用现有的模块作积木式的扩展。使用结构化设计方法，不但提高了程序的质量，还增强了程序的可读性和可修改性。结构化编程可用于代码编写阶段，结构化方法也可用于软件的测试阶段。

（一）模块

模块是具有特定功能的部分。具体可以表现为一组数据或一段程序的集合。模块化设计就是将整个软件划分为若干相互独立的部分，这些部分可以分别进行程序的编写、测试，模块与模块之间的关系称为接口。这样，通过划分，把复杂的问题分解成许多容易解决的较小问题，每个模块处理相对简单的一个小问题。

模块化可以使软件结构清晰，容易实现设计，使设计出的软件的可阅读性和可理解性大大增强。由于程序错误会出现在有关模块内部及它们之间的接口中，采用模块化技术会使软件容易测试和调试，进而有助于提高软件的可靠性。在需要改进时，改动往往只涉及部分模块，模块化能够提高软件的可修改性。模块化也有助于软件开发工程的组织管理，一个复杂的大型程序可以由许多程序员分工编写不同的模块，既简化了每个问题的难度，还可以在一定程度上提高开发工作的并行性。

1.模块划分的粒度

模块化设计中一个重要的问题是模块划分的粒度。粒度大时，即模块的规模较大，每个模块需要处理的问题较为复杂，但模块总数较少，整体结构较为简单；如果粒度较小，每个模块相对简单，但是模块数量较多，模块之间的关系复杂，整体结构较为复杂。模块划分的数量目前还没有统一的确定方法，从实际情况两方面因素折中考虑比较可取，既不要将模块搞得很大，也不要划分过细。

2.模块的独立性

模块独立性是指软件系统中的每个模块与其他模块的关联程度。关联程度越低，独立性越好，与其他模块的接口越简单。

模块独立性的概念体现了模块化、抽象、信息隐藏和局部化概念。设计软件结构时，使得每个模块完成一个相对独立的特定子功能，并且与其他模块之间的关系很简单。

模块的独立程度可以由耦合和内聚两个标准来度量。耦合表示不同模块之间关联的紧密程度，内聚表示一个模块内部各个元素彼此结合的紧密程度。

3.模块的耦合

耦合是对一个软件结构内各个模块之间互连程度的度量。耦合的强弱取决于模块间接口的复杂程度、调用模块的方式及通过接口的信息。

根据模块独立性的原则，在软件设计中应该尽可能采用松散耦合。在松散耦合的系统中测试或维护任何一个模块，都不影响系统的其他模块。模块间联系简单，在某一处发生错误时，传播到整个系统中的可能性较小。模块间的耦合程度影响系统的可理解性、可测试性、可靠性和可维护性。

（二）结构化设计原则

软件结构化设计的目标是产生一个模块化的程序结构，并明确模块间的控制关系。对同一问题可有多种解决方式。进行高质量结构化设计的基本原则如下：

1.模块高独立性

提高模块的内聚程度降低模块间的耦合程度是一个评价的标准，力求降低耦合、提高内聚。

2.模块规模适中

模块的规模不应过大。规模大了以后模块的可理解程度将迅速下降；模块规模也不能过小。小模块必然导致数量大，容易使系统接口复杂。过小的模块不值得单独存在，特别是只有一个模块调用它时，通常应合并到上级模块中。

3.层次深度、宽度适当

深度表示软件结构中控制的层数，能够粗略地标志一个系统的大小和复杂程度。宽度是软件结构内同一个层次上的模块总数的最大值。一般来说，宽度越大系统越复杂。经验表明典型系统的一个层次分支上模块数量通常限制在个位数以内。

4.模块的作用域应该在其控制域之内

模块的作用域指受该模块影响的所有模块的集合。模块的控制域是模块本身及所有直接或间接从属于它的模块的集合。模块的作用域超出其控制域，表明系统中有较紧的耦合存在。

5.模块接口简单

模块接口是软件发生错误的主要位置。设计模块接口力求信息传递简单并且和模块的功能一致。接口复杂或者不一致是紧耦合或低内聚的原因所致，应力争降低模块接口的复杂程度。在结构上模块最好只有一个入口和一个出口，这样的结构比较容易理解和维护。

6.模块功能可预测

模块的功能应能预测，对于一个模块，只要输入的数据相同就产生同样的输出。带有内部存储器的模块的功能可能是不可预测的，内部存储器对于上级模块而言是不可见的，这样的模块不易理解、难于测试和维护。

结构化方法有许多优点，但也存在许多明显的缺点。结构化方法的本质是功能分解，是围绕实现功能的过程来构造系统的，强调的是过程抽象和模块化。结构化方法中采用的功能/数据划分方法起源于冯·诺依曼的硬件体系结构，强调程序和数据的分离。其主要问题在于所有的功能必须知道数据结构，要改变数据结构就必须修改与其有关的所有功能。这样，系统难以适应环境变化，开发过程复杂，开发周期较长。

二、面向对象的方法

在软件开发与设计中，对一个系统的认识是一个渐进的过程，是在继承了以往的有关知识的基础上，多次迭代往复并逐步深化而形成的。在这种认识的深化过程中，既包括了从一般到特殊的演绎，也包括了从特殊到一般的归纳。面向对象的方法使人们分析、设计的方法尽可能地接近人们认识客观事物的自然情况。其基本思想是：分析、设计和实现一个系统的方法尽可能地接近认识该系统的方法，对问题进行自然分割，以接近人类思维的方式建立问题域模型，从而使设计出的软件尽可能地描述现实世界，构造出模块化的、可重用的、可维护性好的软件，并能控制软件的复杂度和降低开发维护费用。

（一）面向对象的基本概念

面向对象的方法中，对象和传递消息分别表现事物及事物间相互联系。类和继承是适应人们一般思维方式的描述方式。方法是允许作用于该类对象上的各种操作。通过封装能将对象的定义和对象的实现分开，通过继承能体现类与类之间的关系，以及由此带来的动态聚束和实体的多态性，构成了面向对象的基本特征。

1.对象

对象是对客观事物实体的抽象。世界上任何事物都可以抽象为对象，事物的组成部分可以是更基础的某一个对象。复杂的对象由比较简单的对象以某种方式组成。对象不仅表示数据结构，也表示抽象的事件、规则等复杂的工程实体。对象的两个主要因素是属性和服务。属性是用来描述对象静态特征的一个数据项。服务是用来描述对象动态特征（行为）的一个操作序列。一个对象可以有多项属性和多项服务。对象只描述客观事物本质的、与系统目标有关的特征，而不考虑那些非本质的、与系统目标无关的特征。在设计不同系统时，同一事物抽象成的对象可能不同。

2.消息和方法

在系统中，对象与对象之间通过消息进行联系。消息包括某一对象发送给其他对象的数据或某一对象调用另一对象的操作等形式。系统的运行是靠在对象间传递消息来完成的。

通常消息由三个部分组成：消息接收对象、消息名称、若干个参数。参数的具体格式称为消息协议。消息的接收者是提供服务的对象，它对外提供服务。消息的发送者是要求提供服务的对象或其他系统成分。

消息中只包含发送者的要求，它指示接受者要完成哪些处理，但并不指定接收者应该怎样完成这些处理。消息完全由接受者解释，接受者决定采用什么方式完成所需要的处理。通常一个对象能够接收多个不同形式、内容的消息；相同形式的消息也可以送往不同的对象。不同的对象对于形式相同的消息可以有不同的解释，做出不同的反应。

方法指对象能够执行的操作。方法是对象的实际可执行部分，它反映了对象的动态特征。通常每个对象都有一组方法，用于描述各种不同的功能。

3.类

在面向对象方法中，将具有相同属性和服务的一组对象的集合定义为类，为属于该类的全部对象提供了同一的抽象描述。实质上，类定义的是对象的类型，它描述了属于该类型的所有对象的性质。而对象则是符合这种定义的一个实体。有的文献又把类称为对象的模板。同类对象具有相同的属性和服务，它们的定义形式相同，但是每个对象的属性值可以不同。对象是在执行过程中由其所属的类动态生成的，一个类可以生成多个不同的对象。同一个类的所有对象具有相同的性质，即其外部特征和内部实现都是相同的，但它们可能有不同的内部状态。在一个类的上层可以有超类（父类），下层可以有子类，形成一种层次结构。这种层次结构的一个重要特点是继承性，一个类继承其超类的全部描述。这种继承具有传递性，即一个类实际上继承了层次结构中在其上面的所有类的全部描述。因此，属于某个类的对象除具有该类所描述的特性外，还具有该类所有超类描述的全部特性。

（二）面向对象方法的基本特征

面向对象方法的基本特征包括封装性、继承性和多态性。

1.封装性

封装是一种信息隐蔽技术，用户只能见到对象封装界面上的信息，对象内部对用户来说是隐蔽的。封装是面向对象方法的一个重要原则。它有两个含义：第一个含义是把对象的全部属性和全部服务结合在一起，形成一个不可分割的独立单位（即对象）；第二个含义也称为信息隐蔽，即尽可能隐蔽对象的内部细节，对外形成一个边界，只保留有限的对外接口与外部发生联系。这主要是指对象的外部不能直接地存取对象的属性，只能通过几个允许外部使用的服务与对象发生联系。封装的目的在于将对象的使用者和设计者分开，使用者不必知道行为的实际细节，只使用设计者提供的消息来访问该对象。

2.继承性

继承性是指后代保持了前一代的某些特性。继承利用抽象来降低系统的复杂性，同时也提供了一种重用的方式。被继承的前一代称为父类，继承的后一代称为子类。如果没有继承性机制，则对象中数据和方法就可能出现大量重复。继承是面向对象方法中一个十分重要的概念，并且是面向对象技术提高软件开发效率的主要原因之一。

继承意味着自动地拥有或隐含地复制。继承的类拥有被继承者的全部属性与服务，并且继承关系是传递的。第一代的特性可以通过几代的继承关系一直保持下去。

3.多态性

对象的多态性是指在父类中定义的属性或服务被继承之后，子类可以具有不同的数据类型或不同的行为。这使得同一个属性或服务名在类及其各个父类和子类中具有不同的语义。多态性是一种比较高级的功能。多态性的实现需要面向对象程序设计语言提供支持。

面向对象方法在软件工程领域能够全面运用。它包括面向对象的分析、面向对象的设计、面向对象的编程、面向对象的测试、面向对象的软件维护等主要内容。

第四节　软件项目管理

为了使软件项目开发获得成功，必须对软件开发项目的工作范围、可能遇到的风险、需要的资源、要实现的任务、经历的里程碑、花费的工作量及进度安排等做到心中有数。而软件项目管理可以提供这些信息。可以说，软件项目管理是为了使软件项目能够按照预定的成本、进度、质量顺利完成，而对人员、产品、过程和项目进行分析和管理的活动。

一、软件工程的原则

软件项目管理的根本目的是让软件项目尤其是大型项目的整个软件生命周期都能在管理者的控制之下，以预定成本按期、按质地完成软件交付用户使用。而研究软件项目管理是为了从已有的成功或失败的案例中总结出能够指导今后开发的通用原则、方法，同时避免前人的失误。

虽然自提出软件工程的术语以来，专家学者又陆续提出了很多软件工程的原则，但其中以著名软件工程专家B.W.Boehm提出的七条基本原则最为人所知。这七条原则同样也是软件项目管理的准则。

（一）用分阶段的生命周期计划严格管理

据统计发现，不成功的软件项目中有半数是因计划不周造成的。

在软件的整个生命周期中应该制订并严格执行六类计划，即项目概要、项目进度表、项目控制、产品控制、验证、运行与维护计划。

不同层次的管理人员必须严格按照计划各尽其职地去管理软件开发与维护工作，绝不能受客户或上级的影响而擅自背离预定计划。

（二）坚持进行阶段评审

软件的质量保证工作不能等到编码阶段结束之后再进行。这是因为：大部分错误是在编码之前造成的（根据Boehm统计，设计错误占软件错误的63%，编码错误占37%）；错误发现与改正得越晚，所付出的代价也越高。因此，在每个阶段进行严格的评审，尽早发现并修正各个阶段中所犯的错误是一条必须遵循的重要原则。

（三）实行严格的产品控制

在软件开发过程中不应随意改变需求，但不能禁止更改需求。当必须修改时，为了保持软件各配置成分的一致性，必须实行严格的产品控制。

一切有关修改软件的建议都必须按照严格的规程进行评审，获准后才能实施修改，绝对不能谁想修改就随意进行修改。

（四）采用现代程序设计技术

以前的结构化程序设计技术，如今的面向对象程序设计技术都被实践证明是各个不同历史阶段的优秀程序设计技术和方法。

采用先进的技术既可以提高软件开发的效率，又可以提高软件维护的效率。

（五）结果应能清楚地审查

软件产品是看不见、摸不着的逻辑产品，软件开发人员的工作进展情况可见性差。

为了提高开发过程的可见性，应根据软件开发项目中的目标完成期限，规定开发组织的责任和产品标准，使得到的结果能够清楚地审查。

（六）开发小组人员少而精

开发小组成员的素质应该高，人员不宜过多。人员素质和数量是影响产品质量和开发效率的重要因素。素质高的人开发效率比低的人高几倍甚至几十倍，而错误则明显得少；人数增加，管理难度也增加。

（七）承认不断改进软件工程实践的必要性

要积极、主动地采纳新的软件技术，要不断总结经验；不能自以为是，故步自封，唯我独好。大千世界，错综复杂，只有不断学习，才能不断进步。

可以达成共识的是，这七条原则是确保软件产品质量和开发效率的最小准则集合。

二、软件项目的计划

软件项目管理过程从项目计划活动开始，而第一项计划活动就是估算：需要多长时间、需要多少工作量及需要多少人员。此外，我们还必须估算所需要的资源（硬件及软件）和可能涉及的风险。

（一）成本估算

由于软件具有可见性差、定量化难等特点，因此很难在项目完成前准确地估算出开发软件所需的工作量和费用。通常我们可以根据以往的开发经验来进行成本估算。

一种常用的成本估算方法是先估计完成软件项目所需的工作量（人月数），然后根据每个人月的代价（金额）来计算软件的开发费用。

开发费用=人月数×每人每月的代价

另一种方法是估计软件的规模（通常指源代码行数），然后根据每行源代码的平均开发费用（包括分析、设计、编码、测试所花的费用）计算软件的开发费用。

开发费用=源代码行数×每行平均费用

有时候在度量软件规模时不采用直接的方法（即代码行方法），而采用一种间接的方法——FP（功能点方法）。这两种方法各有优缺点，应该根据软件项目的特点选择适用的软件规模度量方法。

值得一提的是，软件项目成本估算永远不会是一门精确的科学，但将良好的历史数据与系统化的技术结合起来能够提高估算的精确度。

（二）风险分析

当对软件项目给予较高期望时，一般都会进行风险分析。在标识、分析和管理风险上花费的时间和人力可以从多个方面得到回报：更加平稳的项目进展过程，更高的跟踪和控制项目的能力，由于在问题发生之前已经做了周密计划而产生的信心。

Robert Charette在他关于风险分析和驾驭的书中指出，考虑风险时应关注三个方面：一是关心未来，风险是否会导致软件项目失败？二是关心变化，在用户需求、开发技术等与项目有关的实体中会发生什么变化？三是必须对采用的方法、工具、配备的人力做出选择。

风险分析实际上是四个不同的活动：风险识别、风险预测、风险评估和风险控制。

第十七章　计算机网络基础知识

第一节　计算机网络概述

一、计算机网络的发展

计算机网络是通信技术和计算机技术两个领域的结合，一直以来它们紧密结合，相互促进、相互影响，共同推进了计算机网络的发展。从20世纪70年代开始发展至今，已形成从小型的办公室局域网到全球性的大型广域网，它的演变可以概括为面向终端的计算机网络、计算机—计算机网络，标准、开放的计算机网络及Internet广泛应用与高速、智能网络技术的发展等四个阶段。

（一）面向终端的计算机网络

以单个计算机为中心的远程联机系统，构成面向终端的计算机网络。

所谓联机系统，就是由一台中央主计算机连接大量的地理上处于分散位置的终端。早在20世纪50年代，美国建立的半自动地面防空系统就将远距离的雷达和其他测量控制设备的信息通过通信线路汇集到一台计算机进行集中处理，从而开创了把计算机技术和通信技术相结合的尝试。

这类简单的“终端—通信线路—计算机”系统，成了计算机网络的雏形。严格地说，联机系统与以后发展成熟的计算机网络相比，存在着根本的区别。这样的系统除了一台中心计算机外，其余的终端设备都没有自主处理的功能，还不能算计算机网络。为了更明确地区别于后来发展的多个计算机互联的计算机网络，就专称这种系统为面向终端的计算机网络。

随着连接的终端数目的增多，为减轻承担数据处理的中心计算机的负载，在通信线路和中心计算机之间设置了一个前端处理机或通信控制器，专门负责与终端之间的通信控制，从而出现了数据处理和通信控制的分工，更好地发挥了中心计算机的数据处理能力。另外，在终端较集中的地区，设置集中器或多路复用器，它首先通过低速线路将附近群集的终端连接至集中器或复用器，然后通过高速通信线路、实施数字数据和模拟信号之间转换的调制解调器（modem）与远程中心计算机的前端处理机相连，从而提高了通信线路的利用率，节约了远程通信线路的投资。

（二）计算机——计算机网络

20世纪60年代中期，出现了由若干个计算机互联的系统，开创了“计算机-计算机”通信的时代，并呈现出多处理中心的特点。60年代后期，由美国国防部高级研究计划局提供经费，联合计算机公司和大学共同研制而发展起来的ARPANET，标志着目前所称的计算机网络的兴起。ARPANET的主要目标是借助于通信系统，使网内各计算机系统间能够共享资源，ARPANET是一个成功的系统，它是计算机网络技术发展中的一个里程碑，它在概念、结构和网络设计方面都为后继的计算机网络技术的发展起到了重要的作用，并为Internet的形成奠定了基础。

此后，计算机网络得到了迅猛的发展，各大计算机公司都相继推出了自己的网络体系结构和相应的软、硬件产品。用户只要购买计算机公司提供的网络产品，就可以通过专用或租用通信线路组建计算机网络。IBM公司的SNA和DEC公司的DNA就是两个著名的例子。凡是按SNA组建的网络都可称为SNA网，而按DNA组建的网络都可称为DNA网或DECNET。

这一阶段网络结构上的主要特点是：以通信子网为中心，多主机多终端。1969年在美国建成的ARPANET是这一阶段的代表。在ARPANET上首先实现了以

资源共享为目的不同计算机互联的网络，它奠定了计算机网络技术的基础，是今天Internet的前身。

（三）标准、开放的计算机网络阶段

虽然已有大量各自研制的计算机网络正在运行和提供服务，但仍存在不少弊病，主要原因是这些各自研制的网络没有统一的网络体系结构，难以实现互联。这种自成体系的系统称为“封闭”系统。为此，人们迫切希望建立一系列的国际标准，渴望得到一个“开放”的系统。这也是推动计算机网络走向国际标准化的一个重要因素。

OSI标准不仅确保了各厂商生产的计算机间的互联，也促进了企业的竞争。厂商只有执行这些标准才能有利于产品的销售，用户也可以从不同制造厂商获得兼容开放的产品，从而大大加速了计算机网络的发展。

（四）Internet的广泛应用与高速、智能网络技术的发展

20世纪90年代网络技术最富有挑战性的话题是Internet与高速通信网络技术、接入网、网络与信息安全技术。Internet作为世界性的信息网络，正在对当今经济、文化、科学研究、教育与人类社会生活发挥着越来越重要的作用。宽带网络技术的发展为全球信息高速公路的建设提供了技术基础。

Internet是覆盖全球的信息基础设施之一。对于广大Internet用户来说，它好像是一个庞大的广域计算机网络。用户可以利用Internet实现全球范围的电子邮件、WWW信息查询与浏览、电子新闻、文件传输、语音与图像通信服务功能。它对推动世界科学、文化、经济和社会的发展有着不可估量的作用。

在Internet飞速发展与广泛应用的同时，高速网络的发展也引起人们越来越多的注意。高速网络技术发展表现在宽带综合业务数字网（B-ISDN）、异步传输模式（ATM）、高速局域网、交换局域网与虚拟网络。

Internet技术在企业内部网中的应用也促进了Internet技术的发展，企业Intranet之间电子商务活动的开展又进一步引发了Extranet技术的发展。Internet、

Intranet与Extranet和电子商务已成为当前企业网研究与应用的热点。更高性能的InternetD也正在发展之中。

信息高速公路的服务对象是整个社会，因此它要求网络无所不在，未来的计算机网络将覆盖所有的企业、学校、科研部门、政府及家庭，其覆盖范围甚至要超过目前的电话通信网。为了支持各种信息的传输，网络必须具有足够的带宽、很好的服务质量与完善的安全机制，支持多媒体信息通信，以满足不同的应用需求。为了有效地保护金触、贸易等商业秘密，保护政府机要信息与个人隐私。网络必须具有足够的安全机制，以防止信息被非法窃取、破坏与损失，网络系统必须具备高度的可靠性与完善的管理功能，以保证信息传输的安全与畅通。毋庸置疑，计算机网络技术的发展与应用必将对21世纪世界经济、军事、科技、教育与文化的发展产生重大的影响。

近年来，随着通信技术，尤其是光纤通信技术的发展，计算机网络技术得到了迅猛的发展。网络带宽的不断提高，更加刺激了网络应用的多样化和复杂化，多媒体应用在计算机网络中所占的份额越来越高，同时，用户不仅对网络的传输带宽提出越来越高的要求，对网络的可靠性、安全性和可用性等也提出了新的要求。为了向用户提供更高的网络服务质量，网络管理也逐渐进入了智能化阶段，包括网络的配置管理、故障管理、计费管理、性能管理和安全管理等在内的网络管理任务都可以通过智能化程度很高的网络管理软件来实现。计算机网络已经进入了高速、智能的发展阶段。

二、计算机网络的基本概念

计算机网络技术是当今计算机科学与工程中正在迅速发展的新兴技术之一，是计算机应用中一个空前活跃的重要领域，同时也是计算机技术、通信技术和自动化技术相互渗透而形成的一门新兴学科。

（一）计算机网络的定义

计算机网络就是通过线路互联起来的自治的计算机集合，确切地讲，就是将分布在不同地理位置上的具有独立工作能力的计算机、终端及其附属设备用通信设备和通信线路连接起来，并配置网络软件，以实现计算机资源共享的系统。

概括起来，一个计算机网络必须具备以下三个基本要素：

（1）至少有两个具有独立操作系统的计算机，且它们之间有相互共享某种资源的需求。

（2）两个独立的计算机之间必须用某种通信手段将其连接。

（3）网络中的各个独立的计算机之间要能相互通信，必须制定相互可确认的规范标准或协议。

以上三条是组成一个网络的必要条件，三者缺一不可。

在计算机网络中，能够提供信息和服务能力的计算机是网络的资源，而索取信息和请求服务的计算机则是网络的用户。由于网络资源与网络用户之间的连接方式、服务类型及连接范围的不同，从而形成了不同的网络结构及网络系统。

（二）计算机网络的组成

1.计算机网络的物理组成

从物理构成上看，计算机网络包括硬件和软件两大部分。从硬件角度看，计算机网络由以下设备构成：

（1）两台以上的计算机及终端设备，统称为主机。其中部分主机充当服务器，部分主机充当客户端。

（2）前端处理机、通信处理机或通信控制处理机。负责发送、接收数据，最简单的通信控制处理机是网卡。

（3）路由器、交换机等连接设备。交换机将计算机连接成网络，路由器将网络互联，组成更大的网络。

（4）通信线路。将信号从一个地方传送到另一个地方，包括有线线路和无线线路。

计算机网络的软件部分包括协议和应用软件两部分。其中协议是计算机网络的核心，由语法、语义和时序三部分构成。语法部分规定传输数据的格式，语义部分规定所要完成的功能，时序部分规定执行各种操作的条件、顺序关系等。一个完整的协议应完成线路管理、寻址、差错控制、流量控制、路由选择、同步控制、数据分段与装配、排序、数据转换、安全管理、计费管理等功能。应用软件主要包括实现资源共享的软件、方便用户使用的各种工具软件。

2.计算机网络的逻辑组成

从逻辑功能上来看，可将计算机网络划分为资源子网和通信子网。

资源子网由主机系统、终端、终端控制器、联网外部设备、各种软件资源与信息资源组成。资源子网实现全网的面向应用的数据处理和网络资源共享。通信子网由通信控制处理机（CCP）、通信线路与其他通信设备组成，负责完成网络数据传输、转发等通信处理任务。资源子网相当于计算机系统，通信子网是为了联网而附加上去的通信设备、通信线路等。

从工作方式上看，计算机网络由边缘部分和核心部分组成。其中，边缘部分是用户直接使用的主机，核心部分由大量的网络及路由器组成，为边缘部分提供连通性和交换服务。

第二节　计算机网络体系结构

网络体系结构是从体系结构的角度来研究和设计计算机网络体系，其核心是网络系统的逻辑结构和功能分配定义，即描述实现不同计算机系统之间互连和通信的方法及结构，是层和协议的集合。通常采用结构化设计方法，将计算机网络系统划分成若干功能模块，形成层次分明的网络体系结构。

计算机网络系统是一个十分复杂的系统。将一个复杂系统分解为若干个容易处理的子系统，然后分而治之，逐个加以解决，这种结构化设计方法是工程设计中常用的手段。分层就是系统分解的最好方法之一。

为了能够使分布在不同地理且功能相对独立的计算机之间组成网络实现资源共享，计算机网络系统需要设计和解决许多复杂的问题，包括信号传输、差错控制、寻址、数据交换和提供用户接口等一系列问题。计算机网络体系结构是为了简化这些问题的研究、设计与实现而抽象出来的一种结构模型。这种结构模型，也采用层次模型。在层次模型中，往往将系统所要实现的复杂功能分化为若干个相对简单的细小功能，每一项分功能以相对独立的方式去实现。

一、计算机网络分层模型

将上述分层思想运用于计算机网络中，就产生了计算机网络的分层模型。该模型将计算机网络中的每台终端抽象为若干层，每层实现一种相对独立的功能。

层次结构的好处在于使每一层实现一种相对独立的功能。每一层不必知道下面一层是如何实现的，只要知道下层通过层间接口提供的服务是什么及本层向上层提供什么样的服务，就能独立地设计。系统经分层后，每一层次的功能相对简单且易于实现和维护。此外，若某一层需要做改动或被替代时，只要不去改变它和上、下层的接口服务关系，则其他层次都不会受其影响，因此具有很大的灵活性。分层结构还有利于交流、理解和标准化。

计算机网络各层次结构模型及其协议的集合称为网络的体系结构。体系结构是一个抽象的概念，它精确定义了网络及其部件所应实现的功能，但这些功能究竟用何种硬件或软件方法来实现则是一个具体实施的问题。换言之，网络的体系结构相当于网络的类型，而具体的网络结构则相当于网络的一个实例。

计算机网络都采用层次化的体系结构，计算机网络涉及多个实体间的通信，其层次结构一般以垂直分层模型来表示，这种层次结构的要点可归纳如下：

（1）除了在物理介质上进行的是实通信之外，其余各对等实体间进行的都是虚通信。

（2）对等层的虚通信必须遵循该层的协议。

层次结构的划分，一般要遵循以下原则：

（1）每层的功能应是明确的，并且是相互独立的。当某一层的具体实现方法更新时，只要保持上、下层的接口不变，便不会对邻层产生影响。

（2）层间接口必须清晰，跨越接口的信息量应尽可能少。

（3）层数应适中。若层数太少，则多种功能混杂在一层中，造成每一层的协议太复杂；若层数太多，则体系结构太复杂，使描述和实现各层功能变得困难。

这样的层次划分有利于促进标准化，这主要是因为每一层的功能和所提供的服务都已有了准确的说明。

二、实体与对等实体

每一层中，用于实现该层功能的活动元素被称为实体，包括该层上实际存在的所有硬件与软件，如终端、电子邮件系统、应用程序、进程等。不同终端上位于同一层次、完成相同功能的实体被称为对等实体。

三、通信协议

在计算机网络系统中，为了保证通信双方能正确、自动地进行数据通信，针对通信过程的各种情况，制定了一整套约定，这就是网络系统的通信协议。通信协议是一套语义和语法规则，用来规定有关功能部件在通信过程中的操作。

两个通信对象在进行通信时，须遵从相互接受的一组约定和规则，这些约定和规则使它们在通信内容、怎样通信及何时通信等方面相互配合。这些约定和规则的集合称为协议。简单地说，协议是通信双方必须遵循的控制信息交换的规则的集合。

一般来说，一个网络协议主要由语法、语义和同步三大要素组成。

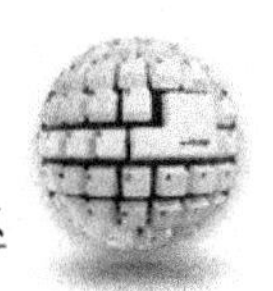

语法是指数据与控制信息的结构或格式，确定通信时采用的数据格式、编码及信号电平等。

语义由通信过程的说明构成，规定了需要发出何种控制信息完成何种动作及做出何种应答，对发布请求、执行动作及返回应答予以解释，并确定用于协调和差错处理的控制信息。

同步是指事件实现顺序的详细说明，指出事件的顺序及速度匹配。

由此可见，网络协议是计算机网络不可缺少的组成部分。

四、服务类型

在计算机网络协议的层次结构中，层与层之间具有服务与被服务的单向依赖关系，下层向上层提供服务，而上层调用下层的服务。因此可称任意相邻两层的下层为服务提供者，上层为服务调用者。下层为上层提供的服务可分为两类：面向连接服务和无连接服务。

面向连接服务以电话系统为模式，它是在数据交换之前，必须先建立连接。当数据交换结束后，则必须终止这个连接。在传送数据时是按序传送的。面向连接服务比较适合于在一定时期内要向同一目的地发送许多报文的情况。

无连接服务以邮政系统为模式。每个报文（信件）带有完整的目的地址，并且每一个报文都独立于其他报文，由系统选定的路线传递。在正常情况下，当两个报文发往同一目的地时，先发的先到。但是，也有可能先发的报文在途中延误了，后发的报文反而先收到。

第三节　计算机网络互联

网际互联的目的是使一个网络上的用户能访问其他网络上的资源，使不同网络上的用户互相通信和交换信息，这不仅有利于资源共享，也可以从整体上提高网络的可靠性。要实现互联，必须做到以下几点：

（1）在网络之间至少提供一条物理上连接的链路，并且有对这条链路的控制规程。

（2）在不同网络的进程之间提供合适的路由实现数据交换。

（3）有一个始终记录不同网络使用情况并维持该状态信息的统一的计费服务。

（4）在提供以上服务时，尽可能不对互联在一起的网络体系结构做任何修改。

互联的网络在体系结构、层次协议及网络服务等方面或多或少存在差异。对于异构网来说（如各种类型的局域网）差异更大。这种差异可能表现在寻址方式、路由选择、最大分组长度、网络接入机制、用户接入控制、超时控制、差错恢复方法、状态报告方法、服务（面向连接服务还是无连接服务）、管理方式等诸方面的不同。要实现网际互联，就必须消除网络间的差异，这些都是网际互联要解决的问题。

数据在网络中是以“包”的形式传递的，但不同网络的“包”的格式不同。因此，在不同的网络间传送数据时，就需要网络间的连接设备充当“翻译”的角色，即将一种网络中的“信息包”转换成另一种网络的“信息包”。

信息包在网络间的转换，与OSI的七层模型关系密切。如果两个网络间的差别程度小，则需转换的层数也少。如以太网与以太网互联，因为它们属于一种网络，数据包仅需转换到OSI的第二层（数据链路层），所需网间连接设备的功能也简单（如网桥）；若以太网与令牌环网相连，数据信息需转换至OSI的第三层（网络层），所需中介设备也比较复杂（如路由器）；如果连接两个完全不同结构的网络TCP/IP与SNA，其数据包需做全部七层的转换，需要的连接设备也最复杂（如网关）。

一、网络传输介质互联设备

网络线路与用户节点具体衔接时，常用到的器件或设备有T形连接器、收发器、屏蔽或非屏蔽双绞线连接器RJ-45、RS-232接口（DB-25）、DB-15接口、VB35同步接口、终端匹配器、调制解调器。

T形连接器与BNC接插件同是细同轴电缆的连接器，它对网络的可靠性有着至关重要的影响。同轴电缆与T形连接器是依赖于BNC接插件连接的，BNC接插件有手工安装和工具型安装之分，用户可根据实际情况和线路的可靠性选择。

RJ-45非屏蔽双绞线连接器有8根连针，在Base-T标准中，仅使用4根，即第1对双绞线使用第1针和第2针，第2对双绞线使用第3针和第6针（第3对和第4对备用）。具体使用时可参照厂家提供的说明书。

DB-25（RS-232）接口是目前微机与线路接口的常用方式。

DB-15接口用于连接网络接口卡的AUI接口，可将信息通过收发器电缆送到收发器，然后进入主干介质。

VB35同步接口用于连接远程的高速同步接口。

终端匹配器（也称终端适配器）安装在同轴电缆（粗缆或细缆）的两个端点上，它的作用是防止电缆无匹配电阻或阻抗不正确。无匹配电阻或阻抗不正确，则会引起信号波形反射，造成信号传输错误。

调制解调器的功能是将计算机的数字信号转换成模拟信号或反之，以便在电话线路或微波线路上传输。调制是把数字信号转换成模拟信号；解调是把模拟信号转换成数字信号，它一般通过RS-232接口与计算机相连。

二、网络物理层设备

物理层的互联设备有中继器和集线器。

（一）中继器

中继器是连接网络线路的一种装置，常用于两个网络节点之间物理信号的双向转发工作。中继器是最简单的网络互联设备，主要完成物理层的功能，负责在两个节点的物理层上按位传递信息，完成信号的复制调整和放大功能，以此来延长网络的长度。

在一种网络中，每一网段的传输媒介均有其最大的传输距离，如细缆最大网段长度为185m，粗缆为500m，双绞线为100m，超过这个长度，传输介质中的数据信号就会衰减。中继器可以"延长"网络的距离，在网络数据传输中起到放大信号的作用。数据经过中继器，不需进行数据包的转换。中继器连接的两个网络在逻辑上是同一个网络。

网络标准中都对信号的延迟范围做了具体的规定，中继器只能在此规定范围内进行有效的工作，否则会引起网络故障。以太网络标准中就约定了一个以太网上只允许出现5个网段，最多使用4个中继器，而且其中只有3个网段可以挂接计算机终端。

中继器的主要优点是安装简单、使用方便、价格相对低廉。它不仅起到扩展网络距离的作用，还可以将不同传输介质的网络连接在一起。中继器工作在物理层，对于高层协议完全透明。

（二）集线器

集线器可以说是一种特殊的中继器，作为网络传输介质间的中央节点，它克服了介质单一通道的缺陷。以集线器为中心的优点是：当网络系统中某条线路或某节点出现故障时，不会影响网上其他节点的正常工作。

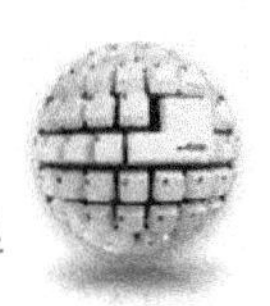

集线器可分为无源集线器、有源集线器和智能集线器。无源集线器只负责把多段介质连接在一起，不对信号进行任何处理，每一种介质段只允许扩展到最大有效距离的一半。有源集线器类似于无源集线器，但它具有对传输信号进行再生和放大从而扩展介质长度的功能。智能集线器除具有有源集线器的功能外，还可将网络的部分功能集成到集线器中，如网络管理、选择网络传输线路等。

集线器技术发展迅速，已经出现交换技术（在集线器上增加了线路交换功能）和网络分段方式，提高了传输带宽。

第四节　Internet 及其应用

Internet是世界上规模最大、覆盖面最广、拥有资源最丰富、影响力最大、自由度最大且最具影响力的计算机互联网络，它将分布在世界各地的计算机采用开放系统协议连接在一起，用来进行数据传输、信息交换和资源共享。

从技术角度看，Internet本身不是某一种具体的物理网络技术，它是能够互相传递信息的众多网络的一个统称，或者说它是一个网间网，只要人们进入了这个网络，就是在使用Internet。连入Internet的计算机网络种类繁多，形式各异，且分布在世界各地，因此，需要通过路由器（IP网关）并借助各种通信线路或公共通信网络把它们连接起来。由于实现了与公用电话网的互联，个人用户入网十分方便，只要有电话和调制解调器即可，这也是Internet迅速普及的原因之一。Internet由美国的ARPANET网络发展而来，因此，它沿用了ARPANET使用的TCP/IP协议，它是实现Internet连接性和互操作性的关键，由于TCP/IP协议非常有效且使用方便，许多操作系统都支持它，无论是服务器还是个人计算机都可安装使用。

一、域名

任何一个连在Internet上的主机或路由器都有一个唯一的层次结构的名字，即域名。域名采用层次结构的基于“域”的命名方案，域名只是一个逻辑概念，并不反映出计算机所在的物理地点。

各分量分别代表不同级别的域名。每一级的域名都由英文字母和数字组成（长度不过63个字符，并且不区分大小写），级别最低的域名写在最左边，而级别最高的顶级则写在最右边。一个完整的域名长度不超过255个字符。

现在顶级域名有三类。

（1）国家顶级域名，如cn（中国）、us（美国）、uk（英国）等。有一些地区也有顶级域名，如hk（香港）。

（2）国际顶级域名，采用int，国际性的组织可在int下注册。

（3）通用顶级域名，如com（公司企业）、net（网络服务）、edu（教育机构）等。

在国家顶级域名下注册的二级域名均由该国家自行确定。我国则将二级域名划分为类别域名和行政区域名两大类。其中类别域名6个，分别为ac（科研机构）、com（商业企业）、edu（教育机构）、gov（政府部门）、net（网络服务商）和org（非营利组织）。行政域名34个，用于我国的各省、自治区、直辖市，如bj（北京）、sh（上海）等。

Internet的域名空间是一种层次型的树状结构。一级是最高级的顶级域名节点，在顶级域节点下面是二级域节点，最下面的就是接入Internet的主机。域名分为两种：一种是网络域名，它只是用来表示是一个网络域；另一种则是主机域名，它用来表示一台具体的主机。如ecust.edu.cn是一个网络域名，表示华东理工大学这个子域，而www.ecust.edu.cn则是一个主机域名，表示在ecust.edu.cn域中主机名为www的一台主机。在Internet的域名空间中，非叶节点都是网络域名，而叶

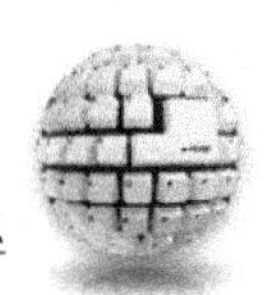

节点则是主机域名。

同一子域中的主机拥有相同的网络域名，但是不能有相同的主机名；在不同子域中的主机可以使用相同的主机名，但是其网络域名又不相同。因此Internet中不存在域名完全相同的两台主机。最后强调两点：一是Internet的名字空间是按照机构的组织来划分的，与物理的网络无关，同IP地址空间中的子网也没有关系；二是允许一台主机拥有多个不同的域名，即允许多个不同的域名映射到同一个IP地址。

二、IP地址

为了使Internet的主机在通信时能够相互识别，Internet的每一台主机都分配有一个唯一的IP地址，是由IP协议提供的一种Internet通用的地址格式，该地址目前的版本是IPv^{4}，由32位的二进制数表示，用于屏蔽各种物理网络的地址差异。IP地址由IP地址管理机构进行统一管理和分配，保证Internet上运行的设备（如路由器、主机等）不会产生地址冲突。

在Internet上，IP地址指定的不是一台计算机，而是计算机到一个网络的连接。因此，具有多个网络连接的Internet设备就应具有多个IP地址，如路由器。

IP地址是第三层地址，所以有时又称为网络地址，该地址是随着设备所处网络位置不同而变化的，即设备从一个网络被移到另一个网络时，其IP地址也会相应地发生改变。也就是说，IP地址是一种结构化的地址，其可以提供关于主机所处的网络位置信息。

（一）IP地址的结构、分类与表示

1.IP地址的结构

一个互联网包括了多个网络，而一个网络又包括了多台主机，因此Internet是具有层次结构的。Internet使用的IP地址也采用了层次结构，IP地址以32位二进制位的形式存储于计算机中，32位的IP地址结构由网络ID和主机ID两部分组成。其中，网络ID（又称为网络标识、网络地址、网络号）用于标识Internet中的一个特定网络，标识该主机所在的网络，而主机ID（又称为主机地址、主机号）则标识该网络中的一个特定连接，在一个网段内部，主机ID必须是唯一的。IP地址的编址方式携带了位置信息，通过一个具体的IP地址，马上就能知道它位于哪个网络。正是因为网络标识所给出的网络位置信息才使得路由器能够在通信子网中为IP分组选择一条合适的路径，寻找网络地址对于IP数据报在Internet中进行路由选择极为重要。地址的选择过程就是通过Internet为IP数据报选择目标地址的过程。

由于IP地址包含了主机本身和主机所在的网络的地址信息。所以在将一个主机从一个网络移到另一个网络时，主机IP地址必须修改，否则，就不能与Internet上的其他主机正常通信。

2.IP地址的表示

在计算机内部，IP地址使用32位二进制数表示。例如，11000000.10101000.00000001.01100100。为了表示方便，国际运行一种“点分十进制表示法”，即将32位的IP地址按字节分为4段，高字节在前，每个字节用十进制数表示，并且各字节之间用圆点隔开，表示成w.x.y.z。这样IP地址表示成了一个用点号隔开的四组数字，每组数字的取值范围只能是0～255。上面用二进制数表示的IP地址可以用点分十进制192.168.1.100表示。

第十八章　多媒体技术基础

第一节　多媒体技术概述

多媒体技术作为现代科学技术的一个最新成就，已经成为当今备受关注的一个热点技术。它以五彩缤纷的静态或动态图像、悦耳的音乐、动听的解说走进我们的生活，改变着我们的生活方式，理解和掌握多媒体技术也就成为现代人生活必备的基本素质。通过本章的学习你将走进多媒体世界，感受多媒体技术的魅力，理解多媒体技术的概念、特征、应用价值与意义，了解多媒体技术的发展历史与发展趋势。

一、多媒体的基本概念

通常所说的“多媒体”并不是指多媒体信息本身，而主要是指处理和应用它的整套软、硬件技术。多媒体技术是近年来全球信息化发展比较热门的技术，由于它不仅能处理数据与文本，而且还能处理图形、图像、声音等信息，它所处理的信息量大且实用性强，更符合人们的时间需要，所以能够迅速发展。

（一）数据、信息与媒体

数据是记录描述客观世界的原始数字。信息是主观的、数据是客观的，单纯的数据本身并无实际意义，只有经过解释后才能成为有意义的信息。

媒体（medium）在计算机领域有两种含义：一是指存储信息的实体，如磁盘、光盘、磁带、半导体存储器等，中文常译为媒质；二是指传递信息的载体，如数字、文字、声音、图形和图像等，中文译作媒介，多媒体技术中的媒体是指后者。从这个意义上看，媒体在计算机领域中的理解是比较狭义的。

1.数据、信息与媒体三者之间的关系：

（1）有格式的数据才能表达信息含义。媒体的种类不同其所具有的格式也不同，只有对格式能够理解，才能对其承载的信息进行表述。

（2）不同的媒体所表达的信息程序也是不同的。每种媒体都有自己本身承载的信息形式特征，而人们对不同种类信息的接受程序也不同，便产生了差异。

（3）媒体之间的关系也代表着信息。媒体的多样化关键不在于能否接收多种媒体的信息，而在于媒体之间的信息表示的合成效果。多种媒体来源于多个感觉通道，其效果远远超出各个媒体单独表达时的效果。

（4）媒体是可以进行相互转换的。媒体转换是指媒体形式从一种转换为另外一种，同时信息的损失总是伴随媒体的转换过程的。

2.媒体的分类

“媒体”的概念范围是相当广泛，根据原国际电报电话咨询委员会（现改称为国际电信联盟标准化部门，ITU-T）对媒体的定义，媒体可分为下列五大类：

（1）感觉媒体是指能直接作用于人们的感觉器官，从而能使人产生直接感觉的媒体。包括视觉类媒体（位图图像、图形、符号、文字、视频、动画等）、听觉类媒体（语音、音乐、音效等）、触觉类媒体（指点、位置跟踪、力反馈与运动反馈等）、味觉类媒体、嗅觉类媒体等。

人类感知信息的途径有：视觉，是人类感知信息的最重要的途径，人类从外部世界获取信息的70%～80%是从视觉获得；听觉，人类从外部世界获取信息的10%是通过听觉获得的；嗅觉、味觉、触觉，通过嗅觉、味觉、触觉获得的信息量约占10%。

（2）表示媒体是指为了加工、处理和传送感觉媒体而人为研究、构造出来

的一种媒体。借助于此种媒体，便能更有效地存储感觉媒体或将感觉媒体从一个地方传送到另一个地方。表示媒体包括各种编码方式如语音编码、文本编码、静止图像和运动图像编码等。

（3）显示媒体是指用于通信中使电信号和感觉媒体之间产生转换用的媒体。如输入、输出设施，包括键盘、鼠标器、话筒、喇叭、显示器、打印机等。

（4）存储媒体是指用于存储表示媒体的物理介质，以方便计算机加工和调用信息。如纸张、磁带、磁盘、光盘等。

（5）传输媒体是指用来将表示媒体从一个地方传输到另一个地方的物理介质，是通信的信息载体。常用的有双绞线、同轴电缆、光缆和微波等。

在上述各种媒体中，表示媒体是核心。计算机处理媒体信息时，首先通过显示媒体的输入设备将感觉媒体转换成表示媒体，并存放在存储媒体中，计算机从存储媒体中获取表示媒体信息后进行加工、处理；最后利用显示媒体的输出设备将表示媒体还原成感觉媒体。此外，通过传输媒体，计算机也可将从存储媒体中得到的表示媒体传送到网络中的另一台计算机。

（二）多媒体

“多媒体”一词译自英文单词“multimedia”，而该词又是由multiple和media复合而成，核心词是媒体。与多媒体对应的一词是单媒体（monomedia），从字面上看，多媒体是由单媒体复合而成的。人类在信息交流中要使用各种信息载体，多媒体就是指多种信息载体的表现形式和传递方式。这些信息媒体包括：文字、声音、图形、图像、动画、视频等。

多媒体技术是指能够同时获取、处理、编辑、存储和展示两个以上不同类型信息媒体，使它们建立起逻辑联系，并能进行加工处理的技术。加工处理主要是指对这些媒体的录入、对信息压缩和解压缩、存储、显示、传输等。“多媒体”常常不是指多种媒体本身，而主要是指处理和应用它的一整套技术。因此，“多媒体”实际上就常常被当作“多媒体技术”的同义语。

二、多媒体系统

多媒体系统是指利用计算机技术和数字通信技术来处理和控制多媒体信息的系统，如电视节目、动画片、多媒体教学系统、多媒体视频会议系统、多媒体出版物、多媒体数据库系统等。

（一）多媒体系统的组成

多媒体系统的组成，共分六层，第一、第二层构成多媒体计算机的硬件系统，其余四层是软件系统。

多媒体系统外围设备包括各种媒体的输入/输出设备和网络。按功能划分为视频/音频输入设备、视频/音频播放设备、人机交互设备及存储设备。

多媒体核心软件系统包括多媒体设备硬件驱动程序和支持多媒体功能的操作系统。多媒体操作系统是整个多媒体计算机系统的核心，其功能是负责多媒体环境下多个任务的调动，保证音频、视频同步控制及信息处理的实时性，提供多媒体信息的各种操作与管理，支持实时数据采集，同步播放多媒体数据处理流程。

多媒体素材制作工具用于采集和处理各种媒体数据的工具软件，如声音录制和编辑软件、图像扫描和处理、动画生成和编辑、视频采集和编辑等。

多媒体编辑创作系统是完成将分散的多媒体素材按节目创意的要求集成为一个完整的融合了图、文、声、像等多种表现形式并具有交互的多媒体作品的创作工具。常见的有Authorware、Director、FrontPage等。

多媒体应用系统是在多媒体创作平台上设计开发的面向应用领域的软件系统，及支持特定应用的多媒体软件系统。前者如邮局的多媒体查询系统，后者如会议电视系统、视频点播系统等。

（二）多媒体计算机的硬件组成

多媒体个人计算机，是能够输入、输出并综合处理文字、声音、图形、图像和动画等多种媒体信息的计算机。它将计算机软/硬件技术、数字化声像技术

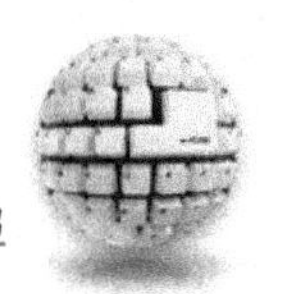

和高速通信网络技术等结合起来构成一个整体，使多媒体信息的获取、加工、处理、传输、存储和展示集于一体。简单地说，多媒体计算机就是一种具有多媒体信息处理功能的个人计算机。

第二节　多媒体处理技术

多媒体技术的特点是计算机交互式综合处理声、文、图信息。声音是携带信息的重要媒体。娓娓动听的音乐和解说，使静态图像变得更加丰富多彩。音频和视频的同步，使视频图像更具真实性。传统计算机与人交互是通过键盘和显示器，人们通过键盘或鼠标输入，通过视觉接收信息。而今天的多媒体计算机是为计算机增加音频通道，采用人们最熟悉、最习惯的方式与计算机交换信息。我们希望能为计算机装上“耳朵”（麦克风），让计算机听懂、理解人们的讲话，这就是语音识别；设计师为计算机安上“嘴巴”和“乐器”（扬声器），让计算机能够讲话和奏乐，这就是语音和音乐合成。

随着多媒体信息处理技术的发展及计算机数据处理能力的增强，音频处理技术越来越受到重视，并得到了广泛的应用。例如，视频图像的配音、配乐、背景音乐；可视电话、电视会议中的话音；游戏中的音响效果；虚拟现实中的声音模拟；用声音控制Web，电子读物的有声输出。

一、模拟音频和数字音频

（一）模拟音频

声音是通过空气传播的一种连续的波，称为声波。声波在时间和幅度上都是连续的模拟信号，通常称为模拟声音（音频）信号。人们对声音的感觉主要有音量、音调和音色三个指标。

音量（也称响度），指声音的强弱程度，取决于声音波形的幅度，即取决于振幅的大小和强弱。人对声音频率的感觉表现为音调的高低，取决于声波的基频。基频越低，给人的感觉越低沉，频率高则声音尖锐。音色由混入基音（基波）的泛音（谐波）所决定，每种声音又都有其固定的频率和不同音强的泛音，从而使得它们具有特殊的音色效果。人们能够分辨具有相同音高的钢琴和小号声音，就是因为它们具有不同的音色。一个声波上的谐波越丰富，音色越好。

对声音信号的分析表明，声音信号由许多频率不同的信号组成，通常称为复合信号，而把单一频率的信号称为分量信号。声音信号的一个重要参数就是带宽，它用来描述组成声音的信号的频率范围。PC处理的音频信号主要是人耳能听得到的音频信号，它的频率范围是20Hz～20kHz。在多媒体技术中处理的信号主要是音频信号。要处理的声音媒体可分为三类：

（1）波形声音。它包含了所有声音形式，这是因为计算机可以将任何声音信号通过采样、量化、编码进行传输，在需要的时候，还可以将其恢复。

（2）语音。它一般指人说话的话音，它不仅是一种波形声音，而且还通过语气、语速、语调携带更加丰富的信息。这些信息往往可以通过特殊的软件进行抽取，所以把它作为一种特殊的媒体单独研究。

（3）音乐。音乐是一种符号化了的声音，这种符号就是乐谱，乐谱则是转变为符号媒体形式的声音。

声音信号的两个基本参数是幅度和频率。幅度是指声波的振幅，通常用动态范围表示，一般以分贝（dB）为单位来计量。频率是指声波每秒钟变化的次数，用Hz表示。人们把频率小于20Hz的声波信号称为亚音信号（也称次音信号），频率范围为20Hz～20kHz的声波信号称为音频信号，高于20kHz的信号称为超音频信号（也称超声波）。

为了记录和保存声音信号，先后诞生了机械录音（以留声机、机械唱片为

代表）、光学录音（以电影胶片为代表）、磁性录音（以磁带录音为代表）等模拟录音方式，20世纪七八十年代开始进入了数字录音的时代。

（二）数字音频

数字音频主要包括两类：波形音频和MIDI音频。

声音信号是一种模拟信号，计算机要对它进行处理，必须将它转换成为数字声音信号，即用二进制数字的编码形式来表示声音。最基本的声音信号数字化方法是取样——量化法，就是把声音数据写成计算机的数据格式，即把模拟量表示的音频信号转换成由许多二进制数1和0组成的数字音频信号。

二、音频的采样、量化和编码

将连续的模拟音频信号转换成有限个数字表示的离散序列（即实现音频数字化），在这一处理技术中，涉及音频的采样、量化和编码。

（一）音频采样

采样是把时间连续的模拟信号转换成时间离散、幅度连续的信号。在某些特定的时刻获取声音信号幅值叫作采样，由这些特定时刻采样得到的信号称为离散时间信号。一般都是每隔相等的一小段时间采样一次，其时间间隔称为取样周期，它的倒数称为采样频率。采样定理是选择采样频率的理论依据，为了不产生失真，采样频率不应低于声音信号最高频率的两倍。因此，语音信号的采样频率一般为8kHz，音乐信号的采样频率则应在40kHz以上。采样频率越高，可恢复的声音信号分量越丰富，其声音的保真度越好。

（二）音频量化

量化处理是把在幅度上连续取值（模拟量）的每一个样本转换为离散值（数字量）表示，因此量化过程有时也称为A/D转换（模/数转换）。量化后的样本是用二进制数来表示的，二进制数位数的多少反映了度量声音波形幅度的精度，称为量化精度，也称为量化分辨率。例如，每个声音样本若用16位（2字节）表示，则声音样本的取值范围是0～65536，精度是1/65536；若只用8位（1

字节）表示，则样本的取值范围是0～255，精度是1/256。量化精度越高，声音的质量越好，需要的存储空间也越多；量化精度越低，声音的质量越差，而需要的存储空间越少。

连续幅度的离散化通过量化来实现，把信号的强度划分成一小段一小段，如果幅度的划分是等间隔的，就称为线性量化，否则就称为非线性量化。

（三）音频编码

经过采样和量化处理后的声音信号已经是数字形式了，但为了便于计算机的存储、处理和传输，还必须按照一定的要求进行数据压缩和编码，即选择某一种或者几种方法对它进行数据压缩，以减少数据量，再按照某种规定的格式将数据组织成为文件。

第三节　多媒体技术的应用

多媒体技术是一种实用性很强的技术，它一出现就引起了许多相关行业的关注，由于其社会影响和经济影响都十分巨大，相关的研究部门和产业部门都非常重视产品化工作，因此多媒体技术的发展和应用日新月异，产品更新换代的周期很快。多媒体技术及其应用几乎覆盖了计算机应用的绝大多数领域，而且还开拓了涉及人类生活、娱乐、学习等方面的新领域。

一、多媒体电子出版物

多媒体电子出版物是把多媒体信息经过精心组织、编辑及存储在光盘上的一种电子图书。根据中国新闻出版署在《电子出版物管理暂行规定》（2006年3月）中对电子出版物下的定义：电子出版物指以数字代码方式将图、文、声、像

等信息存储在磁、光、电介质上，通过计算机或者具有类似功能的设备阅读使用，用以表达思想、普及知识和积累文化，并可复制发行的大众传播媒体。电子出版物的媒体形态有软磁盘（FD）、只读光盘（CD-ROM）、交互式光盘（CD-I）、图文光盘（CD-G）、照片光盘（photo-CD）、集成电路卡（ICcard）等。

（一）多媒体电子出版的分类

一般出版物主要分为如下几类：传统的出版物；以缩微胶片、录音带、录像带等为代表的非纸面出版物；以电、磁、光等为信息载体的数字信息存储形式的电子出版物；以图、文、声、像等多种形式表现并且由计算机及其网络对这些信息以内在的统一方式进行存储、传送、处理及再利用的电子出版物即为多媒体电子出版物。

多媒体电子出版物包括电子图书、电子期刊、电子新闻报纸、电子手册与说明书、电子公文或文献、电子图画、广告、电子声像制品等。

（二）多媒体电子出版物的特点

电子出版物的出现和迅速发展，不仅将改变传统图书的出版、阅读、收藏、发行和管理方式，甚至对人们传统的文化观念也将产生巨大的影响。电子出版物能较好地满足信息时代对信息获取、积累及使用的要求，代表了出版业的发展方向。

从信息载体上看，纸质出版物的容量小、体积大、成本高、复制困难、不易保存，同时制造纸张要消耗大量自然资源，并且在造纸过程中容易对自然环境产生较大的污染；电子出版物具有容量大、体积小、成本低、易于复制和保存、消耗的资源很少、对环境的污染较小等特点。一张光盘可以存储几百本长篇小说。

从信息结构上看，纸质出版物中的概念是平面的，字典、百科全书、观光导游、地图都是把文字和图片印在平面的纸张上呈现出来。文字有文字的目录，图表有图表的目录，内容较庞杂的书还加上书后的索引、词汇解释等辅助阅读的篇章，但始终受文字描述的限制。如果这些信息能用超媒体技术加以有机的立体组合，并把音频和视频信息集成进来，配以科学的导航系统，图、文、声、像并茂，则是一种十分理想的“阅读”机制。电子出版物中媒体种类多，可以集成文本、图形、图像、动画、视频和音频等多媒体信息，有灵活的导航。

从交互性上看，由于多媒体技术的应用，教育、娱乐题材的电子出版物，能建立起良好的交互环境，而传统图书则无法做到。

从检索手段上看，传统读物靠的是手翻目视，既费时又费力，而且可靠性差，而电子出版物则是利用计算机的处理能力，提供科学而快速的检索、查找与追踪功能，帮助读者在信息海洋中迅速查找所要的内容。

从发行方式上看，除了传统的出售方式外，还有联机检索和联机浏览等新方式，成本低。

（三）制作电子出版物的注意事项

1.熟练掌握各种多媒体著作工具及其功能和特点

开发制作人员应该掌握各种多媒体著作工具，并充分认识其软件功能的“弹性”特点。以Authorware为例，使用Authorware开发多媒体应用有三个层次：第一层次是适用于普通用户的基本制作方式，主要使用Authorware提供的十几个功能图标，无须编程即可开发一般的多媒体应用；第二层次是面向中、高级使用人员的函数与变量，能否熟练掌握Authorware提供的函数与变量，是开发者用好Authorware并最大限度地发挥它强大功能的关键所在；第三层次是面向专业程序员的扩展模块，它为Authorware提供了无限的功能延伸。

2.提高多媒体素材的数字化水平

多媒体资源的数字化主要是指图片扫描、录音数字化、视频采集等。有的光盘中存在图片模糊不清、音频带有杂音、视频断断续续、色彩不好等情况。造成这些问题的原因很多，如原始资源质量不好、硬件档次低、对多媒体资源数字化所用的相应软件掌握得不熟练、经验不够丰富等。

3.参考、交流和吸取成功的经验和失败的教训

在国内，光盘开发时间较短，尚处在探索时期，没有太多成功的经验可供借鉴，因此同行之间的交流、参考国外一些成功的光盘，可以避免或少走弯路。还应该注重改善光盘的交互功能，给用户充分的自主权，让用户参与其中。比如，不强制用户看完某一部分，并能让用户参与其中等。

4.严格测试，保证质量

现在市场上的很多光盘都或多或少地存在一些问题，如死机、病毒、文件冲突、安装问题、调色板问题、视频音频和MIDI无法正常播放等。造成这些问题的原因除了硬件、运行平台及开发环境外，主要就是对光盘在不同环境下测试不彻底等。同时应注意文字脚本质量，切忌东拼西凑，一些问题必须聘请专家，确保多媒体资源的准确性、完整性和权威性。

多媒体电子出版是一个崭新的领域，要想取得成功，必须在管理、信息、科技、销售等几个方面下功夫。

二、多媒体会议系统

多媒体会议系统是一种以多媒体形式支持多方通信和协同工作的应用系统。其基本特征是：通过计算机远程地参加会议或交流；合作工作不受地理位置分离的限制；通信涉及多个参与者站点之间的连接，以及在这些连接之上的操作；会话可以通过视频、音频及共享应用空间来进行。根据通信节点的数量，视频会议系统可分为点对点视频会议系统和多点视频会议系统。

（一）视频会议系统的基本功能

（1）在视频会议系统工作时，将图像、声音在各会议点间进行实时传输、接收。

（2）视频显示的转换控制可有以下三种模式：

①语音激活模式（语音控制模式）。它是自动模式，特征是会议的“视频源”根据与会者的发言情况来转换。多媒体会议系统从多个会场终端送来的数据

流中提取音频信号，在语音处理器中进行电平比较，选出电平最高的音频信号，将最响亮的语音发言人的图像与语音信号广播到其他的会场。

②主席控制模式。在这种模式下，与会的任意一方均可能作为会议的主席，会议主席行使会议的控制权。通过令牌可以控制会议的视频源，指定为某个与会方。

③讲课模式（强制显像控制模式—演讲人控制模式）。演讲人通过编解码器向多媒体会议系统请求发言。编解码器给多媒体会议系统一个请求信号，若多媒体会议系统认可，便将它的图像、语音信号播放到所有与多媒体会议系统相连接的会场终端。所有分会场均可观看分会场的情况，而主会场则可有选择地观看分会场的情况。

（3）在对图像质量要求较低的场合，可利用音频线路传送低分辨率的黑白图像。在要求较高的场合，则采用更先进的数据压缩技术。

（二）视频会议系统的主要技术特点

（1）它依靠数字通信网络，利用多点控制器多媒体会议系统将分布在各地的用户组织为一个或多个“会议”，实现会议（主、分）会场之间的实时动态图像、语音的传输、交换、处理和实时再现。

（2）会议使用的多媒体信息在数字通信网中占有的带宽一般为64Kb/s～2.08Mb/s，远远低于广播电视的带宽，所以这里要采用专门的视频图像和语音的编解码器。

（3）在对会议的动态图像和语音的质量要求上，以满足开会的基本要求为准（例如，能看清各个会场的主要座席的人物形象和所展示的文件资料、能听清楚各位发言人的声音等），显然广播电视的质量要求要低。

（4）视频会议的关键问题是“多媒体信息的数字化压缩和解压缩”。

数字化压缩的必要性：视频会议系统必须对音频、视频信号进行实时性数字化处理和传输，其数据非常大。

要实现视频会议系统的功能要求，就必须解决好两个特殊问题：一是多媒体会议信息传输的实时性，二是它只能利用比广播电视传输窄得多的带宽（视频会议占用的信道通常不超过2Mb/s）进行信息传输。由此可见，视频会议系统首先面临的关键技术问题是：如何根据视频会议系统指标，选择合理的数字化压缩方案。

第四节　多媒体工具

多媒体开发工具是基于多媒体操作系统基础上的多媒体软件开发平台，可以帮助开发人员组织编排各种多媒体数据及创作多媒体应用软件。这些多媒体开发工具综合了计算机信息处理的各种最新技术，如数据采集技术、音频视频数据压缩技术、三维动画技术、虚拟现实技术、超文本和超媒体技术等，并且能够灵活地处理、调度和使用这些多媒体数据，使其能和谐工作，形象、逼真地传播和描述要表达的信息，从而真正成为多媒体技术的灵魂。

一、多媒体工具概述

多媒体创作系统介于多媒体操作系统与应用软件之间，是支持应用开发人员进行多媒体应用软件创作的工具，故又称为多媒体创作工具。它能够用来集成各种媒体，并可设计阅读信息内容方式的软件。借助这种工具，应用人员可以不用编程也能做出很优秀的多媒体软件产品，极大地方便了用户。与之对应，多媒体创作工具必须担当起可视化编程的责任，它必须具有概念清晰、界面简洁、操作简单、功能伸缩性强等特点。目前，对优秀的多媒体创作工具的判断标准是，应该具备以下八种基本的能力并能够不断进行增强：编辑能力及环境、媒体数据输入能力、交互能力、功能扩充能力、调试能力、动态数据交换能力、数据库功能、网络组件及模板套用能力。

从系统工具的功能角度划分，多媒体创作工具大致可以分为媒体创作软件工具、多媒体节目写作工具、媒体播放工具及其他各类媒体处理工具四类。

（一）媒体创作软件工具

媒体创作软件工具用于建立媒体模型、产生媒体数据。

应用较广泛的有三维图形视觉空间的设计和创作软件，如Macromedia公司的Extreme3D，它能提供包括建模、动画、渲染及后期制作等诸多功能，直至专业级视频制作。另外，Autodesk公司的2DAnimation和3DStudio（包括3DMax）等也是很受欢迎的媒体创作工具。而用于MIDI文件（数字化音乐接口标准）处理的音序器软件非常多，比较有名的有Music Time、Recording Session、Master Track Pro和Studio for Windows等；至于波形声音工具，在MDK（多媒体开放平台）中的Wave Edit、Wave Studio等就相当不错。

（二）多媒体节目写作工具

多媒体节目写作工具提供不同的编辑、写作方式。

第一类是基于脚本语言的写作工具，典型的如ToolBook，它能帮助创作者控制各种媒体数据的播放，其中Open Script语言允许对Windows的MCI（媒体控制接口）进行调用，控制各类媒体设备的播放或录制。

第二类是基于流程图的写作工具，典型的如Authorware和Icon Auther，它们使用流程图来安排节目，每个流程图由许多图标组成，这些图标扮演脚本命令的角色，并与一个对话框对应，在对话框输入相应的内容即可。

第三类写作工具是基于时序的，典型的如Action，它们是通过将元素和检验时间轴线安排来达到使多媒体内容演示的同步控制。

（三）媒体播放工具

媒体播放工具可以在计算机上进行播放，有的甚至能在消费类电子产品中

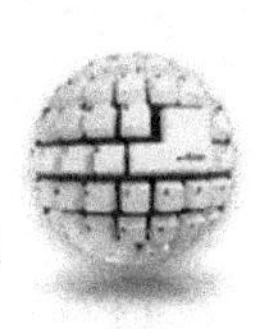

进行播放。

这一类软件非常多，其中Video for Windows就可以对视频序列（包括伴音）进行一系列处理，实现软件播放功能。而Intel公司推出的Indeo在技术上更进了一步，在纯软件视频播放上，还提供了功能先进的制作工具。

（四）其他各类媒体处理工具

除了三大类媒体开发工具外，还有其他几类软件，如多媒体数据库管理系统、Video-CD制作节目工具、基于多媒体板卡（如MPEG卡）的工具软件、多媒体出版系统工具软件、多媒体CAI制作工具、各式MDK（多媒体开放平台）等。它们在各领域中都受到很大的欢迎。

二、多媒体处理工具

目前，按照处理对象划分，常见的多媒体处理工具主要有以下几大类：音频编辑软件、图形制作软件、图像处理软件、视频编辑软件、二维动画制作软件、三维动画制作软件。

（一）音频编辑软件

音频编辑软件是为多媒体计算机应用录制、编辑、修改数字化声音的工具软件。在Windows环境下的数字化声音文件格式是波形声音文件，通常以.wav为扩展名，称为WAV文件。随着网络技术和数字压缩技术的发展，Windows环境下也出现越来越多的其他文件格式，如以.mi为扩展名的流式文件和以.mp3为扩展名的MP3文件，处理这些不同格式的文件需要不同的软件。在这些文件中，WAV文件是一种最基本的文件格式，因为其他格式的文件通常都是根据一定的需要（如存储或流式传输的需要）由WAV文件转换而来的。一个完整的音频编辑软件应包括如下功能：

（1）音频数据的录制。应能选择不同的录音参数，包括多种采样频率、多种采样大小、录音声道数，以及它们的不同组合。

（2）音频数据的编辑和回放。对录制或通过打开声音文件得到的数字化声音数据进行播放选块、拷贝、删除、粘贴、声音混合等多种编辑。

（3）音频数据的参数修改。包括采样频率的修改（不改变声音的间距而延长或缩短声音的播放时间）和格式转换（不改变声音的播放时间而延长或缩短声音的间距）。

（4）效果处理。包括逆向播放、增减回声、增减音量、增减速度、声音的淡入淡出、交换左右声道等。

（5）图形化的工作界面。应能按比例把实际的声音波形显示成图形，做了修改后，应能实时显示其变化。

（6）非破坏式修改。即所有修改都是先在内存上进行，只有进行存储操作后，才能破坏原来的数据。

（7）能以WAV格式存储数字化声音数据。

声音的录制和编辑工作可用两种方法来完成。

一种方法是用Windows中的Sound Record（录音程序），它有录音、插入文件、混合文件、删除部分内容、音量和播放速度的调整等功能。它的功能不强，效果不好，而且，录制的时间很短。

另一种方法是用声卡内附的软件及一些著名软件公司推出的多媒体音频制作编辑软件。目前市场上的声卡实在太多，内附的音频编辑软件也各异，但一般都有很强的录音与编辑功能，录出来的效果一般也不错，如Creative的Voice Editor、微软的Studio for Windows，特别是一些专业的音频处理软件可以对音频进行编辑并以图形方式显示音频的波形。

（二）图形制作软件与图像处理软件

这类软件主要用来绘图、修图与改图，CorelDraw就是这种软件。

CorelDraw是一个功能强大的图形工具包，由多个模块组成，尤其适用于商业图形应用领域，几乎包括了所有的绘图和桌面出版功能：其内建的电子表格可以完成各种统计操作，具有音响效果的动画，“所见即所得”的图文混排、艺术

家使用的绘图工具、创造特殊显示效果的镜头过滤器、精心设计的外观界面等。

Adobe公司开发的Photoshop是一种多功能的图像处理软件。它除了能进行一般的图像艺术加工外，还可以进行一些图像的分析计算，如通过图像分析计算能得到两幅相似图像的微小的不同部分。Photoshop可以不依赖某种图像卡或硬件进行图像处理工作，这大大降低了用户进行图像处理的成本。

另外，微软麾下的Office套件Photo Edit和FrontPage伴侣Image等也能为众多多媒体用户分忧。至于图片（图像）浏览软件，DOS模式下有“德国战车”（Sea），Windows环境下有大名鼎鼎的ACDSee。另外，Compu Pic和Pic View也是值得考虑的高性能看图软件。这几种软件除了有浏览功能外，还可进行图形（图像）格式、分辨率、色彩数的转换，使用起来也特别方便。

参考文献

[1] 张凌燕.试析计算机管理系统的安全防控策略[J].科技经济市场，2017(02):10-11.

[2] 刘杰杰.计算机病毒的发展趋势分析及防控策略探究[J].科技展望，2017(03):11.

[3] 涂鸿源.计算机使用安全问题的分析研究[J].数字技术与应用，2016(11):216-217.

[4] 郎熙蒙.浅谈计算机网络安全问题及其对策[J].电脑迷，2016(10):34.

[5] 郎伟，程换新.计算机网络安全的漏洞分析及防范对策[J].科技展望，2016(27):18.

[6] 刘洋.基于Web的消防安全系统的设计与实现[D].吉林大学，2016.

[7] 刘丹.基于纵深防御的信息安全技术体系架构及应用研究[J].重庆电子工程职业学院学报，2016(03):147-150.

[8] 涂光斌.计算机网络信息安全技术研究[J].信息与电脑(理论版)，2016(07):191-197.

[9] 隋晶.计算机网络信息安全技术研究[J].化工设计通讯，2016(03):53.

[10] 郭仲侃.计算机网络安全防控技术实施策略探索[J].产业与科技论坛，2016(02):55-56.

[11] 董军.高职计算机网络安全技术研究[J].电脑编程技巧与维护，2015(24):131-132.

[12] 梁彪.桂林供电网区计算机病毒防控方案探索与实践[J].广西电力，2015(05):75–77.

[13] 卞海娟.基于BS结构开发的校园安全防控管理系统[D].苏州大学，2015.

[14] 叶碧虾.计算机网络犯罪的侦查与防控探究[J].山西师范大学学报(自然科学版)，2015(S1):18–19.

[15] 杨天华.关于计算机管理系统的安全防控策略浅谈[J].科技风，2015(10):218.

[16] 陈燕.计算机网络信息安全风险评估标准与方法研究[D].中国海洋大学，2015.

[17] 陈娜.计算机管理系统安全防控探析[J].统计与管理，2015(03):106–107.

[18] 黄凯.加氢空冷管束弯曲变形风险评估及防控技术研究[D].浙江理工大学，2015.

[19] 焦兆程.计算机管理系统的安全防控策略[J].计算机光盘软件与应用，2014(08):152–154.

[20] 杜志林.计算机病毒的研究分析与防控[J].信息安全与技术，2013(09):42–45.

[21] 刘刚.网络安全风险评估、控制和预测技术研究[D].南京理工大学，2014.

[22] 李亚品.传染病信息实时采集与应急处置系统研究[D].中国人民解放军军事医学科学院，2013.

[23] 于治新.企业网络安全风险分析及可靠性设计与实现[D].吉林大学，2013.

[24] 李德宝.潍坊市水环境安全防控GIS系统的设计与实现[D].山东大学，2013.

[25] 脱凌.云南检验检疫档案信息数据库构建研究[D].云南大学，2012.

[26] 张海峰.计算机犯罪研究[D].吉林大学，2011.

[27] 惠飞，赵祥模，杨澜.计算机管理系统的安全防控分析[J].煤炭技术，2011(08):188–189.

[28] 刘素心.计算机网络安全隐患与防范策略[J].天津市工会管理干部学院学报，2011(02):48–50.

[29] 孙刚.银行UNIX前置机系统安全设计[D].中国石油大学，2010.

[30] 房有策.论计算机信息系统安全防控技术的发展[J].信息与电脑(理论版)，2010(06):12.

[31] 吕绍鑫.基于大数据时代的高校数字化管理运行机制研究.数字通信世界，2016(7)284–285.

[32] 吕绍鑫.可视化驱动的交互式数据挖掘方法研究进展.信息与电脑，2016(6)136–137.

[33] 吕绍鑫.高校网络信息资源融合发展问题与研究.电脑编程技巧与维护，2015(12)83–84.

[34] 吕绍鑫.基于SSH2技术的高校考试系统的研究.计算机光盘软件与应用，2014(6)213–214.